实用数字电视基础教程

彭丽娟　罗小辉　彭克发　编著

SHIYONG SHUZI DIANSHI
JICHU JIAOCHENG

U0353797

中国电力出版社
CHINA ELECTRIC POWER PRESS

内 容 提 要

本书采用项目化模块编写，全书共 11 个项目 50 个任务，用通俗易懂的语言，全面系统地介绍了数字电视基础所涉及的基本概念、优势与发展、系统框架、关键技术、国际标准及实现方案，全面地讨论了数字电视系统概述、数字电视显示技术、数字电视信号及标准、图像压缩编码技术、数字电视信号的信源编码、数字电视信号的信道编码、数字基带传输与数字信号调制、数字视频广播系统、数字电视组网技术、数字电视运营和数字电视机顶盒等内容。书中还介绍了目前国际上已实施的 DVB-S、DVB-C、DVB-T、ATSC 和 ISDB-S 数字视频广播系统，以及条件接收、交互电视和视频点播系统的基本概念；重点介绍了当前市场流行的几种机顶盒，并举例进行了分析。书中还针对目前数字电视技术的发展，对数字电视系统在运营环节中应注意的问题提出了几点建议。

本书的特点是内容丰富，层次分明，系统性强，去除了繁琐的数学推导，以够用为原则，以实用为基础，突出实用，并用最直观的实例进行定性分析，能满足一般工程技术人员的需要。

本书可作为高职高专院校、应用型本科院校的广播电视工程、通信工程及电子信息工程等电类专业教材，也可以供广播电视领域的工程技术人员参考。

图书在版编目（CIP）数据

实用数字电视基础教程/彭丽娟，罗小辉，彭克发编著. —北京：中国电力出版社，2014.6
ISBN 978-7-5123-5853-9

Ⅰ.①实… Ⅱ.①彭…②罗…③彭… Ⅲ.①数字电视-教材 Ⅳ.①TN949.197

中国版本图书馆 CIP 数据核字（2014）第 089270 号

中国电力出版社出版发行
北京市东城区北京站西街 19 号 100005 http：//www.cepp.sgcc.com.cn
责任编辑：杨淑玲 责任印制：郭华清 责任校对：马 宁
航远印刷有限公司印刷·各地新华书店经售
2014 年 6 月第 1 版·第 1 次印刷
787mm×1092mm 1/16· 15 印张·360 千字
定价：**35.00** 元

前　言

随着电子科技的迅猛发展，数字电视工业在我国已形成了一个新的产业。与之相适应，不可避免地需要大量的高级技术人员。目前适合高职高专院校使用的教材较少，为了满足高职高专院校师生的迫切需求，以及对各级广播电视行业工程维护人员进行数字电视知识普及的需要，编者在总结了多年教学实践经验的基础上，按照国务院"关于大力推进职业教育改革与发展的决定"的基本要求，本着"以服务为宗旨，以就业为导向，以能力为本位"的指导思想，在深入开展以项目教学为主体的专业课程教学改革过程中编写了本书。它以当前广泛应用的数字电视系统和代表发展趋势的数字电视新技术为背景，在介绍传统数字电视基本原理的基础上，注意取材的真实性和先进性，力求反映近年来我国数字电视技术的发展。

本书由数字电视的发展历史开始，由点及面地将整个数字电视平台的架构展现在广大读者的面前，力求做到真实与全面，并对每一个组成部分的技术都有详细的说明。书中特别注意理论联系实际，在每个平台组成部分技术原理的最后都有实例说明，以加深读者的印象，并帮助读者了解目前的实际应用状况。

本书具有的以下特色：

一、全书采用模块项目化编排，内容讲述由浅入深、循序渐进，符合高职高专和应用本科学生的认知规律。

二、充分体现数字电视技术中的新知识、新技术、新方法，本书是以全新且最简写法的面貌出现。

三、体现四种"基本"，即数字电视基础知识、信号处理基本过程、信号传输基本原理、数字机顶盒的基本分析方法。

四、本书是在实际课堂教学经验中总结、提炼出来的精华，具有很强的针对性和可操作性。

五、体现内容的准确性、严密性和科学性，书中所涉及电气符号均采用最新国家标准。

本书是一本介绍实用数字电视基础教程的高职高专的专业课教材，全书共分 11 个项目 50 个任务，以实用为基础，以够用为前提，系统地叙述了数字电视的原理及应用，去除了繁琐的数学推导，代之以简单明了的定性分析，力求做到言之有理、言之有据、言之有用。本书的宗旨是，以理论学习为基础，以技能培养为前提，系统地培养学生的自学能力和实际操作能力，力求做到学生能学、会学、想学。

本书的教学参考时数为 80 学时，各校可根据专业方向的不同，对教学内容和课时作适当的调整。

各章课时安排建议如下：

章序	课时数	实验课	章序	课时数	实验课	章序	课时数	实验课
序论	1		5	5	1	10	4	1
1	2		6	5	1	11	8	4
2	6	1	7	5	1			
3	5	1	8	5	1	机动数	10	
4	5	1	9	6	1	总课时	57	13

本书自成系统，可作为高职高专院校广播电视工程、通信工程及电子信息工程等专业教材，也可以供广播电视领域内的工程技术人员参考。

为了便于深入学习和理解书中内容，各章都设有教学目的、技能要求、项目小结和项目思考题与练习题，方便教师及读者自学。

本书由重庆电子工程职业学院彭丽娟、罗小辉和彭克发编写，其中：绪论和项目1、2、3、10由彭克发教授编写，项目4、5、6、7由彭丽娟老师编写，项目8、9、11由罗小辉老师编写，全书由彭克发教授统稿。本书在编写过程中得到重庆电子工程职业学院的院领导和电子信息系全体教师以及"数码视讯"技术商务部的大力支持，重庆大学金吉成教授和重庆市教育科学研究院唐果南研究员分别审读了本书，作者在此一并表示衷心的感谢！

由于实用数字电视基础教程是一门新型课程，加上编者水平有限，书中难免有不妥之处，恳请广大读者批评指正。

编 者

目　　录

绪　论

电视，是 20 世纪人类最伟大的发明之一。在现代社会里，没有电视的生活已不可想象了。各种型号、各种功能的黑白和彩色电视机从一条条流水线上源源不断地流入世界各地的工厂、学校、医院和家庭，正在奇迹般地迅速改变着人们的生活。形形色色的电视，把人们带进了一个五光十色的奇妙世界。

1. 电视技术的发明

俄国裔科学家保尔·尼普可夫在柏林大学学习物理学期间，开始设想能否用电把图像传送到远方呢？他开始了前所未有的探索。经过艰苦的努力，他发现，如果把影像分成单个像点，就极有可能把人或景物的影像传送到远方。不久，一台叫作"电视望远镜"的仪器问世了。这是一种光电机械扫描圆盘，它看上去笨头笨脑的，但极富独创性。1884 年 11 月 6日，尼普可夫把他的这项发明申报给柏林皇家专利局。这是世界电视史上的第一个专利。专利中描述了电视工作的三个基本要素：①把图像分解成像素，逐个传输；②像素的传输逐行进行；③用画面传送运动过程时，许多画面快速逐一出现，在眼中这个过程融合为一。这是后来所有电视技术发展的基础原理，甚至今天的电视仍然是按照这些基本原理工作的。

英国发明家约翰·贝尔德对尼普可夫的天才设想兴趣极大。1924 年，他采用两个尼普可夫圆盘，首次在相距 122cm（4 英尺）远的地方传送了一个十字剪影画。后来他成立了"贝尔德电视发展公司"。随着技术和设备的不断改进，贝尔德电视的传送距离有了较大的增加，电视屏幕上也首次出现了色彩。贝尔德本人则被后来的英国人尊称为"电视之父"。

德国科学家卡罗鲁斯也在电视研制方面做出了令人瞩目的成就。1942 年，卡罗鲁斯小组设计出效果比贝尔德的电视要清晰许多的机械电视。

1897 年，德国的物理学家布劳恩发明了一种带荧光屏的阴极射线管。当电子束撞击时，荧光屏上会发出亮光。1906 年，布劳恩的两位助手用这种阴极射线管制造了一台画面接收机，进行静止图像重现。

1931 年，俄裔美国科学家兹沃雷金完成了使电视摄像与显像完全电子化的过程，开辟了电子电视的时代。

1936 年，电视业获得了重大发展，英国广播公司在伦敦郊外的亚历山大宫，播出了一场颇具规模的歌舞节目。这台完全用电子电视系统播放的节目，场面壮观，气势宏大，给人们留下了深刻的印象。同年，在柏林举行的奥林匹克运动会，也采用电视进行报道，每天用电视播出长达 8h 的比赛实况，共有 16 万多人通过电视观看了奥运会的比赛。到了 1939 年，英国大约有 2 万个家庭拥有电视机，美国无线电公司的电视也在纽约世博会上首次露面，开始了第一次固定的电视节目演播，吸引了成千上万个好奇的观众。二战的爆发，使电视事业几乎停滞了 10 年。战争结束以后，电视工业犹如插上了翅膀，又得到了飞速的发展。

2. 电视家族体系

自电视出现以来，电视家族迅速兴旺发达起来，电视机的数量急剧增长，电视机的形状变得五花八门，电视机的功能也越来越全面。

卫星电视：通过卫星电视实况转播，各种世界性的体育盛会和重大科技信息，转眼之间传遍整个世界。至 1980 年，国际通信卫星组织共发射了 5 颗国际通信卫星，完全实现了全球通信。在高悬于太空中的通信卫星的照耀下，地球仿佛变小了，"地球村"时代来临了。

有线电视：人们总希望能在电视中轻易地看到自己所喜爱的节目，有选择地收看某些节目。迎合这种心理，有线电视应运而生。今天，有线电视十分发达，已超过了无线电视。

卫星直播电视：1983 年 11 月 5 日，美国 USCI 公司首次开始卫星直播电视。以前的卫星传播，要经过地面的接收，再把信号通过无线电或电缆传送出去。卫星直播电视与此不同，只要在用户家中装备一个直径 1～2m 的小型抛物面天线和一个解调器，就可以直接接收卫星的下行信号。这对偏远地区有很大的实用价值。

多功能电视：自从 1949 年第 1 台荫罩式彩电问世以来，短短几十年，电视获得了惊人的发展。从电子管电视、晶体管电视迅速发展到集成电路电视。目前，伴随着微电子技术和计算机技术的突飞猛进，电视正在向智能化、平板化、多功能化和多用途化迈进。

数字电视：数字电视是从电视信号的采集、编辑、传播到接收整个广播链路数字化的数字电视广播系统。20 世纪 90 年代初，德国的 ITT 公司推出了世界上第一台数字彩色电视机。傅里叶变换理论奠定了数字电视技术的基础，MPEG 信源编码技术标准的诞生，标志着数字电视技术已经基本成熟。

电视的发明深刻地改变了人们的生活，电视新闻、电视娱乐、电视广告、电视教育等已形成了巨大的产业。电视作为一项伟大的发明，给人类带来了视觉革命和信息革命。

3. 我国电视工业发展简史

1965 年，我国第一台黑白电视机北京牌 35.6cm（14in）黑白电视机在天津 712 厂诞生。

1970 年 12 月 26 日，我国第一台彩色电视机在同一地点诞生，从此拉开了中国彩电的生产序幕。

1978 年，国家批准引进第一条彩电生产线，定点在原上海电视机厂即现在的上海广电（集团）有限公司，1982 年 10 月竣工投产。不久，国内第一个生产彩色显像管的咸阳彩虹厂成立。这期间我国彩电业迅速升温，并很快形成规模，全国引进大大小小彩电生产线 100 余条，并涌现出熊猫、金星、牡丹、飞跃等一大批国产品牌。

1985 年，中国电视机产量已达 1663 万台，超过了美国，仅次于日本，成为世界第二大的电视机生产大国。但电视机普及率还很低，城乡每百户拥有电视机量分别只有 17.2 台和 0.8 台。

1987 年，我国电视机产量已达到 1934 万台，超过了日本，成为世界最大的电视机生产国。

1985～1993 年，中国彩电市场实现了大规模从黑白电视机替换到彩色电视机的升级换代。

1993 年，TCL 在上半年就开始推出"TCL 王牌"大屏幕彩电，74cm（29in）彩电的市场价格在 6000 元左右。

1996 年 3 月，长虹向全国发布了第一次大规模降价的宣言，打响了彩电工业历史上规模空前的价格战。国产品牌通过价格将国外品牌的大量市场份额夺在手中，同时也导致整个中国彩电业的大洗牌，几十家彩电生产厂商从此退出。

1999 年，消费级等离子彩电出现在国内商场。当时 101.6cm（40in）等离子彩电的价格在十几万元。

2001 年，中国彩电业大面积亏损，这种局面直到 2002 年才通过技术提升得以扭转。

2002 年，长虹宣布研制成功了中国首台屏幕最大的液晶电视。其屏幕尺寸大大突破 56cm（22in）的传统业界极限，屏幕尺寸达到了 76.2 cm（30in），当时被誉为"中国第一屏"。

2002 年，TCL 发动等离子彩电"普及风暴"，开启了等离子电视走向消费者家庭的大门。海信随即跟进。

2003 年 4 月，长虹掀起背投彩电普及计划，背投电视最高降幅达 40%。

2004 年，中国彩电总销量是 3500 万台，其中平板彩电销量达 40 万台。从 2004 年 10 月开始，平板彩电在国内几个大城市市场的销售额首次超过了传统 CRT 彩电。

2005 年上半年，我国平板彩电的销售量达到 72.5 万台，同比增长 260%，城市家庭液晶电视拥有率达到了 3.56%，等离子电视拥有率达到了 2.81%。

2006 年平板电视销售有了一定的规模，产量接近 500 万台。在北京、上海、广州等主要城市中，平板电视的销售量约占总销售量的 40%，销售额已占总销售额的 85%。

2006 年 8 月，我国《数字电视地面广播传输系统帧结构、信道编码和调制》标准出台，2007 年 8 月 1 日将正式实施。

4. 未来电视发展趋势

2006 年，液晶电视急速放量，迅速拉开了与传统 CRT 彩电的差距，并将等离子电视甩在身后。2007 年，这一趋势仍在延续，传统的 CRT 彩电将逐渐告别市场。

低温多晶硅（Low Temperature Poly-Silicon）技术将被引入 LCD 显示器领域。低温多晶硅制造的 LCD 面板成本低，响应时间更短，薄膜电路可以做得更小、更薄，电路本身的功耗也较低。

新型平板显示器件将在电视机中应用，如有机电致发光显示器（OLED）、场致发光显示器（FED）、表面传导电子发射显示器（SED）、真空荧光显示器（VFD）、发光二极管（LED）显示器等。电视机功耗更小，清晰度更高，屏幕更轻、更薄甚至可弯曲。

数字电视终将起飞，但不会是免费的地面广播。真正的数字电视、值得一看的数字电视将是付费收看的，包括直播到户的卫星、数字有线电视和有史以来增长最快的消费电子技术 DVD 等多种服务。

随着移动数据业务的普及、手机性能的提高以及数字电视技术和网络技术的迅速发展，从 2003 年开始，世界各国的主要电信运营商纷纷推出手机电视业务。所谓"手机电视"，就是利用具有操作系统和视频功能的智能手机观看电视。由于手机用户普及率高且手机具有携带方便等特点，因此手机电视比普通电视具有更广泛的影响力。

项目 1　数字电视系统概述

【内容提要】

本章主要介绍了电视技术的概念、分类、意义和发展过程，阐述了数字电视的优点，概述了数字电视系统的结构及基本原理等知识。本章内容的学习目的是为后续章节的学习建立一个整体认识和基础。

通过本章的学习，读者可以学习数字电视的基本概念、了解数字电视的基本概念、发展数字电视的意义以及我国发展数字电视的进程和规划。

【本章重点】

要求掌握有关数字电视的概念、意义、优点及数字电视系统的基本组成及基本原理。

【本章难点】

数字电视系统的基本组成及基本原理。

任务 1.1　数字电视技术的发展

1.1.1　国际发展

数字电视技术最先出现在欧洲，从 20 世纪 80 年代开始，欧洲几个电视技术较先进的国家，如德国、法国、英国等都开始研究数字电视技术，并且诞节过 MAC1、MAC2、MAC3（模拟分量时分复用传输技术）等三代数子卫星电视节目广播。当时数字技术已经很先进，它能够同时传播一路标准清晰度电视节目和多路伴音广播。与此同时，日本的数字电视技术也达到了很高的水平，日本是世界上第一个用 MUSE（多重压缩编码）技术进行高清电视节目广播的国家，但试播不到两年，由于新的数字技术不断出现，MUSE 技术相对已落后，日本不得不放弃自己的 MUSE 技术标准。

从 20 世纪 90 年代开始，数字电视技术在世界范围内飞速发展，除了欧洲之外，美国、日本等技术先进的国家也都认识到数字电视技术对本国经济发展的重要性，因此也加入到数字电视技术的研究行列，并制定了现代数字视频压缩技术的一系列主要标准 MPEG-X。

1995 年 9 月 15 日，美国正式通过 ATSC（Advanced Television Systems Committee，先进电视制式委员会）数字电视国家标准。ATSC 制信源编码采用 MPEG-2 视频压缩和 AC-3 音频压缩；信道编码采用 VSB 调制，提供了两种模式：地面广播模式（8VSB）和高数据率模式（16VSB）。随着多媒体传输业务的不断发展，为了适应移动接收的需要，近来又计划增加 2VSB 的移动接收模式。

1996 年 4 月，法国开播了第一个欧洲商业化数字电视广播，此后不久，世界各国的广播电视机构相继开始了数字电视广播。到 1999 年 6 月，欧盟数字电视市场价值已经超过 20 亿欧元。1997 年 12 月至 1999 年 6 月，欧洲数字电视收入增长超过一倍。英国天空广播公司在 1998 年 7 月开始卫星数字电视广播，到 2000 年年底，用户已超过 500 万。据美国消费电子协会公布的最新统计，美国 1999 年 6 月已有 960 万数字卫星电视用户。日本在 1997 年开始卫星数字广播，1999 年下半年开始有线数字电视广播。由此可见，数字电视在世界范围内的供需数量上已有很大的增长，数字电视市场已经全面启动。

下面从时间的顺序对数字电视的发展过程和数字电视的发展史做一个总结。

（1）1948 年，按照数字通信的鼻祖香农提出的理论，电视信号数字化的理论实践起步。

（2）1980 年，国际电联（现在的 ITU-R）提出 601 建议（4∶2∶2，即数字电视基础建议）。

（3）1982 年，德国 ITT 研制出一套在 PAL 接收机中使用的数字处理芯片，即 DIG-IT2000。

（4）1988 年，隶属于 ISO/IEC 的活动图像专家组 MPEG 成立，CCITT（现在的 ITU-T）组织提出 H.261 建议。

（5）1991 年春，公布 JPEG（静止图像编码建议）（草案）；同年秋公布 MPEG-1《活动图像及其编码建议》（草案）。

（6）1993 年秋，MPEG-2 建议出台；同年底万燕 VCD 机（MPEG-1 标准）在我国上市，揭开生产数字音视频产品的序幕。

（7）美国于 1994 年春在进行第一轮 4 种 HDTV 性能参数测试后成立大联盟（GAHDTV），同时制订 MPEG-2 有关项目并将其作为国际标准；1994 年夏，美国开始数字卫星（SDTV）直播；1994 年秋，欧洲公布 DVB《数字视频广播标准》（草案），此草案包括 DVB-S 和 DVB-C 及 DVB-T，随后制订了系列标准。

（8）1995 年春，第二轮 4 种 HDTV 性能参数测试结束并于秋季制订 DTV 草案（数字电视广播），美国提出全数字频道兼容 MPEG-2 压缩的 HDTV，它既适合卫星广播，也适合地面广播和有线电视系统传送。

（9）1996 年底，美国 FCC 批准数字电视（DTV）标准。

（10）1997 年 4 月初，美国 FCC 制订出 NTSC 向 DTV 过渡的日程表。

（11）1998 年秋，DTV 在美国市场启动。

（12）1999 年初，推出 MPEG-4 标准，同年 10 月，我国研制的 HDTV 及其机顶盒经测试取得预期效果，截至 2001 年 5 月，欧洲着重推广 SDTV。由于欧洲组织提出的数字视频广播的 DVB 标准包含了美国竭力推广的 HDTV 标准的基本内容，因此被越来越多的国家所接受。

这里值得提出的是，韩国 LG 电子公司早在 1997 年就成功研制出了数字电视集成电路芯片，但这些芯片由于包含了几百个集成电路，因体积过大，价格昂贵而不能商用化。在这之后，美国德州仪器公司、韩国现代电子公司等又研制出具有相似功能的超大规模数字电视集成电路芯片。率先实现了数字电视商业化。韩国 LG 公司事实上是率先开发出将数字电视集成为一个芯片的高技术公司，它还开发出了多种形式的机顶盒，为数字电视的发展做出了贡献。

1.1.2　国内发展

我国在 2004 年已全面掌握了数字电视的关键技术，并且在数字电视领域一开始便与科技先进国家保持同步。早在 2001 年 3 月，国家广电总局就提出了我国广播电视数字化的发展方向，中央电视台 1995 年开始利用数字电视系统播出加密频道，利用卫星向有线电视台传送加密电视节目。1996 年以后，省级电视台逐步使用数压缩技术进行卫星电视节目传送覆盖，所使用的传输标准是 DVB-S/MPEG-2。1998 年底，中国广播卫星公司建立起直播卫星广播试验平台，将中央电视台和各省台的上星节目全部集中起来，通过一颗卫星上的 4 个转发器以数字方式向全国传送。

1999 年 9 月，我国的数字电视广播 HDTV-T 在中央电视塔上广播试验成功，并宣布了我国数字电视广播三步走计划：2008 年正式试播 HDTV-T，2015 年全面实现数字电视广播，同时停止模拟电视广播。数字电视的新时代即将到来，模拟电视终将被数字电视所取代。2002 年 7 月，我国开始研制具有自主知识产权的 AVS（Audio Video Standard，音/视频压缩标准），以此取代 MPEG-2 图像压缩标准，并于 2003 年 7 月宣布基本取得成功。新的 AVS 音/视频压缩标准技术性能比 MPEG-2 更优越，活动图像更清晰，图像压缩比更大，是 MPEG-2 图像压缩比的 2.4 倍。它与 MPEG-4 正在升级的版本 JVT（Joint Video Team）处在同一技术水平，且互相兼容。2003 年 11 月 18 日，我国又宣布 EVD（Enhanced Video Disk）技术标准制定成功，EVD 光盘图像信息量是现在 DVD 的 3 倍。EVD 技术标准综合了目前国际上最先进的 VP5、VP6 技术优点，使我国的数字电视技术又向国际先进国家行列跨进了一大步，并把目前的 DVD 技术远远地抛到了后面。2003 年 12 月 30 日，负责我国数字电视标准研究的单位之一，清华大学信息技术研究院数字电视技术研究中心，在深圳现场演示数字多媒体地面广播传输标准单频网技术获得成功。

在 2005 年前全面启动和推进数字化进程的两个主要标志是：①卫星传输全部实现数字化，有线电视以及省市级以上广播电台电视台基本实现数字化，现有的模拟电视机可采用机顶盒（至少是电缆调制解调器）兼容接受数字信号；②完成地面数字电视以及高清晰度电视标准的制订，在大城市或有条件的地区开播数字电视，包括高清晰度电视。

2006 年我国颁布了具有我国自主知识产权的地面数字电视标准，这表明中国数字电视地面传输标准与技术走在了世界前列。我国计划在 2010 年前基本实现全国广播电视数字化，并使数字电视机得到普及；在 2015 年前全面实现数字化，全面完成模拟向数字的过渡，并逐步停止模拟电视的播出。

任务1.2　发展数字电视的重要意义

数字电视是从节目录制、节目播出、节目发射到节目接收全部采用数字编码与数字传输技术的新一代电视，数字电视建设是一个庞大的系统工程，由节目、传输、服务、监管这 4 个系统组成，缺少任何一个系统都无法独立完成。数字电视是通信与信息技术迅速发展的结果，将会引起整个电视广播产生各个环节的重大变革，可以预见，数字电视的推广将在以下几个重要领域对当今的电子工业的发展产生显著的推动作用。

1. 用户终端领域

数字电视能为用户提供全新视听体验，但需要通过新型数字电视接收和播放设备才能实现。这对数字机顶盒、数字一体化电视机、大屏幕高清晰度显示器以及高保真音视频处理技术等都会有很强的推动力。

2. 宽带网络领域

数字电视所需的高质量媒体流将占用大量的宽带资源，因此将带动千兆以太网、大比特以太网、SONET、DWDM 及 IP 等宽带网络技术的持续快速发展。

3. 数据库领域

为了满足对数字视频信息编辑处理的需要，新的搜索、检索及查询技术将伴随数字电视而出现。

4. 信息存储领域

由于数字电视系统需要对大量的视频、音频数据进行安全可靠的存储，因此对高速海量存储设备会有大量需求。

5. 条件接收领域

数字电视产业的运营需要根据用户的不同需求对视频、音频及数据信息实施加扰和解扰、加密和解密及条件接收控制；同时也要对数字电视内容实施有效的知识产权保护，因此相应的控制技术也将广泛采用并得到大发展。

总之，伴随通信技术和多媒体技术的发展，通信网、计算机网及电视网的融合进程将日益加快，构筑全球性信息高速公路已成为信息时代发展的重中之重。发展数字电视的意义已经不再是单纯的为用户提供高品质的视听服务，更主要的是它将为电子信息产业提供一个难得的机会和发展机遇。数字电视通过提供一个综合性的信息服务平台来促进视听产品制造业与相关产品的战略升级，还促进了广播电视新兴产业的形成与发展。

任务 1.3　数字电视技术的概念、分类及其优势

1.3.1　数字电视技术的概念、分类

1. 数字电视技术的概念

什么是数字电视？数字电视是数字电视系统的简称，是指音频、视频和数据信号从信源编码、调制到接收和处理均采用数字技术的电视系统。国际上对于数字电视的精确定义是：将活动图像、声音和数据，通过数字技术进行压缩、编码、传输、存储，实时发送、广播，供观众接收、播放的视听系统。也就是说，这是一个从节目的采集、制作到节目传输，以及到用户终端的接收全部实现数字化的系统。从广义上说，数字电视是数字传输系统，是原有电视系统的数字化。

数字电视的主要功能如下：

（1）免费基本数字电视业务。

（2）直接接收和转播国内外未加密的高质量数字卫星电视节目。

（3）按频道付费的数字电视业务。

（4）接收和录制国家广电总局批准的境外加密卫星电视节目，对节目进行审查和编辑，通过数字加密加扰系统分级别向观众播放。

（5）VOD 视频点播业务，提供若干数字电视频道的视频点播节目，使用户能够在不同的时间里完整地观看播放的电视节目。

（6）按次/时间付费的数字电视业务，用户通过电话回传或遥控器确认，付费收看某个节目或某一时段的节目。

（7）增强电视节目，可增加中文电子节目指南，也可在数字电视节目中叠加大量的广告图片、文字信息，用户用遥控器点击获取额外广告信息，可增强电视广告业务等。

（8）数据广播业务，数据广播是指由视频、音频或其他数字/多媒体所组成的内容被连

续地传送到机顶盒设备上，它是一种可以提供快速的和丰富的媒体内容的有效方式，如证券、电子报刊、本地信息咨询服务、气象服务等。

（9）数字音乐广播，播出 CD、DVD 音频质量的音乐 CD、磁带、MTV、网上 MP3 等数字音乐节目，可在一个模拟频道上提供上百个数字音乐频道广播。

（10）游戏频道，动态提供各类数字电视游戏节目，用户可选择性地付费享用。

（11）远程教育，通过数字电视，观众坐家中就能得到全国乃至世界上最优秀的教师给我们辅导授课，用户可按照课程时间表选择上课时间，或将课程内容下载，自由选择学习时间。

（12）交互式数字电视业务，在双向有线电视网络下，采用双向调制解调器可实现数据上传功能，进而实现更多的信息服务。

2. 数字电视技术的分类

（1）按信号传输方式可分为地面无线传输数字电视（地面数字电视）、卫星传输数了电视（卫星数字电视）和有线传输数字电视（有线数字电视）。

（2）按图像清晰度可分为以下三大类。

1）数字高清晰度电视（HDTV）：需至少 720 线逐行或 1080 线隔行扫描，屏幕宽高比应为 16∶9，采用数字压缩音响，能将高清晰格式转化为其他格式并能接收并显示较低格式的信号，图像质量可达到或接近 35mm 宽银幕电影的水平。

2）数字标准清晰度电视（SDTV）：必须达到 480 线逐行扫描，能将 720 逐行、1080 隔行等格式变为 480 逐行输出，采用数字压缩音响，对应现有电视的分辨率，其图像质量为标准清晰度水平。

3）数字普通清晰度电视（LDTV）：显示扫描格式低于标准清晰度电视，即低于 480 线逐行扫描的标准，对应现有 VCD 的分辨率。

（3）按照产品类型可分为数字电视显示器、数字电视机顶盒和一体化数字电视接收机。

（4）按显示屏幕幅型比，数字电视可分为 4∶3 和 16∶9 幅型比两种类型。

1.3.2　数字电视技术的优势

由于传统模拟广播电视技术条件的限制，模拟电视技术存在一系列问题与缺陷，随着人们生活水平的提高，它已不能满足人们对高品质视听生活的追求。模拟电视存在的主要问题有：

（1）图像的清晰度低，细节分辨力差。

（2）画面存在各种串扰，如亮-色、色-色之间的串扰。

（3）存在并行、行蠕动、行间闪烁、大面积闪烁等现象。

（4）存在微分相位和微分增益失真，色彩欠柔和。

（5）模拟制式不利于信息的传输、存储、处理和节目交流。

（6）显像面积不够大，缺少临场感和逼真感。

产生这种缺陷的主要原因有以下几个方面：

（1）采用复合信号传输。现行彩色电视制式是在必须与黑白电视兼容这个要求下研制出来的，只好采用亮、色信号共用频带传输，而又没有完善的亮、色分离措施，因此必定造成各种串扰和传输失真。

（2）采用窄带传送色度信号。窄带传送色度信号是为了压缩频带和减轻亮色互串现象提出的技术措施。由于这样只能传送大面积彩色，因而造成传送彩色文字时可能出现竖笔画无色和彩色细节失真。

（3）采用隔行扫描。隔行扫描造成图像垂直清晰度下降和一系列隔行效应，如行蠕动、行间闪烁、快速运动时垂直边缘模糊等现象。

（4）选用的行、场频率低。大屏幕电视机中的扫描结构粗糙，闪烁感更加明显，为了减轻这种感觉，观众应该在离屏较远（即 6 倍图像高度）处观看，否则便会缺少真实感和临场感。

数字电视技术能克服上述模拟电视许多无法避免的不足与缺陷，在现代科学技术飞速发展的背景下应运而生。数字电视技术引领着现代电视技术的发展潮流，它的出现及完善被誉为电视发展史上的一个里程碑。数字电视不仅具有图像清晰、色彩鲜艳、声音悦耳等基本特征，而且观众可进行视频、音频节目点播，选择自己感兴趣的数字电视节目源，实现用户与电视台的双向交互功能，这使用户收看电视节目的主动性得到大大增强，从根本上改变了传统电视用户只能被动接受的状况。所以在用户交互性方面，数字电视较传统电视发生了本质变化，这个重大转变与现代信息社会以人为本的先进理念相一致，具有强大的生命力，符合现代社会的进步潮流。总之，数字化交互性是现代电视技术发展的必然趋势，代表着现代电视技术的发展方向。

但是，任何事物的发展都不是一蹴而就，而是循序渐进、逐步完善的，电视领域也毫不例外。在数字电视的漫长发展历程中，必然会出现一些过渡技术，进而会诞生相应的过渡产品，数字化电视正是电视技术由模拟电视向数字电视方向演变的过渡产品。所谓数字化电视，是将天线接收到的电视信号，通过调谐器选台变频以及图像、伴音中频放大之后，再分别解调处理，从而获得调制在电视载波上的全电视信号和音频信号。这一部分工作流程与普通模拟彩色电视基本一样，高频接收、中频放大等信号电路并未实现数字化，只是在一些其他电路采用了数字化处理技术，以提高电视的图像质量。因而数字化电视也称为数码电视，其本质仍然属于模拟电视的范畴，并不能称之为真正的数字电视。

真正意义上的数字电视应该是在电视节目源的采集、制作、编辑、播出、传输及接收的全过程都采用数字编码与数字传输技术。这里所说的数字电视是指数字电视系统而不是数字电视接收机，请读者注意不要发生概念的混淆。目前电视领域的发展现状是：电视节目从采集到接收的全过程中，大部分环节已经实现了数字化，但在某些环节上，尚未完全采用数字技术，如有线电视传输和用户接收两个环节，现在仍采用模拟技术，因而数字化电视在一个相对长的时间内仍然有其存在的必要性。只有实现了电视节目从采集到用户接收全过程的数字化，才是真正意义的数字电视。

1. 数字电视与模拟电视的技术比较

（1）现有模拟电视频道带宽为 8MHz，只能传送一套普通的模拟电视节目。采用数字电视后，一个频道内就传送 1～8 套数字电视节目（随着编码技术的改进，传送数量还会进一步提高），电视频道利用率大大提高。数字电视与模拟电视的技术比较见表 1-1。

表 1-1　　　　　　　　　　　　　　数字电视与模拟电视的技术比较

	模拟电视	数字电视
描述	采用模拟信号传输电视图像、伴音、附加功能等信号	采用数字信号传输电视图像、伴音、附加功能等信号

续表

	模拟电视	数字电视
信源编/解码	因为信号数据量不大，所以不存在信息编码压缩问题	电视信号数字化后，其信号的数据传输率很高，须具有良好的数据编码压缩技术
复用	无复用器，视频、音频信号分别传输	将编码后的视频、音频、辅助数据信号分别打包后复合成单路串行的比特流，使数字电视具备可扩展性、分级性、交互性、与网络的互通性好
信道编/解码调制解调	图像信号按行、场排列，并具有行场同步信号，前后均衡脉冲等，对视频信号有补偿处理，调制方式一般采用调频或调幅	有压缩及复用，传送时的信号不再有模拟电视场、行标志及概念，通过纠错、均衡来提高信号抗干扰能力，调制采用QAM、COFDM等新方法，且随着调制方法技术的改进，传输效率会进一步提高
特点	信号数据量少，技术成熟，价格便宜	信号不易在传输中失真，清晰度高，占用频带窄，数字电视信号可以方便地在数字网络中传输，与计算机具有良好的接口

（2）清晰度高，音频效果好，抗干扰能力强。在同样覆盖范围内，数字电视的发时功率要比模拟电视小一个数量级。

（3）可以实现移动接收、便携接收及各种数据增值业务，实现视频点播等各种互动电视业务，实现加密/解密和加扰/解扰功能，保证通信的隐秘性及收费业务。

（4）系统采用了开放的中间件技术，能实现各种交互式应用，可以计算机网络及互联网等的互通互联。

（5）易于实现信号存储，而且存储时间与信号的特性无关，易于开展多种增值业务。

（6）由于保留了现有模拟电视视频格式，用户端仅需加装数字电视机顶盒即可接收数字电视节目，利于系统的平稳过渡，减少消费者的经济负担。

因此，技术上先进的数字电视系统，必然会取代模拟电视系统，不只是取消模拟电视技术。

2. 数字电视的优点

与原有的模拟电视技术相比，数字电视技术有如下优点：

（1）数字电视信号杂波比和连续处理的次数无关。电视信号经过数字化后用若干位二进制的"0"和"1"两个电平表示，因而在连续处理的过程中引入杂波后，其杂波幅度只要不超过某一额定电平，通过数字信号再生就可以把杂波清除掉，即使数字电视在传输的过程中有某一杂波因电平超过额定值而造成了误码，也可以利用纠错编解码技术把它们纠正过来。所以，在数字信号传输过程中不会降低信噪比。

（2）数字电视可避免系统非线性失真的影响。与模拟信号不同，数字电视的信号含在符合的组合之中，因此在模拟系统中会产生的因非线性失真而造成亮度对比度畸变、亮色串扰、色度畸变及图像明显损伤等缺陷在数字电视系统中都可避免。

（3）数字设备输出信号稳定可靠。因数字信号只有"0"和"1"两个电平，"1"电平的幅度大小只要能使处理电路可以识别出来即可，大一点小一点都无关紧要。

（4）数字电视易于实现信号的存储，而且存储时间与信号的特性无关。近年来，大规模集成电路（半导体存储器）飞速发展，已经可以存储多帧的电视信号，完成用模拟技术不可能达到的处理功能。如帧存储器可用来实现帧同步和制式转换等处理，获得各种新的电视图像特技效果。

（5）数字电视可以实现设备的自动化操作和调整，与计算机配合可实现各种自动控制和操作。

（6）数字电视可充分利用信道容量。数字技术可实现时分多路复用，实现数字视频、数字音频及其他多媒体信号混传，充分利用信道容量。

（7）数字电视容易实现"无差错接收"。压缩后的数字电视信号经过数字调制后，可进行地面广播，在覆盖的服务区内，用户将以极大的概率实现"无差错接收"（发"0"收"0"，发"1"收"1"），收看到的电视图像及声音质量非常接近演播室质量。数字电视还可实现高质量的移动接收。

（8）数字电视可以合理地利用频谱资源。就地面广播而言，数字电视可以启用模拟电视的禁用频道（Taboo Channel），而且在今后能够采用单频率网络（Single Frequency Network）技术，即用单个频道就可覆盖全国。此外，现有的 8MHz 模拟电视频道（对 PAL 制而言），可用于传输 1 套数字高清晰度电视节目，或者 4～6 套质量较高的数字常规电视节目，或者 16～24 套与家用 VHS 录像机质量相当的数字电视节目（在有线电视中，这些数字都可加倍）。

（9）在同步转移模式（STM）的通信网络中，可实现多种业务的动态组合（Dynamic Combination）。在一套数字高清晰度电视节目中，经常会出现图像细节较少的时刻，这时由于压缩后的图像数据量较少，便可插入其他业务（如电视节目指南、传真、电子游戏等），而不必插入大量没有意义的填充位。

（10）数字电视很容易实现加密/解密和加扰/解扰技术，便于专业应用（包括军用）以及视频点播应用（VOD），还能开展各类条件接收的收费业务。这是数字电视的重要增值点，也是数字电视得以快速滚动式发展的基础。

（11）数字电视具有可扩展性、可分级性及互操作性，能够实现不同层次质量图像的相互兼容，易于建立全国数字电视传输网。

（12）数字电视可以与计算机"融合"而构成一类多媒体计算机系统，成为未来国家信息基础设施（N11）的重要组成部分。

（13）数字电视可以实现不同制式节目的交换。通过 CCIR601 号建议，可把三大模拟电视制式的 PAL 制、NTSC 制及 SECAM 制建立统一的数字电视参数规范，改变了模拟体制下的 3 种制式电视节目不能交换的特性。

（14）数字电视改变了人们接收电视的方式。交互式电视的诞生为电视的应用开辟了新天地，使人们在收看高清晰度电视的同时可以享受到电视导演或电视编辑的乐趣，可以足不出户地收看高清晰度电影。

（15）数字电视将极大地改变信息家电的市场结构。目前，模拟电视机除了产业结构不合理外，重要的是因其技术含量不高，导致在飞速发展的电子产品市场竞争中处于不利地位；而数字电视能够促进电视机扩大画面、提高分辨率及展宽屏幕，并以全新型电视机的姿态提高销售价格。

使用数字电视可以带来如下 6 点好处：

（1）高质量的画面。HDTV 的画面质量接近 35 mm 宽屏幕电影水平，一帧图像的像素数高达 1920×1080。一般来说，计算机在 SVGA 模式下的像素数为 800×600，PAL 制下VCD 的最高像素数为 352×240，DVD 为 720×576。常规模电视常有的模糊、重影、闪烁、雪花点及图像失真等现象在数字电视中将被大大改善。

（2）丰富的功能。数字化信号便于存储，可方便地实现制式转换以及画中画、画外画及电视图像幅型变换等功能。

（3）高质量的音效。数字电视采用的 AC-3 或 MUSICAM 等环绕立体声编解码方案，既可避免噪声、失真，又能实现多路纯数字环绕立体声，使声音在空间临场感、音质透明度及高保真等方面都更胜一筹。同时，数字电视还具有多语种功能，使人们收看同一个节目可以选择不同的语种。

（4）丰富多彩的电视节目。用数字信号处理技术可以对电视信号数据率大幅度地压缩，充分利用有限的频带资源，使原先传送 1 套节目的电视频道可以同时传送 4～5 套电视节目。采用数字电视技术后，电视台将设置更多的专业频道，以满足不同行业、不同层次、不同爱好的观众的需要。

（5）具有交互性。数字电视的音频、视频及数据可以在同一条信道内传输并共用一台设备接收，传输方向可以是双向的。观众由被动接受转为积极参与，收看现场转播时，还可以选择以不同拍摄角度获得的图像。

（6）具备通信功能。配备相应的机顶盒后，数字电视便可以拨打可视电话、查询图文信息、进行远程教学等；还可以浏览因特网，收发电子邮件；实现网上购物、学习、娱乐等许多增值业务。所以数字电视不仅能使图像质量提高，而且还能使现有的频率资源大幅度增值，引起电视业务和经营方式及制作方式的变革。不想购买数字电视机的用户也可以在模拟电视机上增加一个机顶盒，将同轴电缆传来的数字电视信号进行解码变为模拟的视频和音频信号后送入模拟电视机的视音频（AV）插孔，就可以收看数字电视节目。有了机顶盒，用户同样可以用遥控器对屏幕菜单进行查询，实时选择所喜欢的电视节目，并将此信息反馈到信息中心，实现视频点播等交互功能。

此外，数字电视还有一个显著特点，就是允许不同类型（音频、视频和数据）、不同等级（HDTV、LDTV）、不同制式（屏幕的宽高比、立体声伴音的通道数目）的信号在同一通道中传输并用同一台电视接收机接收，甚至是双向传输。可以说，多信息、高质量和多功能是数字电视的总特征。

任务1.4　数字电视系统的基本组成及基本原理

数字电视是一个大系统，从横向来说，数字电视是从节目制作（编辑）→数字信号处理→广播（传输）→接收→显示的端到端的系统；从纵向来说，数字电视是从物理层传输协议→中间件标准→信息表示→信息使用→内容保护→系列系统问题。目前用于数字电视节目制作的设备主要有数字摄像机、数字录像机、数字特技机、数字编辑机、数字字幕机及非线性编辑系统等；用于数字信号处理的技术有压缩编码和解码技术、数据加扰和解扰及加密和解密技术等；信号传输的方式有地面无线传输、有线（光缆）传输及卫星广播等；用于显示的设备有阴极射线管显示器（CRT）、液晶显示器（LCD）、等离子体显示器（PDP）及投影显示（包括前投、背投）等。

数字电视系统的结构框图如图 1-1 所示。

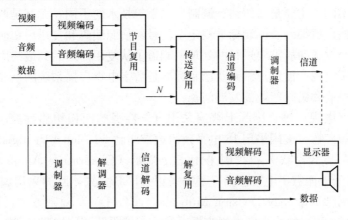

图 1-1 数字电视系统的结构框图

其中，信源编码/解码、传送复用、信道编码/解码、调制/解调、中间件、条件接收以及大屏幕显示技术是数字电视系统的技术核心，此外，还有高速宽带网络技术等。

1.4.1 数字电视的信源编解码

信源编解码技术包括视频压缩编解码技术和音频压缩编解码技术。无论是 IIDTV 还是 LDTV，未压缩的数字电视信号都具有很高的数据率。为了能在有限的频带内传送电视节目，必须对电视信号进行压缩处理。

在数字电视的视频压缩编解码标准方面，国际上统一采用了 MPEG-2 标准。在音频压缩编解码方面，欧洲、日本采用了 MPEG-2 标准；美国采纳了杜比公司的 AC-3 方案，将 MPEG-2 作为备用方案。

1.4.2 数字电视的传送复用

从发送端信息的流向来看，复用器把音频、视频、辅助数据的码流通过一个打包器打包（这是通俗的说法，其实是数据分组），然后再复合成单路串行的传输比特流，送给信道编码器及调制器。接收端接收信息的过程与此正好相反。目前，在网络上通信的数据都是按一定的格式打包传输的。电视节目数据的打包将使数据业务其具备可扩展性、分级性及交互性的基础，这也是数字电视技术的一个重要方面。在数字电视的传送复用标准方面，国际上也统一采用 MPEG-2 标准。

1.4.3 信道编解码及调制解调

经过信源编码和系统复接后生成的节目传送码流通常需要通过某种传输媒介才能到达用户接收机。传输媒介可以是广播电视系统（如地面电视广播系统、卫星电视广播系统及有线电视广播系统），也可以是电信网络系统或存储媒介（如磁盘、光盘等），这些传输媒介统称为传输信道。通常情况下，编码码流是不能或不适合直接通过传输信道进行传输的，必须经过某种处理使之变成适合在规定信道中传输的形式。在通信原理上，这种处理称为信道编码与调制。

任何信号经过任何媒质传输后都会产生失真，这些失真将导致数字信号在传输过程中的误码。为了克服传输过程中的误码，针对不同的传输媒介，必须设计不同的信道编码方案和调制方案。数字电视信道编码及调制的目的是通过纠错编码、网格编码及均衡等技术提高信号的抗干扰能力，通过调制把传输信号放在载波上，为发射做好准备。目前所说的各国数字电视制式标准的不同，主要是指纠错、调制、均衡等技术的不同，尤其是调制方式的不同。

数字电视广播信道编码及调制标准规定了信号经信源编码和复用后在向卫星、有线电视及地面等传输媒介发送前所需要进行的处理，涵盖了从复用器之后到最终用户的接收机之间的整个系统。数字电视广播信道编码及调制标准是数字电视广播系统的重要标准，直接关系到数字电视广播事业和民族产业的发展问题。

对于卫星数字电视广播，国际上普遍采用可靠性强的四相相移键控（QPSK）调制方式；对于有线电视广播，美国采用 16 电平残留边带调制（16-lebel Vestigial Side Band Modulation，16-VSB）方式，欧洲和我国采用正交调幅（Quadrature Amplitude Modulation，QAM）方式；对于地面数字电视广播，美国采用 8-BSB 方式，欧洲采用编码正交频分复用（Coded Orthogonal Frequency Division Multiplex，COFDM）调制方式，日本采用改进的 COFDM 调制方式，我国地面数字电视广播系统信道编码及调制规范正在制定中，已有 3 种自主知识产权方案可选，预计不久后将完全确定。

1.4.4　软件平台——中间件

数字电视接收机（或数字电视机顶盒）的硬件功能主要是对接收的射频信号进行解调、解码、MPEG-2 码流解码及模拟音视频信号的输出；而电视内容的显示、EPG 节目信息及操作界面等都要依赖软件技术来实现，缺少软件系统便无法在数字电视平台上开展交互电视等其他增强型电视业务，所以，在数字电视系统中，软件技术有非常重要的作用。中间件（Middleware）是一种将应用程序与底层的实时操作系统和硬件实现的技术细节隔离开来的软件环境，支持跨硬件平台和跨操作系统的软件运行，能应用不依赖于特定的硬件平台和实时操作系统。中间件通常由各种虚拟机构成，如个人 Java 虚拟机、JavaScript 虚拟机、HTML 虚拟机等，其作用是使机顶盒基本的和通用的功能以应用程序接口（API）的形式提供给机顶盒生产厂家，以实现数字电视交互功能的标准化，同时使业务项目（以应用程序的形式通过传输信道）下载到用户机顶盒的数据量减小到最低限度。

1.4.5　条件接收

条件接收（Conditional Access，CA）是指这样一种技术手段：只允许已付费的授权用户使用某一业务，未经授权的用户不能使用这一业务。条件接收系统是数字电视广播实行收费所必需的技术保障。条件接收系统必须解决如何阻止用户接收那些未经授权的节目和如何从用户处收费这两个问题。在广播电视系统中，在发送端对节目进行加扰，在接收端对用户进行寻址控制和授权解扰是解决这两个问题的基本途径。条件接收系统是一个综合性的系统，集成了数据加扰和解扰、加密和解密及智能卡等技术，同时也涉及用户管理、节目管理及收费管理等信息应用管理技术，能实现各项数字电视广播业务的授权管理和接收控制。

1.4.6　大屏幕显示

显示器是最终体现数字电视效果和魅力的产品。尽管 HDTV 对显示器提出了很高的要求，但目前已有多种技术能够满足 HDTV 显示的需要。其中包括阴极射线管（CRT）显示器、液晶显示器（LCD）、等离子体显示器（PDP）及投影显示（包括前投、背投）等。现在关键的问题是如何降低 LCD 及 PDP 产品的造价，使它们能以可接受的价格进入家庭。

1.4.7　高速宽带网络技术

高速接入网和高速互联网之间的传输网是数字电视系统的有力保证，多媒体数据对网络环境提出了非常苛刻的要求，带宽和实时性要求尤为突出。数字电视的视、音频数据时间相关性很强，对网络延迟特别敏感，应保证在任意给定的网络交换能力下都能提供给用户可靠稳定的带宽，保证质量，保证平滑和全动态视频的多媒体流传输。

项　目　小　结

1. 数字电视机的发展及其意义。

2. 什么是数字电视？数字电视是数字电视系统的简称，是指音频、视频和数据信号从信源编码、调制到接收和处理均采用数字技术的电视系统。

3. 数字电视的12项主要功能。

4. 数字电视技术的分类：

（1）按信号传输方式可分为地面无线传输数字电视（地面数字电视）、卫星传输数了电视（卫星数字电视）和有线传输数字电视（有线数字电视）。

（2）按图像清晰度可分为数字高清晰度电视（HDTV）、数字标准清晰度电视（SDTV）和数字普通清晰度电视（LDTV）。

（3）按照产品类型可分为数字电视显示器、数字电视机顶盒和一体化数字电视接收机。

（4）按显示屏幕幅型比，数字电视可分为4∶3和16∶9幅型比两种类型。

5. 数字电视的优点：

（1）数字电视信号杂波比和连续处理的次数无关。

（2）数字电视可避免系统非线性失真的影响。

（3）数字设备输出信号稳定可靠。

（4）数字电视易于实现信号的存储，而且存储时间与信号的特性无关。

（5）数字电视可以实现设备的自动化操作和调整，与计算机配合可实现各种自动控制和操作。

（6）数字电视可充分利用信道容量。

（7）数字电视容易实现"无差错接收"。

（8）数字电视可以合理地利用频谱资源。

（9）在同步转移模式（STM）的通信网络中，可实现多种业务的动态组合。

（10）数字电视很容易实现加密/解密和加扰/解扰技术，便于专业应用（包括军用）以及视频点播应用（VOD），还能开展各类条件接收的收费业务。

（11）数字电视具有可扩展性、可分级性及互操作性，能够实现不同层次质量图像的相互兼容，易于建立全国数字电视传输网。

（12）数字电视可以与计算机"融合"而构成一类多媒体计算机系统，成为未来国家信息基础设施（N11）的重要组成部分。

（13）数字电视可以实现不同制式节目的交换。

（14）数字电视改变了人们接收电视的方式。

（15）数字电视将极大地改变信息家电的市场结构。

6. 数字电视系统的基本组成及基本原理。

数字电视系统的组成：数字电视是一个大系统，从横向来说，数字电视是从节目制作（编辑）→数字信号处理→广播（传输）→接收→显示的端到端的系统；从纵向来说，数字电视是从物理层传输协议→中间件标准→信息表示→信息使用→内容保护→系列系统问题。

（1）数字电视的信源编解码原理。

（2）数字电视的传送复用原理。

（3）信道编解码及调制解调原理。

（4）软件平台—中间件。

（5）条件接收。

（6）高速宽带网络技术。

项目思考题与习题

1. 什么是数字电视？它与模拟电视相比，数字电视具有哪些突出优点？

2. 简述国内外数字电视的发展与现状。数字电视的发展经历了哪些重要的过程？

3. 发展数字电视有哪些重要意义，对电子信息产业有哪些重要影响？

4. 试画出数字电视传输系统原理框图并解释各功能块的作用。

5. 简述数字电视的传输系统及其核心技术。结合我国实际情况简述对数字电视交互业务的理解。

项目 2   数字电视显示技术

【内容摘要】

（1）了解 TFT-LCD 液晶显示器工作原理和等离子液晶显示器驱动集成电路的工作原理。

（2）熟悉数字电视中的各种显示技术的基本概念和显示过程。

（3）掌握 LCD 及 PDP 平板显示器基本概念和显示原理。

【本章重点】

初步掌握数字电视 CRT 显示技术、LCD 液晶显示器技术及等离子体显示器技术的基本概念和显示过程。

【本章难点】

TFT-LCD 液晶显示器工作原理和等离子液晶显示器驱动集成电路的工作原理。

任务 2.1   数字电视显示技术概述

目前人类已进入信息时代，人类信息的获取有 80％来自视觉。各种信息最终都要通过人机交换来实现。因此多年来电视的显示技术始终是电视技术中一个非常重要的部分，而且，随着技术的进步，显示器不断地从低级到高级、从低分辨率到高分辨率、从单色到无穷多颜色等方面发展，并已取得了巨大成功。

自从 20 世纪 30 年代开发成功电子电视以来，阴极射线管（CRT）一直是用于电视的主要显示器件。它经历了从黑白到彩色电视的变换。由于其生产技术成熟，驱动方式简单，性能价格比高，CRT 一直占领着显示的重要市场。但随着电视技术的快速发展，特别是大屏幕彩色电视和数字高清晰度电视（HDTV）的出现，它们对显示设备提出了更高的要求，由于高清晰度和大屏幕是紧密相连的，屏幕尺寸一般在 0.8m² 以上，实践证明，如果高清晰度电视在小屏幕显示器上收看，它的高清晰度优势将荡然无存。如果 CRT 在 32in 以上，那么它的体积和重量都会太大，不便于工业生产和家庭使用，因此，高清晰度电视的产生必须寻找大屏幕平板显示器，目前的 CRT 以它现在的显示形式难以为继。这主要是因为 CRT 基本上是三维结构，它限制了直视型显像管上的有效图像尺寸，对于高清晰度电视（HDTV）来说，观看除非在 3 倍或大于 3 倍图像高度处，否则观众不可能分辨有用细节。大量研究还表明，对于家庭或团体观看，为了显示图像的清晰度更需要大屏幕显示，通常观众在离屏幕远于 3 倍图像高度才能看到无噪声、无干扰的图像和鲜艳的彩色，才能体验传统模拟电视未曾有过的真实景物感觉。

另一方面，阴极射线管由于体积大、电压高、易受干扰，在便携式电子产品的终端显示上也受到严重限制。这些因素使 CRT 阴极射线管的霸主地位受到严重挑战，人们开始寻求新的显示方式，经过多年努力，终于获得了巨大成果。目前，屏幕尺寸在 51cm 以下的液晶显示器（LCD）正在替代 CRT，而屏幕尺寸大于 100cm 的 CRT 受到彩色等离子显示器

（PDP）的有力挑战，也将逐步退出显示器的市场。

任务 2.2　数字电视 CRT 显示技术介绍

2.2.1　CRT 显示器的概况

CRT 是应用较为广泛的一种显示技术，其发展历史超过 100 年。虽然经过几代革新的 CRT 显示器性能仍然不够理想，还存在着闪烁、对比度差、行抖晃等技术问题。但现在的 CRT 显示器性能稳定，能重现高质量的图像，其成熟程度是任何其他技术无法比拟的，它的亮度、对比度、彩色等方面基本能使观众满意。

CRT 显示器有 3 种基本类型。第一种主要用于传统的直视型电视机，屏幕对角线最大为 40in；第二种是背投式投影机，屏幕尺寸是 40～80in；第三种是投影机和屏幕分开的分体式正面投影机，一台正面投影机可与各种尺寸的屏幕配合使用，对家庭影院而言，屏幕尺寸最大可达 120in。某些投影机还允许幅形比在 4∶3 和 16∶9 之间切换。

这 3 种 CRT 显示器都能够满足 HDTV 的要求，尤其是高质量的 CRT 正面投影机，主要服务于家庭影院领域，提供了当前家用显示器可以得到的最高图像质量，它已经成为事实上评价其他显示技术的参考。CRT 显示器技术成熟，质量稳定，直视型显示器的价格也是 HDTV 显示器中最低的。从 CRT 显示器的绝对数量看，其主流地位仍可维持一段时间。大量显示器工业预测也表明，CRT 将继续扮演重要角色。

应当指出：传统的 CRT 也在向平板显示的方向发展，新型扁平 CRT 就去掉了电子枪，它采用线状或矩形阴极，实现平面矩阵驱动，加之又是扁平管屏，故使其既克服了 CRT 的现存缺点，又兼有平板显示之优点，即轻而薄、低驱动和低功耗等。

2.2.2　CRT 显示器的工作原理和结构

CRT 显示器是实现电-光转换、重现电视图像的一种装置，它主要由电子枪、偏转线圈、荫罩及荧光屏组成。

电-光转换靠荧光屏完成。彩色显像管的荧光屏上密集而有规则地排列着红（R）、绿（G）、蓝（B）3 种荧光粉圆点或荧光粉条，称为荧光粉单元。在相应电子束的轰击下，发出基色光。

电子束由电子枪产生。电子枪主要由阴极、控制极、加速极及阳极组成。被加热的阴极发射出电子，在控制极上加有比阴极电位低的电压，而在阳极上加有很高的电压。为降低阳极电位对电子束电流的影响，在阳极与控制极之间常加屏蔽极（加速极），其电位高于阴极电位。这样，在加速极电场的作用下，经聚焦极聚成很细的电子束，在阳极高压下，获得巨大的能量，以极高的速度去轰击荧光屏上的荧光粉单元。对彩色显像管来说，应能产生三束电子流，它们分别受红、绿、蓝 3 个基色视频信号电压的控制，去轰击各自的荧光粉单元。受到高速电子束的激发，这些荧光粉单元分别发出强弱不同的红、绿、蓝 3 种光。根据空间混色法（即将 3 个基色光同时照射同一表面相距很近的 3 个点上进行混色的方法）产生丰富的色彩，这种方法利用人的眼睛在超过一定距离后分辨力不高的特性，产生与直接混色法相同的效果。用这种方法可以产生不同色彩的像素，而大量的不同色彩的像素可以组成一张漂亮的画面，而不断变换的画面就成为活动的图像。很显然，像素越多，图像越清晰、细腻、也就更逼真。

可是，怎样用电子枪来激发这数以万计的像素发光并形成画面呢？这需要依靠偏转线圈的帮助。在管的颈部套置两对偏转线圈（径向位置相互垂直），并分别送入行频和场频锯齿波电流，即对电子束的行、场扫描。

有了扫描，就可以形成画面，然而在扫描的过程中，如何可以保证三支电子束准确击中每一个像素呢？这就要借助于阴罩，它的位置大概在荧光屏后面（从荧光屏正面看）约10mm 处，厚度约为 0.15mm 的薄金属板。在它上面有很多小孔或细槽，它们和同一组的荧光粉单元即像素相对应。阴罩孔的作用在于保证三支电子束共同穿过同一个阴罩孔，准确地激发荧光粉，使之发出红、绿、蓝三色光。三色电子束经过小孔或细槽后能击中同一像素中的对应荧光粉单元，因此能够保证准确的会聚和彩色的纯正。

2.2.3 CRT 显示器的主要技术指标

1. 画面尺寸

画面尺寸是屏幕上可以显示画面的最大范围，为屏幕的对角线长度。目前，直视型 CRT 显示器的最大对角线长度为 40in，大于 40in 的 CRT 几乎无法制造或者制造成本太大，无法市场化。

2. 点距

点距（Dot-Pitch）主要是对使用孔状阴罩来说的，是荧光屏上两个同样颜色荧光点之间的距离。常例来说，就是一个红色荧光点与相邻红色荧光点之间的对角距离，它通常以 mm 表示。阴罩上的点距越小，图像看起来就越精细，其清晰度也就越高。现在的 15/17in 显示器的点距必须低于 0.28mm，否则显示图像会模糊。条栅状阴罩显示器则是使用线间距或是光栅间距，来计算其中荧光条之间的水平距离。由于点距和间距的计算方式完全不同，因此不能拿来比较，如果真的要比较点距和光栅间距，那么光栅间距或水平点距会比点距稍微大一些。举例来说，一个 0.25mm 的光栅间距大约等于 0.27mm 的点距。

3. 分辨率

分辨率就是屏幕上所能呈现的图像像素的密度。如果把屏幕想象成是一个大型的棋盘，则分辨率的表示方式就是每一条水平线上面的点的数目乘上水平线的数目。以分辨率为 640×480 的屏幕来说，即每一扫描行上包含有 640 个像素点，且共有 480 行扫描线，也就是说扫描列数为 640 列，行数为 480 行。分辨率与画面尺寸及点距有关。

4. 垂直扫描频率

当采用隔行扫描方式时，垂直扫描频率又称为场频，也就是屏幕的刷新频率，它是指每秒钟屏幕刷新的次数，通常以赫兹（Hz）表示，它可以理解为每秒钟重画屏幕的次数，以 60Hz 刷新率为例，它表示显示器的内容每秒钟刷新 60 次。行频和场频结合在一起就可以决定分辨率的高低。另外，垂直扫描频率与图像内容的变化没有任何关系，即便屏幕内显示的是静止图像，电子枪也照常更新。垂直扫描频率越高，人眼感受到的闪烁现象越不明显，因此眼睛也就越不容易疲劳。

5. 水平扫描频率

水平扫描频率又称为行频，指电子枪每秒钟在荧光屏上扫描过的水平线数量。显而易见，行频是一个综合分辨率和场频的参数，它越大就意味着显示器可以提供的分辨率越高，稳定性越好。

任务 2.3　数字电视 LCD 液晶显示器技术

数字电视 LCD 液晶显示器与 CRT 显示器相比，液晶显示器（LCD）具有像素位置精确、平面显示、厚度薄、重量轻、无辐射、低能耗、工作电压低等优点。LCD 液晶显示器是继 CRT 之后显示技术发展的又一个里程碑。

2.3.1　液晶显示器的工作原理和分类

众所周知，物质有固态、液态、气态 3 种形态，液体分子的排列虽然不具有任何规律性，但是如果这些分子是长形的（或扇形的），它们的分子指向就可能有规律性。于是，就可以将液态又细分为许多形态。分子方向没有规律性的液体可直接称为液体，而分子具有方向性的液体则称之为液态晶体（Liquid Crystal），又称液晶。液晶是一种介于固体与液体之间（当加热时为液态，冷却时就结晶为固态）、具有规则性分子排列的有机化合物、本身不发光。一般最常用的液晶形态为向列型（Nematic）液晶，分子形状为细长棒状，长宽约 1~10nm，在不同电流电场作用下，液晶分子会做规则旋转 90°排列，产生透光度的差别。液晶显示器的工作原理就是利用液晶的物理特性（即液晶分子的排列在电场作用下发生变化，通电时排列变得有秩序，使光线容易通过；不通电时排列混乱，阻止光线通过）：将液晶置于两片导电玻璃基板之间，靠两个电极间电场的驱动引起液晶分子扭曲向列的电场效应，在电源接通断开控制下影响其液晶单元的透光率或反射率，从而控制光源透射或遮蔽功能，依此原理控制每个像素，产生具有不同灰度层次及颜色的图像。

液晶显示器按照控制方式不同，可分为无源矩阵式 LCD 及有源矩阵式 LCD 两种。

无源矩阵式 LCD 在亮度及可视角方面受到较大的限制，反应速度也较慢。由于画面质量方面的问题，使得这种显示设备不利于发展为桌面型显示器，但由于成本低廉因素，市场上仍有部分的显示器采用无源矩阵式 LCD。无源矩阵式 LCD 主要有扭曲向列型液晶显示器（Twisted Nematic LCD，TN-LCD）、超扭曲向列液晶显示器（Super TN-LCD，STN-LCD）和双层超扭曲向列型 LCD（Double layer STN-LCD，DSTN-LCD）。

目前应用比较广泛的有源矩阵式 LCD 是 TFT-LCD。TFT 是 Thin Film Transistor（薄膜晶体管）的简称，一般指薄膜液晶显示器，而实际上指的是薄膜晶体管（矩阵）。如今 TFT-LCD 已成为 LCD 发展的主要方向，今后它在 LCD 中所占的比重将会越来越大。

目前这种技术已经被广泛采用并大量投入生产，而且这种技术将会有长远的市场前景和发展潜力。

2.3.2　无源矩阵式 LCD 结构和工作原理

TN-LCD、STN-LCD 及 DSTN-LCD 的显示原理基本相同，不同之处是液晶分子的扭曲角度有些差别。TN-LCD 显示器件是人们日常生活中最常见的一种液晶显示器，如液晶手表、数字仪表、商务通显示屏、计算器等，通常只要采用笔段式数字显示器，他们的显示屏大多都是 TN-LCD 器件，因此，TN-LCD 是人们最为熟悉的液晶显示器。

下面以典型的 TN-LCD 为例，介绍其结构及工作原理。

在厚度不到 1cm 的 TN-LCD 液晶显示屏面板中，通常采用一种由玻璃基板、彩色滤光片、定向膜、偏光板等制成的夹层，上下共两层。偏光板、彩色滤光片决定了多少光可以通过以及生成何种颜色的光。彩色滤光片是由红、绿、蓝 3 种颜色构成的滤光片，有规律地制作在一块大玻璃基板上。每一个像素是由 3 种颜色的单元（或称为子像素）所组成的。假如有一块面板的分辨率为 1280×1024，则它实际拥有 3×1280×1024 个子像素。每个夹层都包含电极和定向膜上形成的沟槽，上下夹层中的是液晶分子，在接近上部夹层的液晶分子按照上部夹层沟槽的方向来排列，而下部夹层的液晶分子按照下部夹层沟槽的方向排列。上下沟槽呈十字交错，即上层的液晶分子的排列是横向的，下层的液晶分子排列是纵向的，而位于上下之间的液晶分子接近上层的就呈横向排列，接近下层的则纵向排列。整体看起来，液晶分子的排列就像螺旋形的扭转排列。在正常情况下光线从上向下照射时，通常只有一个角度的光线能够穿透下来，通过上偏光板导入上部夹层的沟槽中，再通过液晶分子扭转排列的通路从下偏光板穿出，形成一个完整的光线穿透途径。而液晶显示器的夹层附了两块偏光板，这两块偏光板的排列和透光角度与上下夹层的沟槽排列相同。当液晶层施加某一电压时，由于受到外界电压的影响，液晶会改变它的初始状态，不再按照正常的方式排列，而变成竖立的状态。因此经过液晶的光会被第二层偏光板吸收而整个结构呈现不透光的状态，结果在显示屏上出现黑色。当液晶层不施任何电压时，液晶处在它的初始状态，会把入射光的方向扭转 90°，因此让背光源的入射光能够通过整个结构，结果在显示屏上出现白色。为了使在面板上的每一个独立像素都能够产生想要的色彩，必须使用多个冷阴极灯管来当作显示器的背光源。

2.3.3 有源矩阵式 LCD 结构和工作原理

TFT-LCD 的结构与 TN-LCD 基本相同，只不过将 TN-LCD 上夹层的电极改为场效应晶体管（FET），而下夹层改为公共电极。

TFT-LCD 的工作原理与 TN-LCD 却有许多不同之处。TFT-LCD 液晶显示器的显像原理是采用背透式照射方式。为了能精确地控制每一个像素的颜色和亮度就需要在每一个像素之后安装一个类似百叶窗的开关，当百叶窗打开时光线可以透进来，而当百叶窗关上后光线就无法透过来。实际上，液晶的物理特性就具有类似百叶窗的开关作用，当上下夹层的电极通电时，液晶分子的排列变的有秩序，使光线容易通过；不通电时排列混乱，阻止光线通过。当光源照射时，先通过下偏光板向上透出，借助液晶分子来传导光线。由于上下夹层的电极改成 FET 电极和公共电极，在 FET 电极导通时，液晶分子的排列状态同样会改变穿透液晶的光线角度，然后这些光线接下来还必须经过前方的彩色的滤光片与另一块偏光板。只要改变刺激液晶的电压值就可以控制最后出现的光线强度与色彩，进而能在液晶面板上变化出有不同深浅的颜色组合。但不同的是，由于 FET 晶体管具有电容效应，因此能够保持电位状态，先前透光的液晶分子会一直保持这种状态，直到 FET 电极下一次再加电改变其排列方式为止。

2.3.4 液晶显示器的技术指标

1. 像素间距

LCD 显示器的像素间距（Pixel Pitch）的意义类似于 CRT 的点矩（Dot Pitch）。不过前者对于产品性能的重要性却没有后者那么高。CRT 的点矩会因为遮罩或光栅的设计、垂直或水平扫描频率的不同而有所改变。LCD 显示器的像素数量则是固定的。因此，只要在尺寸与分辨率都相同的情况下，所有产品的像素间距都应该是相同的。比如，14in LCD 的可视面积为 285.7mm×214.3mm，它的最大分辨率为 1024×768，那么其像素间距为可视宽度除以水平像素数（或者可视高度除以垂直像素数），即 285.7mm/1024＝0.279mm（或者是 214.3mm/768＝0.279mm）。

2. 色彩表现度

众所周知，自然界的任何一种色彩都是由红、绿、蓝（R、G、B）三种基色来控制的。大部分厂商生产出来的液晶显示器，每个基色（R、G、B）达到 6 位，即 64 种表现度，那么每个独立的像素就有 64×64×64＝262 144 种色彩。也有不少厂商使用了所谓的 FRC（Frame Rate Control）技术以仿真的方式来表现出全彩的画面，也就是每个基色（R、G、B）能达到 8 位，即 256 种表现度，那么每个独立的像素就有高达 256×256×256＝16 777 216种色彩了。

3. 可视角度

液晶显示器的可视角度包括水平可视角度和垂直可视角度两个指标。水平可视角度表示以显示器的垂直法线（即显示器正中间的垂直假想线）为准，在垂直于法线左方或右方一定角度的位置上仍能够正常看见显示的图像，这个角度范围就是液晶显示器的水平可视角度；同样，如果以水平法线为准，上下的可视角度就称为垂直可视角度。一般而言，可视角度是以对比度变化为参照标准的。当观察角度加大时，该位置看到的显示图像的对比度会下降，而当角度加到一定程度，对比下降到 10：1 时，这个角度就是该液晶显示器的最大可视角。目前，有些厂商已开发出各种广角技术，如面内开关（In Plane Switching，IPS）、多域垂直对齐（Multi-do-main Vertically Aligned，MVA）等，试图改善液晶显示器的视角特性。这些技术能把液晶显示器的可视角度增大到 160°甚至更多。

4. 亮度值

亮度表示显示器的反光强度。以（cd/m²）（坎德拉每平方米）为测量单位。LCD 的最大亮度，通常由冷阴极射线管（背光源）来决定，TFT-LCD 的亮度值一般都在 200～250cd/m²。液晶显示器的亮度略低，会觉得屏幕发暗。虽然技术上可以达到更高的亮度，但是这并不代表亮度值越高越好，因为太高亮度的显示器可能使观看者的眼睛受伤。

5. 对比度

对比度定义为最大亮度值与最小亮度值之比值。LCD 的对比度很重要，比值越高，对比越强烈，色彩越鲜艳饱和，调整效果也会更细致，还会显现出立体感；对比度低，颜色显得贫瘠。CRT 显示器的对比度通常高达 500：1，因此，在 CRT 显示器上呈现真正全黑的画面是很容易的，但对 LCD 来说，就不是很容易了，由冷阴射线管所构成的背光源是很难去做快速的开关动作，因此背光源始终处于点亮的状态。为了要得到全黑的画面，液晶模块必须完全阻挡来自背光源的光，但在物理特性上，这些元件无法达到这样的要求，总是会有一些漏光的发生。一般来说，人眼可以接受的对比度约为 250：1。

6. 响应时间

液晶显示器的响应时间是指液晶从暗到亮（上升时间）再从亮到暗的整个变化周期的时间总和。响应时间反映了液晶显示器各像素点对输入信号反应的速度，此值当然是越小越好。如果响应时间太长了，就有可能使液晶显示器在显示动态图像时，出现"拖尾"、"重影"等现象。这是由于液晶的响应时间大于一帧的显示时间（当帧频为 60Hz 时，约 16ms）造成的，由此形成的一帧结束时的残像在下一帧显示出来。目前 TFT-LCD 的响应间降到了20ms，较好地消除了快速移动物体的拖尾影现象。但是，要想彻底地满足动态图像显示的要求，响应速度还有待进一步提高。

7. LCD 的尺寸标示

通常所说的液晶显示器尺寸大多指显像的对角线尺寸，传统 CKT 显示器的可视范围小于其显像所标的尺寸，如 17in CRT 显示器的可视范围为 15.7in。液晶显示器的尺寸标示与 CRT 显示器不同，液晶显示器的尺寸是以实际可视范围的对角线来标示的。尺寸标示使用 cm（厘米）为单位，或按照惯例使用 in（英寸）作为单位（1in＝2.54cm）。

2.3.5　目前液晶显示器国际技术水平和现状

目前，TFT-LCD 已达到的技术水平状况如下：

（1）水平和垂直可视角度都达到 170°。

（2）显示亮度达到 500cd/m^2，对比度 500∶1。

（3）寿命超过 3×10^4h。

（4）场序列全彩色（FSFC）技术开始应用于工业生产。

（5）大屏幕薄膜液晶管液晶显示彩色电视（TFT-LC）已经开始进入大规模工业生产，TFT-LC TV 的画质已经达到甚至超过了 CRT，如 28in TFT-LC TV 的分辨率为 1920×1200，水平/垂直可视角度均为 170°，38in 的 TFT-LC TV 已研制成功；40in 的 TFT-LCD 也已研制成功。

（6）大面积低温多晶硅 TFT-LCD 已经开发成功，并投入工业生产，非晶硅 TFT 的自扫描 LCD 已经商品化。

（7）反射式 TFT-LCD 彩色显示器已经开始商品化。

（8）730×920mm 基板大屏幕生产线已经研制成功，更大尺寸基板的大屏幕生产线正在建设之中。

（9）塑料基板 TFT-LCD 开始商品化。

（10）虽在积极开发反射式 LCD，但用背光源的透射型 TFT-LCD 在相当长时间内还是主流产品，背光源是其重要配件，德国研制成用于液晶模块的平板荧光灯背光源，亮度在 5000～7000cd/m^2，寿命达到 100 000h，一些新型自热式背光源可以在－40～85℃范围内正常工作，OEL 背光源和高亮度 LED 背光源已开发成功，并开始用于 TFT-LCD。

过去 10 年间，由于掌上电视机和家用摄像机录像器的出现，使得液晶显示器逐步走入家庭。现在，LCD 显示器正在努力进入电视市场，基于 LCD 的视频投影日渐普及。LCD 投影机体积小、重量轻、使用起来更加方便。然而，与好的 CRT 投影机相比，图像质量要差一些。LCD 投影机的图像在大屏幕上显示时，往往有明显的像素结构。这是由于像素的面积与包围像素的黑色区域面积相比要小得多。最近 LCD 投影机的图像质量比早期产品有了很大改进，但仍逊于分体式 CRT 投影机。较好一些的 LCD 投影机已可提供相对明亮的图像。最好的 LCD 投影机使用 16∶9 幅型比的 LCD 板（而非典型的 4∶3 幅型比），已经可以显示 HDTV，其 1366×768 像素的 LCD 板完全能解决 720pHDTV 的问题，但还不能满足 1080iHDTV 的要求，只能通过变换才能显示 1080iHDTV 格式。因此，其他使用 4∶3LCD 板的 LCD 投影机在显示宽屏 16∶9 的视频时，必须限制垂直方向的分辨率，因为并不是 LCD 板上的所有像素都能使用。

2.3.6　TFT-LCD 的主要特点

20 世纪 90 年代初，随着 TFT 技术的成熟，彩色液晶平板显示器迅速发展，在不到 10 年的时间里，TFT-LCD 迅速成长为主流显示器，这与它具有的优点是分不开的，TFT-

LCD 的主要特点如下：

（1）低工作电压，微功耗。TFT-LCD 只要极低的工作电压（一般为 2～3V）即可工作，而工作电流仅几个微安，这是其他任何类型显示器无法比拟的；它的功耗约为 CRT 显示器的 1/10，反射式 TFT-LCD 甚至只是 CRT 的 1/100 左右，节省了大量的能源；TFT-LCD 显示器在工作电压和功耗上正好与大规模集成电路的发展相适应，从而使液晶与大规模集成电路结成了孪生兄弟。

（2）TFT-LCD 的方向速度更快，已突破 20ms 大关。

（3）TFT-LCD 辉度已达到 $500cd/m^2$，对比度达到 500∶1，分辨率达到 200dpi；视角也达到了 170°的大屏幕要求，能满足各种需要。

（4）为了创造更优质的画面，TFT-LCD 采用了 TFT 型主动素子驱动技术，该技术在每一个液晶像素上加装上了主动素子来进行点对点的控制，使得显示屏幕与射位 LCD 显示屏相比有天壤之别，这种控制模式在显示精度上，比以往的控制模式更高。

（5）TFT-LCD 还采用了低反射液晶显示技术，在液晶显示屏的最外层施以一层涂料，使得液晶显示光泽烈、透光率、分辨率、防反射等方面得到更加改善。

（6）过去的 LCD 显示器存在可视角度问题，为了解决这一难题，TFT-LCD 显示器一般使用了称为面内开关（2PS）技术，使得视角已经同 CRT 管可视角相当了。

（7）反射式 TFT-LCD 显示器现在已经成功生产，例如分辨率 400×234、画面 16∶9 的 5.8in 反射式显示器，消耗功率仅 0.5W。需要提出的是，反射式 TFT-LCD 显示器的生产是发展方向，但背光源和逆变器在一段时间还占主导地位。在 TFT-LCD 中大量使用冷阴极灯背照光源长寿命逆变器，它的光源调制范围已达到 500∶1。TFT 的自热式灯可以在 −40～+85℃温度范围内工作。

（8）TFT-LCD 易于集成化和更新换代，是大规模半导体集成电路技术和光源技术的完美结合，继续发展潜力很大。目前有非晶、多晶和单晶硅 TFT-LCD，将来还会有其他材料的 TFT，如塑料基板。用塑料基板制成的液晶显示器件薄如纸，并可弯曲，进一步降低了使用空间。

任务 2.4　等离子体显示器

2.4.1　工作原理与结构介绍

等离子体显示器（PDP）是继液晶显示器（LCD）之后的最新显示技术之一。这种显示器具有超薄超轻、易实现大屏幕显示、工作在全数字化模式、无 X 射线辐射等优点。由于各个发光单元的结构完全相同，因此不会出现 CRT 显像管常见的图像几何畸变。PDP 屏幕亮度非常均匀，没有亮区和暗区，不像显像管那样屏幕中心比四周亮度要高一些，而且等离子体显示器不会受磁场的影响，具有更好的环境适应能力。PDP 屏幕也不存在聚焦的问题，因此，完全消除了 CRT 显像管某些区域聚焦不良或使用时间过长开始散焦的毛病；不会产生 CRT 显像管的色彩漂移现象，而表面平直也使大屏幕边角处的失真和色纯度变化得到彻底改善。同时，其高亮度、大视角、全彩色和高对比度，意味着等离子体显示器图像更加清晰、色彩更加鲜艳、感觉更加舒适、效果更加理想，是数字化彩电、HDTV 及多媒体终端理想的显示器件。与 LCD 相比，PDP 有亮度高、色彩还原性好、灰度丰富、对快速变化的画面响应速度快等优点。由于屏幕亮度很高，因此可以在明亮的环境下使用。另外，PDP视野开阔，视角宽广（高达160°），能提供格外亮丽、均匀平滑的画面和前所未有的更大观赏角度，因而特别适合应用于公共场所的多媒体信息显示、壁挂式大屏幕电视、会议电视及视频监控等系统。

等离子体是物质存在的第4种形态。当气体被加热到足够高的温度，或受到高能带电粒子轰击，中性气体原子将被电离，形成大量的电子和离子，但总体上又保持电中性。等离子体在人们日常生活的自然界中看似存在很少，但实际上它又无处不在。远到宇宙天体、大气中的电离层，近到生活中常用的日光灯，都充满了等离子体。

PDP是一种利用气体放电引起发光现象的显示装置，这种显示屏采用等离子管作为发光元件，大量的等离子管排列在一起组成屏幕，每个等离子管对应的每个小室内都充有氖、氙等惰性气体。在等离子管电极之间加上高压后，封在两层玻璃基板之间的等离子管小室中的气体会产生紫外光，并激励平板显示屏上的红、绿、蓝三基色荧光粉发出特定波长的可见光。PDP将每个离子管为一个像素，由这些像素的明暗和颜色变化产生各种灰度和色彩的图像。通俗一点讲PDP是一种把荧光灯做得极小，按矩阵方式排列，利用气体放电发光而产生图像的显示器。所以，PDP的显示方式与传统的CRT显示方式不同，传统的显示设备是通过扫描屏幕而产生图像的，而PDP显示屏的所有像素点都是在同一时刻被"点"亮的。一个发光点只有发光和不发光两个状态，给定像素的亮度取决于在图像的一个帧周期中，相应的发光点多长时间处于"发光"状态，彩色显示则通过空间混色实现。

PDP按工作方式不同可分为直流（DC）驱动型和交流（AC）驱动型两大类。直流驱动型PDP电极与放电气体直接接触，紫外线的产生效率高，但显示屏的结构比较复杂，在目前商用彩色PDP中很少用；交流驱动型PDP按其放电电极的相对位置分为对置型和表面放电型。对置型PDP的两个放电电极分别呈正交制备在上下两玻璃板内侧，其上均覆盖介质层，红、绿、蓝荧光粉涂覆在介质层上的相应电极正交部位，当上下电极间加上交流激励电压，与随之介质层壁上产生的壁电压叠加作用，产生气体放电，激励电极间的荧光粉发光；表面放电型PDP的两个放电电极均制作在同一玻璃基板上，其上制备介质层，荧光粉则涂覆在另一玻璃板的相应位置，当同一玻璃板的两电极间外加交流电压产生气体放电时，面板上的荧光粉就会受到激励而发光。对置型PDP结构简单，但由于荧光粉置于两放电电极之间，受到气体电离离子的直接轰击，光衰严重而影响寿命；表面放电型PDP则由于荧光粉避免了离子的直接轰击，使用寿命得以大大提高，但驱动选址较复杂。鉴于此，研究人员巧妙组合这两种类型显示板的长处，成功开发出了三电极表面放电交流驱动型PDP，它已成为目前的主流彩色PDP。

2.4.2　驱动集成电路介绍

如前所述，PDP按照引起放电时施加电压的方式不同，可分为交流驱动型（AC PDP）与直流驱动型（DC PDP）两种，其中采用表面放电式的交流PDP（即AC PDP）占主导地位。对于彩色PDP而言，其驱动集成电路无论在技术上还是在价格上都起着举足轻重的作用，一个性能优良的PDP彩色电视，驱动集成电路大约占系统总成本的70%～80%，因此研究开发适合于彩色PDP的驱动集成电路极为重要。

彩色PDP是主动发光器件，其亮度与各个像素的发光时间成正比。一般情况下，在进行矩阵平面的行顺序驱动时，随着扫描线数的增加，亮度会下降，因此不管是AC型还是

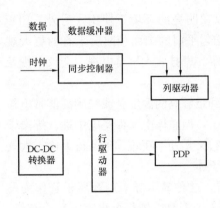

图 2-1 PDP 驱动电路结构

DC 型彩色 PDP，都采用存储式驱动来增加实际发光时间，以实现高亮度。存储式驱动方式基本上由写入、发光维持、擦除 3 个部分组成，驱动集成电路的作用就是给彩色 PDP 施加定时的、周期的脉冲电压和电流。通常情况下，PDP 驱动集成电路结构如图 2-1 所示，它适用于 AC 型、DC 型及各种彩色 PDP。PDP 驱动集成电路大致由列（Column）驱动器、行（Row）驱动器、同步（Timing）控制器、数据缓冲器（Data Buffer）以及电源 5 部分组成。显示驱动是通过在显示板行、列的各个电极上选择性地施加较高电压来进行的，由于驱动电路的数量很大，因此驱动集成电路的价格在 PDP 的总价格中占有相当大的比重。

在 AC PDP 中，普遍采用子场技术来实现灰度显示，它将一帧分为若干个子场，每个子场由寻址期和显示期组成，子场显示期的长短与二进制权数成比例，这样，8 个子场就可表示 256 级灰度。PDP 驱动电压很高，驱动电路成本大约占整机的 75%，采用寻址显示分离（Address Display Separate，ADS）子场技术可以降低驱动电路成本。寻址显示分离子场分布如图 2-2 所示。

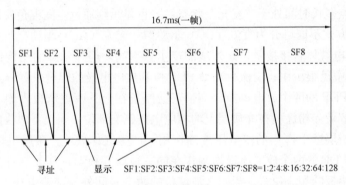

图 2-2 寻址显示分离子场分布图

任务 2.5 数字式光处理显示技术

数字式光处理（DLP）技术是美国得克萨斯州仪器（Texas Instruments，TI）公司开发并独享的一种新式显示技术。这一新的投影技术的诞生，使人们在拥有采集、接收、存储数字信息的能力后，终于实现了数字信息的显示。DLP 技术是显示领域时代的革命，正如 CD 在音频领域产生的巨大影响一样，DLP 将为视频投影显示新的一页。

首台 DLP 投影机于 1997 年上市，产品主要瞄准计算机图形演示市场。基本的 DLP 模块称为光学引擎，其核心是高强度的光源和数字微镜器件（Digital Micro-mirror Device，DMD）。DMD 上的每一片微镜对应于一个像素，每片微镜可以在两个稳定位置（ON/OFF）之间转动。在 ON 位置，来自光源的光反射以后，正好可以通过投影光学透镜，在屏幕上形成一个亮点；在 OFF 位置，反射光不能通过投影光学透镜，屏幕上形成一个暗点。一个给定像素的亮度取决于在图像的一个帧周期中，相应的镜子有多长时间停留在 ON 位置上。每面镜子是方形的，镜子与镜子之间只有很小的黑色间隙，得到的投影图像很光滑，没有明显的像素结构。高档专业 DLP 投影机使用 3 个数字微镜器件（红、绿、蓝色各用一片）。低档产品，包括消费用产品一般使用 1 个或 2 个数字微镜器件和旋转的滤色盘，让视频图像的红、绿、蓝色分量轮流出现。最初的 DLP 具有 800×600 的 SVGA 分辨率，现在已可实现 XVGA 分辨率（1028×720 单片 16∶9DMD）的消费用 DLP 投影机。这些投影机将充分支持 720pHDTV 格式的分辨率。现在生产 DLP 投影机的生产厂商，也将在未来产品中使用这块新的 DMD 芯片。TI 在 1999 年展示的高档专业 DLP 投影机仍然有待时日。

和传统的 CRT 投影技术相比较，DLP 技术具有清晰度高、图像更细致逼真、亮度更均匀、画面更稳定、体积更小、重量更轻等诸多优点，这些优点主要源于以下方面：

（1）DLP 以反射式 DMD 为基础，光效率高，每单位光源输入可获得更高亮度。

（2）DLP 具有数字化特性，通过使用精确的数位灰度与彩色复制出无噪声的精细图像，图像可以一次又一次的重新出现，与投射式 LCD 显示技术相比，投射出来的画面更加细腻。

（3）DLP 系统都经过了一系列规定的环境及操作测试，选择已证明可靠的标准元件来组成用于驱动 DMD 的数字电路，确保了整个系统的可靠性。

（4）DLP 技术投影产品投射图像的像素间距很小，可以形成几乎无缝的画面图像，这使得投影画面对比度高，黑白图像清晰锐利，暗部层次及细节表现丰富，在表现由计算机输出黑白文本时，画面精确，黑白纯正，边缘轮廓清晰。

DLP 另一个明显优势是可用来开发出更小、更轻的光学系统，便于大大减轻整个投影机的重量，而却不会影响亮度或图像质量。

TI 达到 DLP 技术为消费者、商务用户及专业投影系统应用提供了独特灵活且规模可扩展的体系结构：单片 DLP 子系统结合了轻型便携式投影机的价格与性能优势，成为小型投影系统的理想之选；顶级三芯片子系统适用于对图像质量、高亮度及高分辨率特别关注的专业用户，适于在可容纳大量观众的固定场所如剧场中使用。

目前 DLP 技术正在沿着低成本、高画质的方向发展。

DLP 子系统通过改进分色轮控制技术、提高分色轮转速、增加色彩优化电路等，使得由于三色光分时输出所造成的色彩饱和度略低的缺陷得到了一定程度的弥补，进一步提升了投影机的亮度和色彩表现；DMD 芯片包含了 131 万个组合式反射微镜，微镜的倾斜角度已从原来的 10° 提高到 12°，使采用 DLP 投影技术的产品可提供更高的亮度；DMD 控制器 LSI 到 DMD 元件的数据传送也开始采用 DDR（Double Data Rate）新模式。在 2002 年年底就开始，采用了改进后的 DLP 技术投影产品开始问世，无论是亮度还是对比度都有了明显的提升。另一方面，针对市场上 LCD 产品价格的不断降低和人们对低价产品的期待，TI 公司努力削减系统成本，缩小 DMD 元件的芯片尺寸（以往 DMD 微镜面积为 $16.7\mu m$，每镜间隔 $1\mu m$，现在这两个参数已减小至 $13.7\mu m$ 和 $0.8\mu m$），同时还加大作为 DMD 芯片基底的硅晶圆口径并采用改良型封装技术。在今后的几年中，TI 公司还将逐步改进和完善 DLP 技术，为目前业界非常看好的 DLP 技术应用领域——消费电子显示产品领域，亦为 DLP 技术提供了更广阔的发展空间。

任务 2.6   硅基液晶显示技术

1997 年 IBM 开发了一种新型液晶投影显示器，利用在 CMOS 硅基上生成的高反射电极和液晶组成的光阀单元来产生图像。这项技术被称为硅基液晶（LCOS）技术，它是一种将硅基 CMOS 集成电路技术与 LCD 技术有机结合的反射式显示技术。LCOS 面板的结构是在 CMOS 硅基上，利用半导体制程制作驱动面板，然后通过研磨技术磨平，并镀上铝当作反射镜，形成 CMOS 基板，再将 CMOS 基板与含有 ITO 电极的上玻璃基板贴合，注入液晶进行封装而成。因为 LCOS 技术借硅基 CMOS 集成电路技术，用单晶硅片上的 CMOS 阵列取代 a-Si TFT-LCD 中玻璃基板上的 a-Si TFT 阵列，因此，相比之下，前者生产技术更成熟。由于单晶硅迁移率远高于 a-Si 迁移率，因此不仅适合于高亮度、高分辨率、高开口率显示。LCOS 可以与周边驱动电路集成一体，甚至可以集成信息处理系统。作为新型显示器件，LCOS 具备大屏幕、高亮度、高分辨率、省电等诸多优势，其应用产品被广大消费者和业内人士看好，市场潜力无限。LCOS 应该是 HDTV 的背投影技术发展的主要方向。随着成本的不断降低，LCOS 应用产品及其大屏幕显示将会越来越多。

硅基液晶技术的成功得益于硅表面化学机械抛光处理工艺的突破，使得原来从微光学看起伏不平的反射表面变得光滑如镜。在对角线 1.3in 的器件上，安排了超过 130 万个像素。来自弧光灯的强光分解成红、绿、蓝三基色的偏振光，投射到 LCOS 芯片上。光通过液晶到达镜面并从镜面反射，电信号加到每一面镜子上，通过液晶对光的偏振进行调制，控制该像素的光强。在光线到达投影屏幕的途中，反射的红、绿、蓝图像分量重组为完整的彩色图像。图像可以从屏幕背后投射（背后投影），或像电影院一样从屏幕前面投射（正面投影）。在不同的应用中，显示驱动电路的部分或全部可以组装在芯片以内，从而简化封装并降低系统成本。全部系统包括光学、照明、电子电路和光学引擎。这一技术已经应用在若干摄影机的新产品上，得到了 SXGA 的图像。LCOS 不是一家独占的技术，目前生产 LCOS 芯片的厂家有 17 家，光学引擎种类不下 20 种，1024×768 像素的 LCOS 芯片已可大量生产。当前 LCOS 芯片最高像素密度是 1600×1280，据悉，将来还会推出 1920×1080 像素的 LCOS 芯片。

LCOS 技术从问世之初就凭借其高调解析度、高亮度、低成本的优势成为业界关注和讨论的焦点，并吸引了众多厂家参与研制。但是两年多来，LCOS 技术发展缓慢，基本仍处于研发阶段，离市场对它的预期相差甚远。这是由于目前技术本身仍有许多问题有待克服，比如：黑白对比不佳；三片式 LCOS 光学引擎体积较大；现有 LCOS 光学引擎在产品重量、亮度上仍不甚理想。另外，LCOS 产品批量生产尚未实现，面板供货仍不稳定，同时由于量率偏低，成本优势也无从发挥。因此，现阶段 LCOS 产品在前投影机市场上竞争力较弱，市场份额微乎其微。

LCOS 如今正呈现两极化发展：①应用于大尺寸的背投影电视，这是目前 LCOS 的主流应用产品；②应用于小尺寸的高阶可携式产品。未来在批量生产及成本问题解决后，该类产品将有机会在投影市场上获利更广泛的应用。

任务 2.7 D-ILA 显示技术

在全球数字化的潮流中，投影技术也将迈向数字化、高解析度标准的时代。在目前为市场主流的投影技术中，采用透射式 LCD 技术和反射式 DLP 技术的投影机产品共同瓜分了投影机的市场。随着技术的成熟和完善，透射式 LCD 技术在拥有丰富艳丽的色彩和极好的亮度均匀性的同时，也在逐步提高光源的利用效率，提高亮度和对比度；而 DLP 技术在继续高亮度和高对比度的同时，提高了亮度均匀性。二者技术的发展都在促使投影机产品向着更清晰、更亮丽和更便携方向发展。随着柯达公司与日本 JVC 公司在投影机产品方面的合作，另一项具有革命性的投影技术浮出了水面，那就是 JVC 公司开发的直接驱动图像光源放大器（D-ILA）投影技术。D-ILA 技术在提供高分辨率和高对比度方面显示出了非常突出的技术优势。2000 年，采用 D-ILA 技术的投影机的标称分辨率达到 SXGA（1365×1024），对比度达到了 350：1；D-ILA 技术的核心部件液晶板的标称分辨率达到了 QXGA（2048×1535）。未来的发展将向上述二技术的投影机市场领域挑战，它在消费性市场（投影电视、数字影院和家庭影院、HDTV）中将具较大的发展潜力。

项 目 小 结

1. 数字电视 CRT 显示技术。

2. 数字电视 LCD 液晶显示器技术：液晶显示器（LCD）具有像素位置精确、平面显示、厚度薄、重量轻、无辐射、低能耗、工作电压低等优点。其液晶显示器按照控制方式不同，可分为无源矩阵式 LCD 及有源矩阵式 LCD 两种。

3. 液晶显示器的技术指标：（1）像素间距；（2）色彩表现度；（3）可视角度；（4）亮度值；（5）对比度；（6）响应时间；（7）LCD 的尺寸标示。

4. 等离子体显示器：等离子体显示器（PDP）是继液晶显示器（LCD）之后的最新显示技术之一。这种显示器具有超薄超轻、易实现大屏幕显示、工作在全数字化模式、无 X 射线辐射等优点。

PDP 是一种利用气体放电引起发光现象的显示装置，这种显示屏采用等离子管作为发光元件，大量的等离子管排列在一起组成屏幕，每个等离子管对应的每个小室内都充有氖、氙等惰性气体。

5. 数字式光处理显示技术：数字式光处理（DLP）技术是一种新式显示技术。DLP 技术具有清晰度高、图像更细致逼真、亮度更均匀、画面更稳定、体积更小、重量更轻等诸多优点。

6. 硅基液晶显示技术：利用在 CMOS 硅基上生成的高反射电极和液晶组成的光阀单元来产生图像。这项技术被称为硅基液晶（LCOS）技术，它是一种将硅基 CMOS 集成电路技术与 LCD 技术有机结合的反射式显示技术。

7. D-ILA 显示技术：在全球数字化的潮流中，投影技术也将迈向数字化、高解析度标准的时代。D-ILA 技术在提供高分辨率和高对比度方面显示出了非常突出的技术优势。

项目思考题与习题

1. 阐述 CRT 显示器的组成及工作原理。
2. 什么是液晶电视？阐述 LCD 的工作原理。
3. PDP 显示器有何主要特点？其未来发展方向怎样？
4. TFT-LCD 显示器有什么特点？

项目 3　数字电视信号及标准

【内容提要】

本章主要介绍数字电视信号的形成，重点讨论视频、音频信号的数字化技术。描述了数字电视信号的产生过程、数字电视的标准、参数及接口标准等内容。

【本章重点】

掌握电视信号数字化的三个步骤，明确数字信号的数码率与采样频率，量化比特之间的关系，熟悉数字电视的标准、参数及接口标准等主要内容。

【本章难点】

数字电视的标准、参数及接口标准。

任务 3.1　概　　述

数字电视是相对于模拟电视而言，传统的模拟电视系统在电视信号的产生、记录、传输、接收及显示的过程中使用的都是模拟信号，而数字电视系统则是指从一个节目的摄制、编辑、制作、发射、传输，到接收、处理、存储、显示的全过程都是使用数字信号的电视系统。在数字电视系统中，如何产生数字电视信号并将其传播出去是实现数字电视完整体系的基础之一。数字电视信号除了可以直接由字幕机、数字电视摄像机及录像机等数字设备产生外，还可以通过电视电影机由电影胶片转换成数字电视信号。数字电视信号也可以利用计算机生成，比如，把 FLC 或 GIF 动画格式转换成 AVI 等视频格式；把静态图像和或图形文件序列组合成视频文件序列等。但更多的还是通过视频采集卡把模拟视频信号转换成数字信号，并按数字视频的文件进行保存。视频采集卡是一个可以对模拟电视信号进行采集、量化、编码及压缩的设备。彩色电视信号的数字化一定要经过采样、量化及编码三个过程。这个数字化的过程又称为脉冲编码调制（PCM）或称电视信号的模拟转换，它是数字电视信号产生的主要方法。

任务 3.2　数字信号与模拟信号的区别

模拟信号的特点是信号在时间上和振幅上的变化都是连续变化的。模拟信号在任何一个时间范围内都有∞个连续的变化范围。而数字信号则是在时间上和幅度上均为离散的信号。数字信号是将模拟信号在单位时间内的信息，分解为若干的断电，取出间断点信息电平。实际上这就是我们所说的采样或取样。其模拟信号与数字信号波形如图 3-1 所示。

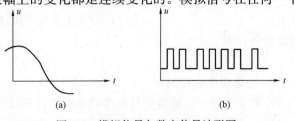

图 3-1　模拟信号与数字信号波形图
(a) 模拟信号；(b) 数字信号

在数字系统中，信号往往处于两种状态，即高电平（H）和低电平（L），高电平用逻辑"1"表示，低电平用逻辑"0"表示。如果在系统中用 5V 表示高电平，0V 表示低电平，通常在传输过程中必然会出现各种干扰，导致低电平上升到 1.5V，高电平跌落到 3V 等，但在数字信号系统中仍然可以方便的予以区分。因此，应用数字技术传输信号不但能够提高信噪比，而且在动态范围、非线性失真及频带等方面都有很大的改善。由于数字加工方便，存储容易，出错易纠，所以得到了广泛的应用。

把模拟信号转换数字信号要经过取样、量化和编码三个过程，取样是以恒定的周期间断地采集模拟信号在该时刻的数值。量化是用特定的尺度来测量取样值。但经过取样、量化后的信号仍不是数字信号，还必须经过编码这一过程。编码实质是将幅波上已量化的数值，用二进制数 1 和 0 按一规则来编制的过程。编码除了采用自然二进制码以外，还常采用格雷码和折叠二进制码等。在实际应用中，取样、量化及编码这三个过程是在模拟集成电路芯片中一次完成的，其模拟信号数字化转换的过程为：模拟信号→采集→采集电平信号→量化→量化数→编码→二进制编码信号→压缩→数字信号。

任务 3.3 数字电视信号的标准

3.3.1 图像取样格式

数字电视是从模拟电视发展起来的，在一定的时间内还将与模拟电视共存。因此，在选择数字电视的参数时，要考虑与模拟电视兼容。

电视信号的数字化处理有数字分量编码和数字复合编码两种方式。数字复合编码是将复合彩色全信号直接进行数字化。由于亮色信号的频谱已经进行了交错，采用数字化后，并不能消除其亮色串扰，随着数字技术的飞速发展，这种复合编码方式已经被淘汰。数字分量编码是对三基色信号或者是对亮度和两个色差信号分别进行数字化，克服亮色串扰，图像效果更加逼真、鲜艳。1982 年国际无线电咨询委员会（CCIR）确定了标准清晰度电视的数字分量编码参数，即 CCIR601 建议。

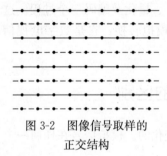

图 3-2 图像信号取样的
正交结构

1. 取样结构

取样结构：是指对电视信号在行扫描线上取样点的形状，即取样点在空间与时间上的相对位置，有正交结构和行交叉结构。在数字电视中一般采用正交结构，如图 3-2 所示，这种结构在图像平面上沿水平方向取样点等间距排列，沿竖直方向上的取样点上下对齐，各点之间具有较大的相关性，有利于帧内和帧间的信号处理。

对于正交结构取样，要求行周期 T_H 必须是取样周期 T_s 的整数倍，即

$$T_H = nT_s$$

2. 图像信号取样频率

在数字电视中，亮度信号取样频率的选择应该遵循以下规律。

（1）首先应该满足奈奎斯特取样定理，即取样频率应该大于或等于图像视频最高频率的两倍。设亮度信号 f_U；最高频率为 6MHz，取样频率为 f_s，因此有

$$f_s \geqslant n f_U = 12\text{MHz}$$

（2）由于取样结构是正交的，取样频率应该是行频 f_H 的整数倍，即

$$f_s = n f_H$$

（3）为了兼容三大彩色制式，便于节目的国际间交流，亮度信号取样频率应为现行主要的两种扫描格式（625 行/50 场和 525 行/60 场）的行频的最小公倍数是 2.25MHz，也就是说取样频率应是 2.25MHz 的整数倍。即

$$f_s = 2.25m \ (\text{MHz})$$

其中，m 为整数。

（4）要使数字电视传输有最小的码率，f_s 选得越接近 $2f_U$ 越好。

国际标准 CCIR601 建议中，$m = 6$，亮度信号取样频率 f_s 或 f_Y 为 13.5MHz。

3. 色度信号的取样格式

由于色差信号的带宽（0～1.3MHz）比亮度信号（0～6MHz）窄，为了降低码率，在分量编码时两个色差信号的取样频率可以低一些，同时考虑到取样点正交结构的要求，在数字电视中常用的亮色取样格式有：

（1）4∶4∶4 格式。色差信号 C_R 和 C_B 的取样频率与亮度信号取样频率相同，即 13.5MHz。亮度取样频率和两个色差信号的取样频率之比为

$$f_Y : f_R : f_B = 4 : 4 : 4$$

如图 3-3 所示。这种格式主要用于高质量的信号源。

（2）4∶2∶2 格式。色差信号 C_R 和 C_B 的取样频率均为亮度信号取样频率的一半，即 6.75MHz。因此亮度取样频率和两个色差信号的取样频率之比为

$$f_Y : f_R : f_B = 4 : 2 : 2$$

如图 3-4 所示。这种格式主要用于标准清晰度电视（SDTV）演播室中。

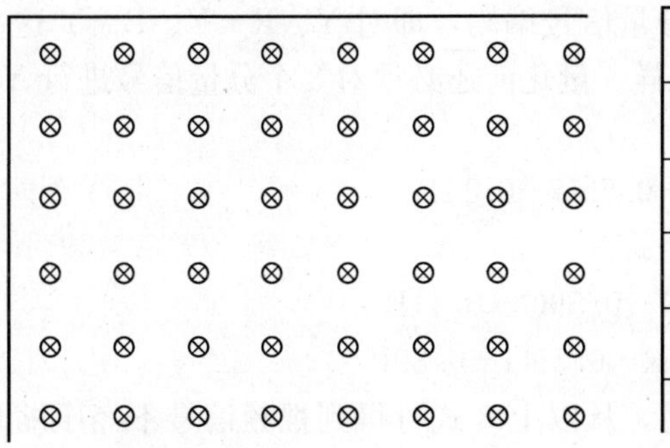

X 代表亮度信号样点；O 代表色差信号样点　　　　　　X 代表亮度信号样点；O 代表色差信号样点

图 3-3 4∶4∶4 格式　　　　　　　　　　图 3-4 4∶2∶2 格式

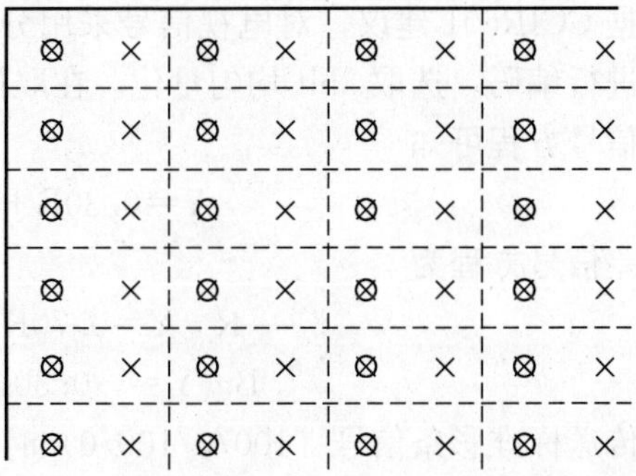

（3）4∶2∶0 格式。色差信号 C_R 和 C_B 的取样频率分别为亮度信号取样频率的 1/2 和 0，即 13.5MHz/2 = 6.75MHz 和 0。亮度取样频率和两个色差信号的取样频率之比为

$$f_Y : f_R : f_B = 4 : 2 : 0$$

如图 3-5 所示。这种格式是 SDTV 信源编码中使用的格式。

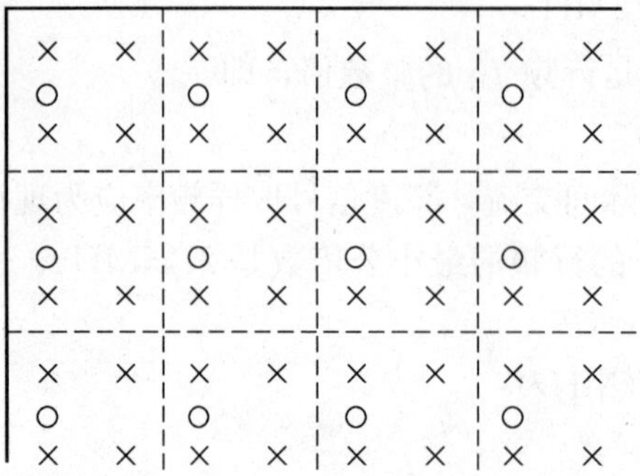

X代表亮度信号样点；O代表色差信号样点

图3-5　4：2：0格式中亮度与
色度信号样点的位置

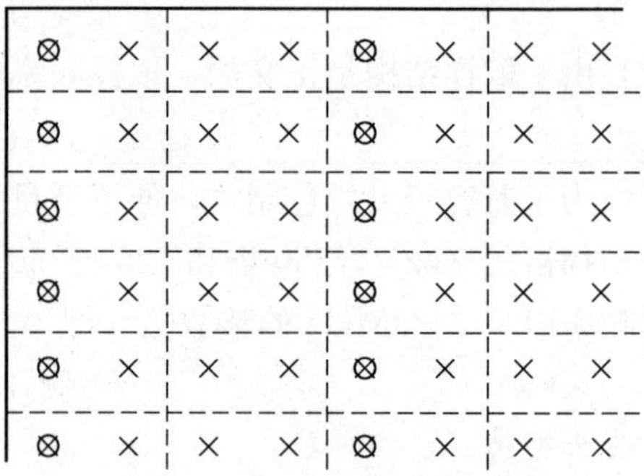

X代表亮度信号样点；O代表色差信号样点

图3-6　4：1：1格式中亮度与
色度信号样点的位置

（4）4：1：1格式。色差信号 C_R 和 C_B 的取样频率均为亮度信号取样频率的1/4，即13.5MHz/4＝3.375MHz。亮度取样频率和两个色差信号的取样频率之比为

$$f_Y : f_R : f_B = 4 : 1 : 1$$

如图3-6所示。

3.3.2　数字电视信号的量化

1.量化级数的选择

降低电视信号的传码率，当然是量化级数越小越好；但从量化噪声方面考虑，量化级数不能选得最小，否则，会造成图像存在颗粒杂波、伪轮廓、边缘忙乱。

综合考虑，广播电视的量化级数一般大于8级，才能满足电视信号传输和处理的要求。即使反复经过A/D和D/A转换，人眼尚可容忍量化失真的积累。

2.量化前的归一化处理

根据CCIR601建议，对电视信号采用分量信号编码，即对Y、R－Y、B－Y这3个分量信号进行编码。选取8bit均匀量化，在取样、量化前还必须对3个分量信号进行Y校正。从亮度信号方程可知

$$Y = 0.30R + 0.59G + 0.11B \tag{3-1}$$

色差信号方程为

$$R - Y = 0.70R - 0.59G - 0.11B \tag{3-2}$$

$$B - Y = -0.30R - 0.59G + 0.89B \tag{3-3}$$

在传送标准彩条信号（100/0/100/0）时，从以上3式可得到视频信号不经压缩时的标称值。亮度信号Y有1～0的动态范围，但色差信号R－Y和B－Y分别在±0.70和±0.89范围内变化。为对其归一化，将色差信号R－Y、B－Y规定在±0.5之间变化，则色差信号必须引入压缩系数

$$K_R = 0.5/0.70 = 0.714 \tag{3-4}$$

$$K_B = 0.5/0.89 = 0.561 \tag{3-5}$$

归一化后的色差信号为

$$C_R = 0.714(R - Y) \tag{3-6}$$

$$C_B = 0.561(B - Y) \tag{3-7}$$

3. 均匀量化后亮度信号码电平的分配

亮度信号 Y 以 8bit 均匀量化时分为 256 个量化级，即码电平从 0～255，相当于二进制的 00000000～11111111。在 PCM 编码中，虽然为了防止过载把视频信号调整在 1V（峰-峰值）范围内，并为了避免因图像信号直流成分变动所引起的信号动态范围的扩大而在量化前进行了钳位，但造成过载仍是可能的，例如视频信号电平的操作不稳定性，因陡峭的前置滤波器和孔阑校正电路造成的过冲以及钳位过程中的过渡过程等。于是在 256 个量化级中上端留下 20 级，下端留下 16 级作为防止超越动态范围的保护带。码电平的分配如图 3-7 所示，其中码电平为 16 时代表黑电平极限，码电平为 235 时代表白电平极限。

量化前的亮度信号 Y 和码电平 $\overline{Y}$ 之间的关系为

$$Y=219(Y)+16 \tag{3-8}$$

黑色区：Y=0，$\overline{Y}$=16。

白色区：Y=1，$\overline{Y}$=235。

在黑、白区之间的 Y 值，按式（3-8）求得取其最近的整数值成为码电平。其中 219 是指 1V 的亮度信号对应的码电平数，由表达式最高码电平 235 减去最低码电平 16 所得。

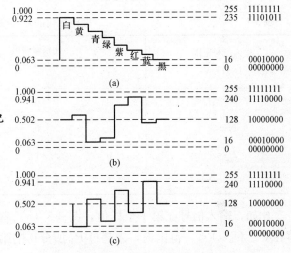

图 3-7　亮度信号与色差信号的码电平分配
(a)$\overline{Y}$；(b)$\overline{C_R}$；(c)$\overline{C_B}$

4. 均匀量化后色差信号的码电平分配

色差信号经过压缩处理后的动态范围为 −0.5～+0.5，中间信号的零电平对应的码电平为 256/2=128。色差信号总共分配 224 个量化级，上端和下端各留下 16 个量化级作为防止过载的保护带，如图 3-7(b)、(c)所示。

量化前的色差信号 C_R、C_B 和码电平 $\overline{C_R}$、$\overline{C_B}$ 之间的关系为

$$\overline{C_R}=224C_R+128 \tag{3-9}$$

$$\overline{C_B}=224C_B+128 \tag{3-10}$$

上两式中，C_R、C_B 按式(3-6)、(3-7)的定义代入后分别为

$$\overline{C_R}=224[0.714(R-Y)]+128=160(R-Y)+128 \tag{3-11}$$

$$\overline{C_B}=224[0.561(B-Y)]+128+126(B-Y)+128 \tag{3-12}$$

传红色时，R−Y=0.70，C_R=240；

传青色时，R−Y=−0.70，C_R=16；

传蓝色时，B−Y=0.866，C_B=240；

传黄色时，B−Y=0.866，$\overline{C_B}$=16；

传送白色和黑色时，R−Y=0，B−Y=0，$\overline{C_R}=\overline{C_B}$=128。

式（3-11）、（3-12）量化后取其最近的整数值作为码电平。

标准规定，对 8bit 系统，码电平为 0 和 255，专供同步基准数据使用，不能用作视频数

据；对 10bit 系统，码电平为 0～3 和 1020～1023 范围内的码，专供同步基准数据使用，不能用作视频数据。

5. 量化方式

量化方式分为截尾量化和舍入量化，而量化是用比较器进行的。下面举例说明量化的方式。

(1) 截尾量化。截尾量化可用图 3-8 (a) 实现，假设输入信号 $V_e(t)$ 按 4 层电平在 3 个比较器中进行比较，即进行量化，每层电平为 ΔA，称为量化间距，4 层电平用二进制数表示就是 2 位，即 $2^2=4$。为了达到这一目的，采用图 3-8 (a) 左面的电路完成量化功能，它用 3 个 ($2^2-1=3$) 电压比较器，各比较器的反相输入端分别由 4 只电阻 R 对基准电压 (4V) 分压得到 1V、2V、3V 等 3 个分层电压 (即量化判决电平)，而同相输入端都并行地接收输入信号 $U_c(t)$。这样，当输入信号 $U_c(t)$ 进入表 3-1 的电压范围时，分别使相应比较器输出为 1，从而得到对应的量化输出。

表 3-1　　　　　　　　　　　　　截尾且化的输入输出关系

输入信号范围 $U_c(t)$/V	比较器输出			量化后的输出 $U_g(t)$/V
	1	2	3	
0～<1	0	0	0	0
1～<2	0	0	1	1
2～<3	0	1	1	2
3～<4	1	1	1	3

比如，输入信号在第 1 个样值，图 3-8 (a) 右面横轴，表示取样点 1，2，…时，因为落在 $0 \leqslant U_c(t) < 1$ 范围内，未超过 R_1 所分得的第 1 层电压 (1V)，所以 3 个比较器都无输出 (000)，这表示量化输出 $U_g(t)$ 为 0V。在第 2 个样值时，输入已在 $1 < U_c(t) < 2$ 范围内，这时已超过第 1 层电压，故只有比较器 3 输出逻辑电平 1，其他两个比较器输出仍为 0 (即总输出为 001)，这表示量化输出 $U_g(t)$ 为 1V，依此类推。

(2) 舍入量化。舍入量化与截尾量化基本原理相同，不同的是量化器上、下端两个电阻阻值为中间电阻阻值的一半，即 $R/2$。这样，它的量化判决电平分别为：0V、0.5V、1.5V、2.5V，如图 3-8 (b) 所示，其输入与输出关系见表 3-2。

表 3-2　　　　　　　　　　　　　舍入量化的输入输出关系

输入信号范围 $U_c(t)$/V	比较器输出			量化后的输出 $U_g(t)$/V
	1	2	3	
0～<0.5	0	0	0	0
0.5～<1.5	0	0	1	1
1.5～<2.5	0	1	1	2
2.5～<3.5	1	1	1	3

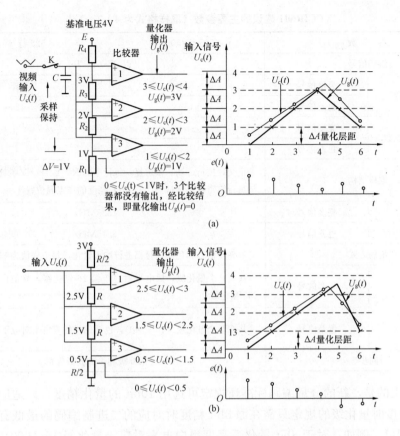

图 3-8　A/D 中的量化器

(a) 截尾量化；(b) 舍入量化

3.3.3　标准清晰度数字电视标准

1. 标准清晰度数字电视编码指标

为了实现新一代数字电视不再分为 NTSC、PAL、SECAM 制，同时在一定时间内又能兼容三大彩色制式，1982 年 CCIR 第 15 次会议通过了 CCIR601 建议书，规定了数字演播室采用分量编码标准，后来又修改为包含 16：9 宽高比在内的 ITU-R601-5 标准。我国也于1993 年参照 CCIR601 建议书制定了 "GB/T 14857—1993 演播室数字电视编码参数规范"。

在演播室数字编码参数标准中规定，亮度信号的取样频率是 525/60 和 625/50 扫描格式的行频，最小公倍数为 2.25MHz，即 13.5MHz，其取样点为：

对于 625 行/50Hz 场扫描格式的亮度信号来说，每行的取样点数（像素）为

$$13.5 \times 10^6 / 15625 = 864（像素）$$

对于 525 行/60Hz 场扫描格式的亮度信号来说，每行的取样点数为

$$13.5 \times 10^6 / 15734 = 858（像素）$$

规定两种扫描格式在数字有效行内的亮度取样点统一为 720 个，两色差信号的统一取样数为 360 个，即 720：360：360（4：2：2）。每个取样点采用 8 位量化，亮度信号有效电平为 220 级，色度信号的有效电平为 224 级。

演播室数字编码标准参数见表 3-3。

表 3-3　　　　　　　　　CCIR601 建议的主要参数（取样格式为 4∶2∶2）

参　　数		625 行/50 场	525 行/60 场
编码信号		Y，R−Y，B−Y	
每行样点数	亮度信号	864	858
	色差信号	432	429
每行有效样点数	亮度信号	720	
	色差信号	360	
取样结构		正交，按行、场、帧重复，每行中的 R−Y，B−Y 的样点同位置，并与每行第奇数个（1，3，5，…）亮度的样点同位置	
取样频率	亮度信号	13.5MHz	
	色差信号	6.75MHz	
编码方式		对亮度信号和色差信号都进行均衡量化，每个样值为 8bit 量比	
量化级	亮度信号	共 220 个量化级，黑电平对应于第 16 量化级，峰值白电平对应于第 235 量化级	
	色差信号	共 225 个量化级（16～240），色差信号的零电平对应于第 128 量化级	
同步		第 0 级和第 255 级保留	

　　需要指出的是，新的分量编码标准还规定可选用 10bit 的量化精度，以适应某些特殊应用。10bit 精度时量化级的规定只需在原 8bit 精度时对应的二进制编码的最低有效位后再加两个"0"即可。例如，对于 8bit 量化，亮度黑白电平对应于量化级 16（00010000）；对于 10bit 量化，亮度黑白电平对应于量化级 64（0001000000），依此类推。

　　2. 视频数据与模拟行定时关系

　　根据 CCIR 601 的分量编码 4∶2∶2 的标准，PAL 制亮度信号每行取样点（即像素）为 864 个，NTSC 制取样点为 858 个，为使不同制式有相同的数据传输率，并考虑到同步、消隐等信号，为此规定数字有效行有 720 个样点。色差信号的样点数为 432 个（625 行）或 429 个（525 行），但规定有效样点数均为 360 个，这样便于制式转换。表 3-4 说明了数字亮度有效行的数据。

表 3-4　　　　　　　　　数字亮度有效行的数据

参　　数	525 行/60Hz 制式 （样点数/μs）	625 行/50Hz 制式 （样点数/μs）
从 O_H 到有效行始端	122/3.037	132/9.718
数字有效行区间	720/53.333	720/53.333
数字行前沿期间	16/1.185	12/0.889
全行扫描区间	858/63.555	868/64.000

　　由于数字分量视频信号是由模拟分量视频信号经过 A/D 转换得到的，数字有效行与模拟行之间应该有明确的定时对应关系。数字电视标准中给出了数字有效行与模拟行同步前沿

O_H 之间的定时关系。为了弄清它们之间的相互关系，以图 3-9 为例说明 625/50 扫描格式的视频数据与模拟行同步定时关系。

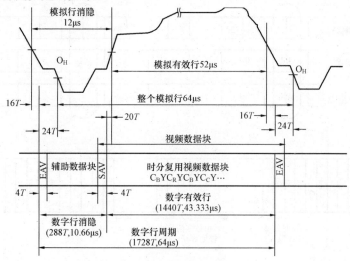

图 3-9　视频数据与模拟行同步定时关系

图中 T 为时钟周期

$$T=1/(13.5+6.75+6.75)\times10^6\,\mathrm{ns}=37\,\mathrm{ns}$$

（1）数字有效行起始于模拟行同步前沿 O_H 后 $264T$ 处，数字有效行内有 720 个亮度取样周期，占 $1440T$。

（2）以模拟行同步前沿 O_H 为基准，每一数字有效行起始于模拟行同步前沿 O_H 前 $24T$ 处。每行 $64\mu s$，共有 864 个亮度取样周期，$864\times2=1728$ 个时钟周期。

（3）数字行消隐起始于模拟行同步前沿 O_H 前 $24T$ 处，共占 $288T$。左端有 $4T$ 的定时基准结束码 EAV（End of Active Video），代表有效视频结束；右端有 $4T$ 的定时基准开始码 SAV（Start of Active Video），代表有效视频开始。

（4）数字行消隐（辅助数据块）可以传送其他信号。

3. 4：2：2 数据流结构

全数字系统的扫描同步电路也是数字扫描电路，则不必探究数字视频信号与模拟视频信号 O_H 的定时关系，可以只关注数据流的构成。在数字标准清晰度电视（SDTV）中，扫描参数仍然为 625/50/2：1，即垂直扫描为具有奇偶场隔行扫描，扫描需要区分行、场正程期和行、场消隐期。在模拟电视中，这些同步关系由复合同步脉冲表示，而在数字电视码流中则依靠 EAV 和 SAV 来标注。这些 SAV 和 EAV 完全给定了数字行消隐和数字有效行的定时关系，EAV 之后为数字行消隐内的辅助数据段，SAV 之后为数字有效行内的视频数据段，因此 EAV 和 SAV 又称为定时基准信号，SAV 在每一视频数据块的起始处，EAV 在每一视频数据块的终止处，如图 3-10 所示。

对于 4：2：2 格式的数字电视数据流，采用时分多址技术，依次传送蓝差、亮度、红差的取样及量化后的数据，以 4 个定时基准信号字结束，即替代原来蓝差的第 361 个取样数据、亮度的第 721 个取样数据、红差的第 361 个取样数据和亮度的第 722 个取样数据，每个字为 8bit 或 10bit，8bit 时它们以十六进制表示为

FF　　00　　00　　XY

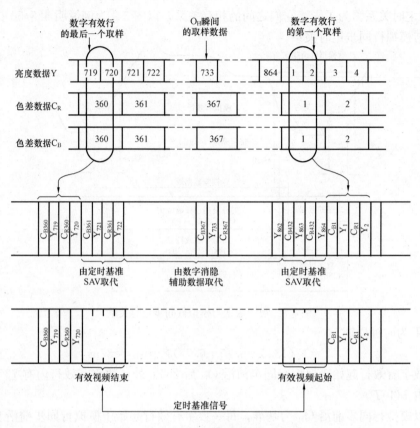

图 3-10　4∶2∶2接口数字流的构成

头 3 个字是固定前缀 FF 与 00 和 00，供定时基准信号用。第 4 个字定义了场的奇偶标识、行场消隐期和行场正程期状态的信息以及校验位。10bit 的定时基准信号的比特分配见表 3-5。

表 3-5　　　　　　　　　　　　　　视频定时基准信号的比特分配

数据比特位/MSB	第 1 个字（FF）	第 2 个字（00）	第 3 个字（00）	第 4 个字（XY）
D_9	1	0	0	1
D_8	1	0	0	F
D_7	1	0	0	V
D_6	1	0	0	H
D_5	1	0	0	P_3
D_4	1	0	0	P_2
D_3	1	0	0	P_1
D_2	1	0	0	P_0
D_1	1	0	0	0
D_0	1	0	0	0

表中是以 10bit 为例，MSB 表示最高有效比特位，为了与 8bit 接口兼容，第 2、3 和 4 字中的 D_0、D_1 都设置为 0。

表 3-5 中的 X 表示 1、F、V、H；表示 P_3、P_2、P_1、P_0 的保护位。其中：F=0 表示在奇数场（第 1 场）期间，F=1 表示在偶数场（第 2 场）期间；V=0 表示在其他期间，V=1 表示在场消隐期间；H=0 表示在 SAV 期间，H=1 表示在 EAV 期间。

保护比特数 P_0、P_1、P_2、P_3 的状态取决于 F、V、H 的状态，其逻辑关系式为

$$P_3=V+H, \quad P_2=F+H, \quad P_1=F+V, \quad P_0=F+V+H$$

见表 3-6。在接收端，这种校验码可以校正 1bit 误码，检出 2bit 的误码。

表 3-6　　　　　　　　　　　　　定时基准信号中的保护比特状态表

F	V	H	P_3	P_2	P_1	P_0
1	0	0	0	0	0	0
2	0	0	1	1	0	1
3	0	1	0	1	0	1
4	0	1	1	0	0	1
5	1	0	0	0	1	1
6	1	0	1	1	1	0
7	1	1	0	1	0	0
8	1	1	1	0	0	1

4. 数字分量电视信号的接口

ITU-R BT.656 建议书规定了数字视频设备之间的数据流传输标准。各厂家生产的设备都必须遵循这个规定。

（1）4：2：2 格式数字分量信号的传输方式和码率。

数字视频设备向外传输每帧内的像素数据时，应采用时分复用，其顺序为

$$C_{B1} Y_1 C_{R1}，Y_2，C_{B2} Y_3 C_{R2}，Y_3，C_{B3} Y_4 C_{B3}，\cdots，C_{B360} Y_{719} C_{B360}，Y_{720}$$

奇数点按 $C_B Y C_R$ 的次序传输，偶数点只有 y 样点传输。每一行都是如此，直到第 576 行。

由于亮度信号与色度信号在数字有效行内采用时分复用，所以数据的字数为

$$13.5+6.75+6.75=27 （MB/s）$$

传输时钟信号为 27MHz，该数据字速率包含了行场消隐的辅助数据。

（2）比特串行接口。

因数字分量视频对亮度信号与色度信号采用时分复用，一般采用复用器来完成。其复用器由各自的数字滤波器、A/D 转换器、合成器组成。Y 和 C_R、C_B 信号分别以 13.5MB/s 和 6.75MB/s 速率输入到合成器，经过时分复用后，再经移位寄存器以 27MB/s 速率读出。串行传输采用 75Ω 的同轴电缆。

（3）比特并行接口。

每帧的分量数字视频信号按 $C_{B1} Y_1 C_{R1}，Y_2，C_{B2} Y_3 C_{R3}，Y_3，C_{B3} Y_4 C_{R3}，\cdots，C_{B360} Y_{719}$ C_{RB360}，Y_{720} 顺序进行传输。

并行接口有 10 对平衡传输线，每次可传 10 个并行比特，码型为 NRZ（不归零）码，

同时并行口还需用一对导线传送 27MHz 的时钟信号，以便接收端获得数据的定时信息，此外还有一对地线和一条电缆屏蔽线。实际上，比特并行接口采用的 25 芯电缆，内有 12 对双绞线。

由于在双绞线上传输 27MHz 数据，电缆的幅频特性限制了电缆的使用长度，在无电缆均衡器下，容许长度为 50m，有均衡器时可达 200m。

3.3.4　数字高清晰度电视标准

高清晰度电视（High Definition Television，HDTV）在图像和声音质量方面较 SDTV 都有较大的提高，清晰鲜艳、生动逼真的画面，优美动听的环绕立体声音响，使观众有身临其境的感受，获得高度的精神享受。

HDTV 与 SDTV 电视相比，除在屏幕尺寸和宽高比方面有所改进，还根据人眼视觉特性和心理效应实验，作了以下改进：提高图像的空间分解力，使图像更加清晰；提高场频或帧频，确保高亮度下图像不闪烁；提高图像的宽高比，更具有临场真实感；展宽色域，使电视色彩更加逼真；还具有高质量的环绕立体声，至少有 4 路数字伴音通道，伴音带宽应达 20kHz。

1. 数字高清晰度电视图像格式

（1）图像画面的宽高比。

图像画面的宽高比是根据人眼的视觉特性制定的，同时也考虑了设备的复杂性。各种视频图像的宽高比是不同的。电影图像的宽高比从 1.333 到宽银幕的 2.35，SDTV 图像的宽高比是 1.333（4：3），而 HDTV 图像的宽高比是 1.777（16：9）。

（2）像素的宽高比。

像素的宽高比，可根据图像画面的宽高比和图像的纵横有效像素数计算出来。以 SDTV 中的 720×360 像素的图像格式为例，像素的宽高比为 $4/720 : 3/576 = 1.0667$，不是方型像素。以 HDTV 中的 1920×1080 像素的图像格式为例，像素的宽高比为 $16/1920 : 9/1080 = 1$，是方形像素。由于方形像素在做图像处理特别是图像旋转时，不存在几何失真，选择方形像素有利于电视与计算机之间的相互通信。这是因为计算机图形的分辨率为 640×480 像素或 1024×768 像素，而显示的图像尺寸是 4：3，采用的是方形像素。各个国家的数字 HDTV 都选用方形像素。

（3）24 P 格式。

为了克服电视与电影之间存在的画面频频差异，HDTV 标准中也制订了 24P 格式（$1920 \times 1080/24/1：1$）。完全采用电影规范的逐行扫描格式，使电影与电视素材能更好地互换，有利于后期制作。我国的 HDTV 演播室标准也制定了 24P 格式。

2. 数字高清晰度电视扫描参数

视频标准中最基本的参数是取样数据、扫描格式和图像格式，包括取样点、量化级数、隔行比、每秒的场数和帧数、每帧的行数、每行的像素数和图像宽高比等参数。下面重点讨论扫描格式和图像格式。

（1）场频。目前国际上的 HDTV 标准中场扫描频率仍然采用 50Hz 和 60Hz 两种，虽然在亮度较高时仍会有闪烁，但想提高到 70～80Hz 还是不易实现。

（2）扫描方式。HDTV 电视系统的扫描方式有逐行方式与隔行方式两种，模拟电视系统均采用了隔行扫描方式，国际上在 HDTV 和 SDTV 中既有隔行扫描方式，也有逐行扫描方式。

隔行扫描是一种有效的带宽压缩方案，它将一帧图像分成两场扫描，在每帧扫描行数及图像换幅率一定的情况下，可使视频信号带宽降低为逐行扫描时的一半。不过，隔行扫描有导致图像质量下降的缺陷，例如会出现行间闪烁现象、并行现象、分辨率降低等；逐行扫描没有隔行扫描的缺陷，同时逐行扫描也是计算机显示采用的扫描方式，所以采用逐行扫描有利于在电视与计算机之间实现相互操作。

表 3-7 列出了目前国际上主要采用的几种 HDTV 扫描系统的参数。

表 3-7　　　　　　　　　　　　HDTV 逐行扫描与隔行扫描系统的参数

扫描格式	帧频/Hz	每行有效样点数	每帧有效行数	每行总样点数	每帧总样点数	取样频率/MHz
2：1 隔行扫描	30	1920	1080	2200	1125	74.25
	25	1920	1080	2640	1125	74.25
1：1 逐行扫描	60	1920	1080	2200	1125	148.5
		1280	720	1650	750	74.25
	50	1920	1080	2640	1125	148.5
		1280	720	1980	750	74.25
	30	1920	1080	2200	1125	74.25
		1280	720	3300	750	74.25
	25	1920	1080	2640	1125	74.25
		1280	720	3960	750	74.25
	24	1920	1080	2750	1125	74.25
		1280	720	4125	750	74.25

我国 HDTV 标准采用分辨率为 1920×1080 像素、帧频为 25Hz 的隔行扫描方式。

3. 数字 HDTV 演播室参数标准

为了使 HDTV 节目制作标准的参数值具有最大的通用性，ITU-R BT.709 建议提出了两种 HDTV 方案，一种是隔行扫描数字 HDTV 视频格式，可以向下兼容 SDTV；另一种是方形像素通用数字高清晰度视频格式，与多媒体计算机等多种应用具有互操作性。我国数字高清晰度视频主要参数如表 3-8。24 P 格式见表 3-9。

表 3-8　　　　　　　　　　　　我国 HDTV 视频演播室主要参数

参　　数	数　　值
编码信号	R、G 和 B 或 Y、C_B 和 C_R
R、G、B 和 Y	正交，行帧的扫描位置重复
C_B、C_R 的取样结构	正交，行帧的扫描位置重复，彼此的取样电重复，与亮度取样点隔点重合（第 1 个有效色差样点与第 1 个有效亮度样点重合）
每行有效取样点数 R、G、B、Y C_B、C_R	1920 960

续表

参　数	数　值	
编码方式	线性，8bit 或 10bit 样值	
量化电平	8bit 编码	10bit
R、G、B、Y 的消隐电平	16	64
C$_B$、C$_R$ 的消色电平	128	512
R、G、B、Y 的峰值电平	235	940
C$_B$、C$_R$ 的峰值电平	16 和 240	64 或 960
量化电平分配	8bit	10bit
视频数据	1~254	4~1019
同步基准	0 或 255	0~3 或 1020~1023
每帧总行数	1125	
隔行比	2∶1	
帧频/Hz	25	
行频/Hz	28 125	
每行总取样点数		
R、G、B 和 Y	2640	
C$_B$ 和 C$_R$	1320	
标称信号带宽/MHz	30	
R、G、B、Y 的取样频率/MHz	74. 25	
C$_B$、C$_R$ 的取样频率/MHz	37. 125	

表 3-9　　　　　　　　　　　　24P 格式参数

参　数	数　值
每帧总行数	1125
帧频/Hz	24
隔行比	1∶1
行频/Hz	27 000
每行总取样点数：R、G、B 和 Y	2750
C$_B$ 和 C$_R$	1375
标称信号带宽/MHz	30
R、G、B 和 Y 的取样频率/MHz	74. 25
C$_B$ 和 C$_R$ 的取样频率/MHz	37. 123

4. 色域的扩展

在色域上，模拟电视由于受荧光粉的限制，重现的色彩不够逼真。而数字电视为了解决色彩失真的问题，则采用色域扩展的方法，提高色彩的逼真度。我国数字 HDTV 演播室视频参数标准中选择采用 R、G、B 信号的动态范围来实现色域扩展的方法。

扩展色域（Extended Colour Gamut）的方法主要有两种。一种是选择一套新的基色荧光粉，使其在色度图上构成基色三角形有更大的覆盖范围，从而达到扩展色域的目的。这种方法与现行系统不兼容，不利于现行电视系统向未来新系统的平滑过渡。另一种方法是保留已有的基色荧光粉坐标及彩色编码方式，而采用扩大摄像管的 RGB 三基色信号的动态范围来达到扩大色域的目的。

5. 数字视频数据的时分复用

数字演播室的数据信号为视频数据（8bit 字或 10bit 字）、定时基准码（8bit 字或 10bit 字）与辅助数据等。数字设备按次序时分复用，向外输出每帧内的像素数据时，其数据流格式如图 3-11 所示。

亮度信号 Y 和经过时分复用后的色差信号 C_R/C_B 处理为 20bit 数据字，每个 20bit 数据字对应一个色差取样和一个亮度取样，复用次序如下

$$(C_{B1}Y_1)\ (C_{R1}Y_2)\ (C_{B3}Y_3)\ (C_{R3}Y_4)\ \cdots$$

其中 Y_i 表示每行的第 i 个亮度有效取样，而 C_R 和 C_B 表示与 Y_i 取样点位置相同的色差分量 C_R 和 C_B 的取样。由于色差信号取样频率是亮度信号取样频率的一半，色差取样的序号 i 仅取奇数值。

除上述 Y、C_R 和 C_B 字之外，R、G 和 B 信号可以被处理成 30bit。

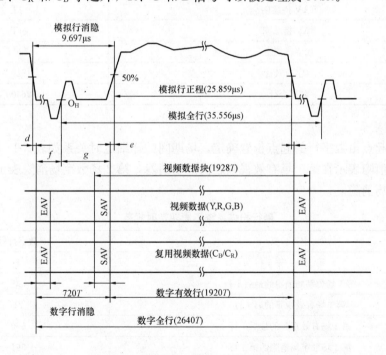

图 3-11　数据格式与模拟波形的定时关系

其中，T 表示亮度信号的取样周期，$T=1/(74.25\times10^6)$ns$=13.468$ns。

由图 3-11 可见：

① 每行 35.556μs 内有 2640 个亮度取样周期。

② 数字行开始于相应行的模拟同步信号的基准点 O_H 前 528 个亮度取样周期 f 处。

③ 数字有效行开始于相应行的模拟同步信号的基准点 O_H 后的 192T 个亮度取样后周期 g 处，占 1920T。

④ 数字行消隐起始于模拟行同步前沿 O_H 前 $528T$ 处，共占 $720T$。

⑤ 数字行消隐左端有 $4T$ 的定时基准码，右端有 $4T$ 的定时基准码。见表 3-10。

表 3-10　　　　　　　　　　　　行周期定时规范

参　　数	数　值 (1125/50)
隔行比	2 : 1
取样频率/MHz	14.25
模拟行消隐	9.697μs
模拟行正程	25.859μs
模拟全行	35.556μs
模拟行正程终点与 EAV 始点的间隔 d	$0T$
SAV 终点与模拟行正程始点的间隔 e	$0T$
EAV 始点与模拟同步基准点 O_H 的间隔 f	$528T$
模拟同步基准点 O_H 与 SAV 终点的间隔 g	$192T$
视频数据块	$1928T$
EAV 持续期	$4T$
SAV 持续期	$4T$
数字行消隐	$720T$
数字有效行	$1920T$
数字全行	$2640T$

6. 场定时关系

数字场的起点由数字行的起点位置确定，场期间的详细定时关系如表 3-11 所示。其中，第 1 场数字场消隐表示在第 1 场有效视频之前的场消隐，第 2 场数字场消隐表示在第 2 场有效视频之前的场消隐。

表 3-11　　　　　　　　　　隔行扫描系统场周期定时规范

定　　义	数字行号
第 1 场的第 1 行	1
第 1 场数字场消隐的最后 1 行	20
第 1 场有效视频的第 1 行	21
第 1 场有效视频的最后 1 行	560
第 2 场数字场消隐的第 1 行	561
第 1 场的最后 1 行	563
第 2 场的第 1 行	564
第 2 场数字场消隐的最后 1 行	583
第 2 场有效视频的第 1 行	584
第 2 场有效视频的最后 1 行	1123
第 1 场数字场消隐的第 1 行	1124
第 2 场的最后 1 行	1125

7. 数字高清晰度电视演播室视频信号接口

在演播室中电视节目制作和编辑等各个环节中，需要用大量的数字视频设备，在演播室内部大多采用电缆来连接不同的数字电视设备，但在距离较远的演播室之间需要采用光缆传送数字电视信号。为了使数字技术和数字互联的应用达到和保持 HDTV 所需的性能水平，需要对 HDTV 制作系统建立接口标准。这方面的国际标准是 ITU-R BT.1120-2 号建议书。

ITU-R BT.1120-2 建议现范应用于 1125/60 和 1250/50 系统演播室信号的基本数字编码、比特并行接口和比特串行接口。

我国于 2000 年颁布了数字 HDTV 演播室视频信号接口标准 GY/T 156—2000。由于大部分内容与 SDTV 类似，仅有数字视频的时分复用和行场定时关系不同。

任务 3.4 世界上现有的主要数字电视标准

3.4.1 国外数字电视标准

1. 美国数字电视标准 ATSC

美国地面电视广播迄今仍占其电视业务的一半以上，因此，美国在发展高清晰度电视时首先考虑的是如何通过地面J'播网进行传输，并提出了以数字高清晰度电视为基础的标准 ATSC（Advanced Television Systems Committee，即先进电视制式委员会）。美国 HDTV 地面广播频道的带宽为 6MHz，调制采用 8-VSB。

ATSC 数了电视标准由四个分离的层级组成，层级之间有清晰的界面。最高为以像层，确定门像的形式，包括像素阵列。幅型比和帧频。接着是图像压缩层，采用 MPEG-2 压缩标准。再下来是系统复用层，特定的数据被纳入不同的压缩包中，采用 MPEG-2 压缩标准。最后是传输层，确定数据传输的调制和信道编码方案。对于地面广播系统，采用 Zenith 公司开发的 8-VSB 传输模式，在 6MHz 地面广播频道上可实现 19.3Mbit/s 的传输速率。该标准也包含适合有线电视系统高数据率的 16-VSB 传输模式，可在 6MHz 有线电视信道中实现 38.6Mbit/s 的传输速率。下面两层共同承担普通数据的传输。上面两层确定在普通数据传输基础上运行的特定配置，如 HDTV 或 SDTV：还确定 ATSC 标准支持的具体图像格式，共有 18 种（HDTV 6 种，SDTV 12 种），其中 14 种采用逐行扫描方式。在 6 种 HDTV 格式中，因为 1920×1080 格式不适合在 6MHz 信道内以 60 帧/秒的速度进行逐行扫描，故以隔行扫描取代之。SDTV 的 640×480 图像格式与计算机的 VGA 格式相同，保证了与计算机的适用性。在 12 种 SDTV 格式中，有 9 种采用逐行扫描，保留 3 种为隔行扫描方式以适应现有的视频系统。另外，ATSC 还开发并通过了可为采用 50Hz 帧频的国家使用的另付标准。其 HDTV 格式的像素阵列相同，但帧频为 25Hz 和 50Hz；SDTV 格式的垂直分辨率为 576 行，水平分辨率则不同；也包含 352×288 格式，适应必要的窗口设置。

2. 欧洲数字电视标准 DVB

欧洲数字电视标准为 DVB（Digital Video Broadcasting，即数字视频广播）。从 1995 年起，欧洲陆续发布了数字电视地面广播（DVB-T）、数字电视卫星广播（DVB-S）、数字电视有线广播（DVB-C）的标准。欧洲数字电视首先考虑的是卫星信道，不用 QPSK 调制。欧洲地面广播数字电视采用 COFDM 调制，8MHz 带宽。欧洲有线数字电视采用 QAM 调制。

（1）DVB-T（ETS 300 744）为数字地面电视广播系统标准。这是最复杂的 DVB 传输系统。地面数字电视发射的传输容量，理论上与有线电视系统相当，本地区覆盖好。采用编码正交频分复用（COFDM）调制方式，在 8MHz 带宽内能传送 4 套电视节目，传输质量高，但其接收费用高。

（2）DVB-S（ETS 300 421）为数字卫星广播系统标准。卫星传输具有覆盖面广、节目容量大等特点。数据流的调制采用四相相移键控调制（QPSK）方式，工作频率为 11/12GHz。在使用 MPEG-2MP@ML 格式时，用户端若达到 CCIR 601 演播室质量，码率为 9Mbit/s；达到 PAL 质量，码率为 5Mbit/s。一个 54MHz 转发器传输速率可达 68Mbit/s，可用于多套节目的复用。DVB-S 标准几乎为所有的卫星广播数字电视系统所采用。我国也选用了 DVB-S 标准。

（3）DVB-C（ETS 300 429）为数字有线电视广播系统标准。它具有 16QAM、32QAM、64QAM（正交调幅）三种调制方式，工作频率在 1GHz 以下。采用的 64QAM 时，一个 PAL 通道的传送码率为 38.015Mbit/s，可用于多套节目的复用。系统前端可从卫星和地面发射获得信号，在终端需要电缆机顶盒。

3. 日本数字电视的标准 ISDB

日本数字电视首先考虑的是卫星信道，采用 QPSK 调制，并在 1999 年发布了数字电视的标准——ISDB。ISDB 是日本的 DBEG（Digital Broadcasting Experts Group，即数字广播专家组）制定的数字广播系统标准，它利用一种已经标准化的复用方案在一个普通的传输信道上发送各种不同种类的信号，同时已经复用的信号也可以通过各种不同的传输信道发送出去。ISDB 具有柔软性、扩展性、共通性等特点，可以灵活地集成和发送多节目的电视和其他数据业务，各标准对比见表 3-12。

表 3-12　　　　　　　　　　　　　　标准对比表

标准	美国标准 ATSC			欧洲标准 DVB			日本标准 ISDB		
	地面	卫星	有线	地面	卫星	有线	地面	卫星	有线
调制方式	8VSB /16VSB	QPSK	QAM	2K /8KCOFDM	QPSK	QAM	分段 COFDM	QPSK	QAM
视频编码	MPEG-2			MPEG-2			MPEG-2		
音频编码	AC-3			MPEG-2			MPEG-2		
复用	MPEG-2			MPEG-2			MPEG-2		

4. DVB 与 ATSC 的比较

欧洲 DVB 标准和美间 ATSC 标准的主要区别如下：

（1）方形像素。在 ATSC 标准中采纳了"方形像素"（Square Picture Eelements），因为它们上加适合于计算机；而 DVB 标准最初没有采纳，最近也采纳了。此外，他围广泛的视频图像格式也被 DVB 采纳，而 ATSC 对此则不做强制性规定。

（2）系统 G 和视频编码。DVB 标准和 ATSC 标准都采纳 MPEG-2 标准的系统层和视频编码，但是由于 MPEG-2 标准并未对视频算法做详细规定，因而实施方案可以不同，与两个标准都无关。

（3）音频编码。DVB 标准采纳了 MPEG-2 的音频压缩算法；而 ATSC 标准则采纳了 AC-3 的音频压缩算法。

（4）信道编码。两者的扰码器（Radomizers）采用不同的多项式；两者的里德·所罗门前向纠铅（FEC）编码采用不同的冗余度，DVB 标准用 16B，而 ATSC 标准用 20B；两者的交织过程（Interleaving）不同。

在 DVB 标准中，网格编码（Trellis Coding）有可选的不同速率；而在 ATSC 标准中，地面广播采用固定的 2/3 速率的网格编码，有线电视则不需采用网格编码。

（5）调制技术。卫星广播系统中 DVB 标准采用 QPSK，而 ATSC 标准不涉及卫星广播。有线电视系统中，DVB 标准采用任选的 16/32/64QAM，而 ATSC 标准采用 16-VSB，两有完全不同。地面广播系统中，DVB 标准采用具有 QPSK、16QAM 或 64QAM 的 COFDM（2K 个或 8K 个载波）；而 ATSC 标准采用 8-VSB。

5. 三种数字地面广播系统的比较

ISDB-T 和欧洲的 DVB-T 非常类似，可以说是经修改的欧洲方案，传输方案仍是 COFDM，使用的编码方式相同，调制方法也相同，也分为 2K 和 8K 两种模式。因为日本电视射频带宽为 6MHz，所以载波数、载波间隔有所差别。ISDB-T 与 DVB-T、ATSC ATV 的比较见表 3-13。

表 3-13　　　　　　　　　　ISDB-T 与 DVB-T、ATSC ATV 的比较

	美国 ATSC ATV	欧洲 DVB-T	日本 ISDB-T
带宽	5.6MHz	6.6MHz，7.6MHz	5.6MHz，432kHz
调制	8VSB	COFDM	COFDM
载频调制	8VSB	QPSK，16QAM，64QAM	DQPSK，16QAM，64QAM
多工方式	MPEG-2 系统	MPEG-2 系统	MPEG-2 系统
编码	MPEG-2 编码（声音为 AC-3）	MPEG-2 编码	MPEG-2 编码
信息码率	19.39kbit/s	4.35～31.67Mbit/s	5.6MHz：3.68～21.46Mbit/s 432kHz：283kbit/s～1.65Mbit/s
移动接收	不可以	困难（有条件的可以）	可以

3.4.2　国内数字电视标准

1. 中国的卫星数字电视标准

中国卫星数字电视采用 QPSK 调制方式，与欧洲、美国和日本采用的标准相同。由于中国限制个人直接接收卫星数字电视节目，所以目前是由有线电视台集中接收数字电视信号，并将其转化为模拟信号，通过有线网络传输给广大用户收看的。

2. 中国的有线数字电视标准

中国有线数字电视的标准采用 QAM 调制方式，与欧洲、美国和日本相同。因中国有良好的有线数字电视的基础，而且播出所需的投入成本较小，因此，中国的有线数字电视会得到快速推广。

3. 中国的地面数字电视标准

数字电视地面广播与数字卫星广播相比，有容易普及、接收价格低的特点；与数字有线电视广播相比，则较不易受城市施工建设、自然灾害、战争等因素造成的网络中断影响。因

此，在传输状况、应用需求等方面，地面传输方式更加复杂，全球各地在地面数字电视传输系统方案的选择上争议也最大。

自 2001 年 4 月起，中国国家广电总局便开放数字电视广播系统的规格建议书的提交，并已在 2001 年 10 月开始在北京、上海及深圳三地进行数字地面广播标准的测试工作。2002 年至 2003 年，测试完成之后，开始进行最后标准的制定。

4. 中国已经颁布的数字电视技术相关标准

目前中国已颁发的与数字电视相关的标准如下：

(1) 数字（高清晰度）电视标准体系（概况）。

(2) 数字电视基础标准。

1）GB/T 7400.11 数字电视术语。

2）GY/T 134 数字电视图像质量主观评价方法。

3）GY/T 144 广播电视 SDH 干线网管理接口。

4）GY/T 145 广播电视 SDH 干线网网元管理信息模型规范。

5）GY/Z 174 数字电视广播业务信息（SI）规范。

6）GY/Z 175 数字电视广播条件接收系统（CA）规范。

(3) 演播室参数标准。

1）GB/T 14857 演播室数字电视编码参数规范。

2）GB/T17953 4：2：2 数字分量图像信号的接口。

3）GY/T 155 高清晰度电视节目制作及交换用视频参数值。

4）GY/T 156 演播室数字音频参数。

5）GY/T 157 演播室高清晰度电视数字视频信号接口。

6）GY/T 158 演播室数字音频信号接口。

7）GB/T159 4：4：4 数字分量视频信号接口。

8）GB/T160 演播室数字电视辅助数据信号格式。

9）GY/TI61 数字电视附属数据空间内数字音频和辅助数据的传输规范。

10）GB/T 162 高清晰度电视串行接口中作为附属数据信号的 24 比特数字音频格式。

11）B11GY/T163 数字电视附属数据空间内时间码和控制码的格式。

12）B12GY/T 164 演播室串行数字光纤传输系统。

13）B13GB/T 14919 数字声音信号源编码技术规范。

14）B14GB/T 14920 四声道数字声音副载波系统技术规范。

15）B15GY/T167 数字分量演播室的同步基准信。

16）B16GY/T 165 电视中心播控系统数字播出通路技术指标和测量方法。

(4) 视频编码及复用标准。

1）GB/T 17975.2 信息技术-运动图像及其伴音信号的通用编码 MPEG-2 视频标准在数字（高清晰度）电视广播中的实施准则（征求意见稿）。

2）MPEG-2 系统标准在数字（高清晰度）电视广播中的实施准则（征求意见稿）。

(5) 信道编码及调制标准。

1）GB/T 17700—1999 卫星数字电视广播信道编码及调制标准。

2）GY/T 170—2001 有线数字电视广播系统信道编码及调制规范。

3）GY/T 143 有线电视系统调幅激光器发送机和接收机入网技术条件和测量方法。

4）GY/T 146 卫星数字电视上行站通用规范。

5）GB/T 147 卫星数字电视接收站通用技术要求。

6）GY/T 148 卫星数字电视接收机技术要求。

7）GY/T 149 卫星数字电视接收站测量方法——系统测量。

8）GY/T 150 卫星数字电视接收站测量方法——室内单元测量。

9）GY/T151 卫星数字电视接收站测量方法——室外单元测量。

10）GY/T 198—2003 有线数字电视广播 QAM 调制器技术要求和测量方法。

任务 3.5 图像压缩的主要技术与标准

目前有关图像压缩方面的主要标准包括 CCITT 的 H 系列、JPEG 和 MPEG，是分别针对电视电话图像、静止图像和活动图像的压缩编码标准。这几种压缩标准虽然各自针对性不同，但压缩编码方法大致相同。

1. H 系列

图像压缩编码标准的提出最早源于通信中对可视电话的研究。经过多年努力，至 1980 年，国际电报电话咨询委员会 CCITT 所属的视频编码专家组的 H 系列建议通过，成为可视电话和电话会议的国际标准。H 系列传输码率为 $P \times 64 \text{kbit/s}$，其中 $P = 1 \sim 30$ 可变，根据图像传输清晰度的不同，码率变化范围为 $64 \text{kbit/s} \sim 1.92 \text{Mbit/s}$。编码方法包括 DCT 变换、可控步长线性量化、变长编码及预测编码等。

2. JPEG

1986 年，国际标准化组织 ISO 和国际电报电话咨询委员会 CCITT 共同成立了联合图像专家组（Joint PhotograPhic ExPerts GrouP），对静止图像压缩编码的标准进行了研究。JPEG 小组于 1988 年提出建议书，1992 年成为静止图像压缩编码的国际标准。JPEG 是一个达到数字演播室标准的图像压缩编码标准，其亮度信号与色度信号均按照 ITU-R601 的规定取样后划分为 8×8 子块进行编码处理。

JPEG 是一种不含帧间压缩的帧内压缩编码方法，其主要编码过程与 H.261 的帧内编码过程大致相同。输入信号经 DCT 变换后，按固定的亮度与色度量化矩阵进行非线性量化。对量化后的 DCT 直流系数进行差分编码，对交流系数进行游程编码，再按霍夫曼编码表进行变长编码后，送缓存器输出。

JPEG 不含帧间比缩，压缩比较帧内/帧间压缩低。但因为不含帧间压缩，使得各帧在压缩编码后是各自独立的，这一点对于编辑来说是有利的，可以做到精确到逐帧的编辑。所以对于活动画面只进行帕内压缩的 Motion-JPEG，目前仍然在一些数字电视编录设备（如非线性编辑系统）中得到应用。

3. MPEG

1988 年，国际标准化组织 ISO 和国际电工委员会 IEC 共同组建了运动图像专家组（Moving Picture Experts Group），对运动图像的压缩编码标准进行了研究。1992 年和 1994 年分别通过了 MPEG-1 和 MPEG-2 压缩编码标准。

MPEG-1 主要针对运动图像和声音在数字存储时的压缩编码，典型应用如 VCD 等家用数字音像产品，其编码最高码率为 15Mbit/s。MPEG-2 则针对数字电视的视/音频压缩编码，对数字电视各种等级的压缩编码方案及图像编码中划分的层次做了详细的规定，其编码码率可为 3～100Mbit/s。

MPEG 的基本编码过程与 H 系列相似，即通过 DCT 进行帧间压缩。除了在编码语法上加进了一些特别规定外，与 H 系列的一个重要不同是 MPEG 在预测编码中加进了一个双向预测帧——B 帧。

符合 MPEG-2 格式的码流成为数字电视信源编码的标准输出码流。数字电视信道编码、DVB 及 MPEG-2 解码器等均认同和适应此标准。为了形成统一标准的 MPEG-2 输出码流，MPEG-2 对其压缩编码的适用范围和编码语法，对码流的打包与复用等做了详细具体的规定。

（1）MPEG-2 的类和级。在对数字电视信号进行压缩编码时，MPEG-2 可采用多种编码工具并实现不同层次的清晰度，分别称为 MPEG-2 的类（Profile）和级（Level），具体分为五类、四级。

图像清晰度由 LOW 到 HIGH 逐级提高，使用的编码工具从 SIMPLE 到 HIGH 依次递增。20 个可能的组合中有 11 个已获通过，称为 MPEG-2 适用点，其中主类主级 MP@ML 适用于标准数字电视，主类高级 M P@HL 则用于高清晰度电视。

（2）MPEG-2 的层。MPEG-2 根据图像块和图像帧的不同组合划分为六层。MPEG-2 的层直接决定了编的码流的形成和结构。MPEG-2 的层从下至上依次为：

像块层：中 8×8 个像素点构成的 DCT 变换基本单元。

宏块层：在 4∶2∶2 取样中，一个宏块由 4 个亮度像块、2 个 Cr 像块和 2 个 Cb 像块构成；另外还有 4∶2∶0 取样和 4∶4∶4 取样的两种宏块。

像条层：一连串宏块可构成一个像条。

图像层：一系列像条可以构成一幅图像，图像分为 I、B、P 三类。

图像组层：由相互、间相关的一组 I、B、P 帧组成，I 帧为第一帧。

视频序列层：一系列图像组构成了一个视频序列。

从像块开始从下至上依次编码，并在除像块和宏块外的每一层的开始处加上起始码和头标志，就形成了 MPEG-2 基本码流（Elementary Stream）。

（3）MPFG-2 基本码流的打包与复用。分别从 MPEG-2 编码器中输出的视频、音频和数据基本码流无法直接送给信道传输，需要经过打包和复用，形成适合传输的单一的 MPEG-2 传输码流。

视频、音频及数据基本码流 ES 先被打成一系列不等长的 PES 小包，称为打包的基本码流（PES 流）。每个 PES 小包带有一个包头，内含小包的种类、长度及其他相关信息。视频、音频及数据的 PES 小包，按照共同的时间基准，经节日复用后形成单一的节目码流。多路节目码流经传输复用后形成由定点传输小包组成的单一的传输码流，成为 MPEG-2 信源编码的最终输出信号。

在数字化电视信号的信源编码中，根据对图像清晰度的不同要求及其他方面的考虑，可分别采用 JPEG、MPEG-1 和 MPEG-2 作为编码方法。其中，MPEG-2 由于专门针对数字电视的信源编码制定了一系列的语法和规范并被广泛认可，已成为数字电视广播信源编码的核心技术与标准。

项 目 小 结

1. 数字信号与模拟信号的区别在于：模拟信号的特点是信号在时间上和振幅上的变化都是连续变化的。模拟信号在任何一个时间范围内都有∞个连续的变化范围。而数字信号则是在时间上和幅度上均为离散的信号。

2. 数字电视信号的标准。

（1）图像取样格式。

① 图像信号取样频率：$f_s \geqslant n f_U = 12MHz$。

② 色度信号的取样格式：4：4：4 格式（即 $f_Y : f_R : f_B = 4 : 4 : 4$）、4：2：2 格式（即 $f_Y : f_R : f_B = 4 : 2 : 2$）、4：2：0 格式（即 $f_Y : f_R : f_B = 4 : 2 : 0$）和 4：1：1 格式（即 $f_Y : f_R : f_B = 4 : 1 : 1$）。

（2）数字电视信号的量化与电平分配。其量化方式有量化方式和舍入量化两种方法。

（3）数字高清晰度电视图像格式：①图像画面的宽高比为 16：9；②像素的宽高比是根据图像画面的宽高比和图像的纵横有效像素数计算出来。以 HDTV 中的 1920×1080 像素的图像格式为例，像素的宽高比为(16/1920)：(9/1080)＝1，是方形像素；③HDTV 标准中采用的是 24 P 格式。

3. 世界上现有的主要数字电视标准。

（1）国外数字电视标准：①美国数字电视标准 ATSC；②欧洲数字电视标准 DVB；③日本数字电视的标准 ISDB。

（2）国内数字电视标准：①中国的卫星数字电视标准；②中国的有线数字电视标准；③中国的地面数字电视标准。

4. 图像压缩方面的主要标准包括 CCITT 的 H 系列、JPEG 和 MPEG，是分别针对电视电话图像、静止图像和活动图像的压缩编码标准。

项目思考题与习题

1. 模拟电视系统存在哪些缺陷？是什么原因引起的？

2. 试画出数字电视传输系统原理框图并解释各功能块的作用。

3. 分别求出 4：2：2 和 4：2：0 色度格式中信号不压缩时的数码率（设量化比特为 8 位）。

4. 亮度信号与色度信号的码电平是如何分配的？同步码设置在多少码电平上？

5. 舍入量化与截尾量化各有什么特点？

6. 在亮度信号上，求出均匀量化时标准彩条信号所对应的码电平。

7. 设计一个 4 bit 的电流相加型的 D/A 转换器。

8. 视频数据与模拟行同步定时关系如何？

9. ITU-R BT.601 建议的数字分量演播室标准的主要参数是什么？

10. 比特串行接口与比特并行接口的机械特性和电气特性是什么？

11. 求出高清晰度电视信号在不压缩时的数码率。

12. 我国高清晰度电视的标准是什么？

项目 4　图像压缩编码技术

【内容提要】

本章主要介绍了数字电视图像压缩编码的基本技术，着重阐述以下内容：

（1）图像信号的冗余存在于结构与统计中，压缩的原理是根据图像的相关性和人眼的视觉特性，采用有损压缩和无损压缩。

（2）压缩的过程是先进行某种映射，然后在降低精度的条件下，利用统计特性消除冗余。

（3）预测编码压缩是利用 DPCM 降低样值，根据图像的特征找到一系列的预测系数，对于静止图像，根据图像的特征采用不同的步长，自适应编码；而对于运动图像，进行切块。根据最佳匹配准则，采用快速搜索法，找出其运动矢量，用前一块的数值代替本像块的值，进行压缩。

（4）统计编码则是根据符号出现的概率情况，采用不同的编码方式，如 Huffman 编码、算术编码、游程编码等。

（5）变换编码则是由空间域中具有较强的相关变换到频域中，解除其相关性，再进行编码的一种方法。

（6）子带编码是根据图像质量的要求，采用不同的量化步长来降低码率。

【本章重点】

数字电视图像信号常用的压缩编码：预测编码、变换编码和统计编码等。

【本章难点】

具有运动补偿的帧间编码技术的理解和应用。

信源编码就是在图像、声音信号进行 PCM 编码后，再对图像、声音信号的数据通过减少冗余，进行数据压缩的处理过程，是数字电视信号处理的一个重要组成部分。

电视信号经数字编码以后，面临的最大难题之一是海量数据存储与传输的问题。以 ITUR-601 标准中的 4：2：2 信号格式为例，如每样值采用 8bit 量化，亮度信号的取样频率为 13.5MHz，码率为 $13.5 \times 8 = 108$Mbit/s。两个色差信号的取样频率为 6.75MHz，每样值采用 8 bit 量化，为 64Mbit/s。所以不采用任何措施时，总的串行比特率高达 216 Mbit/s。以我国数字高清晰度电视格式为例，亮度信号取样频率为 74.25MHz，两个色差信号为 37.125MHz，采用 10bit 量化，串行比特率高达 1.485Gbit/s。从理论上讲，PCM 二进制编码传输信道 1Hz 带宽能传输的最高比特率是 2bit/s，因此，SDTV 要求信道提供 135MHz 的带宽是模拟电视信号带宽的 20 多倍，而 HDTV 要求信道的带宽则更宽。这样对数字电视信号的传输十分不利。现在正在探索的各种数据压缩措施，有望将数码率大大地降低。例如美国的 SDTV 的码率从 216Mbit/s 压缩到了 8.44 Mbit/s，约为未压缩前数据的 3.7%。数据压缩的前景十分可观。

任务 4.1 数字图像信号压缩的必要性和可行性

数字视频通信具有通信的所有优点，它可以中继传输和多次复用，不会造成噪声和非线性失真的累积；便于进行加密；便于用超大规模集成电路（VLSI）芯片实现，设备制造成本低、可靠性高；便于与计算机联网等。因此，数字视频通信有诸多的好处。那么，为什么没有更早地得到推广和应用呢？这主要是由于数字化的视频数据量十分巨大，不利于传输与存储。若不经压缩，数字视频传输所需要的高传输率和数字视频存储所需要的巨大容量将成为推广应用数字视频通信的最大障碍。这就是为什么要进行数字图像信号压缩编码的根本原因。

现以某路电视信号为例，看看将它数字化后的视频码率。按照 CCIR-601 标准，数字化后的图像分辨率为 720×576，帧频为 25 帧/s，Y：U：V 为 4：2：2，量化精度为 8 位，数码率为 156.9Mbit/s。以 64kbit/s 作为一个数字话路，若不加压缩，为传输该路电视图像占用约 2596 个数字话路。这在实际应用中是难以接受的。若用一个容量为 1GB 的硬盘或 CD-ROM 来存储这样的数据，则只能存储不到 1min（1 分钟）的图像。并且，所需要的高数据吞吐率是一般的硬盘或 CD-ROM 难以达到的。若不加压缩，HDTV 信号的数码率可接近 1Gbit/s，更加惊人。从这些例子不难看出，数字化后的图像数据十分巨大，不能或不便于存储和传输。仅用扩大存储量、增加通信信道的带宽等办法是不现实的。只有数据压缩技术才是行之有效的方法。通过数据压缩手段把信息的数据量压下来，信息以压缩编码的形式存储和传输，既压缩节约了存储空间，又提高了通信信道的传输效率。

数据压缩不仅是必要的，而且也是可行的。因为在图像中的视频数据中存在着极强的相关性，也就是说，存在着很大的冗余度。冗余数据造成比特数浪费，消除这些冗余可以节约码字，也就是达到了数据压缩的目的。压缩编码就好像把牛奶中的水分挤掉制成奶粉一样，需要时又可将水倒入奶粉又做成牛奶，正如在接收端可以通过解码将图像信号恢复。在一般的图像和视频数据中，主要存在的冗余有：时间冗余、空间冗余、符号冗余、结构冗余、知识冗余和视觉冗余等几种形式。

任务 4.2 图像压缩编码的机理和编码过程

1. 图像数据压缩机理

图像数据压缩机理来自两个方面：一是图像信号中存在大量冗余可供压缩，并且这种冗余度在解码后还可无失真地恢复；二是利用人眼的视觉特性，在不被主观视觉察觉的容限内，通过减少表示信号的精度，以一定的客观失真换取数据压缩。

图像信号的冗余度存在于结构和统计两方面。图像信号结构上的冗余度表现为很强的空间（帧内的）和时间（帧间的）相关性。统计测量证实了电视信号在相邻像素间、相邻行间、相邻帧间存在的这种强相关性。一般情况下，电视画面中的大部分区域信号变化缓慢，尤其是背景部分几乎不变，如电影胶带，连续几十张画面变化很小。电视信号用 6 MHz 带宽是为了表示画面中突变的轮廓和占画面比例不一定很大的纹理细节以及快速的运动。实际上，以前所述的电视信号频带中存在着许多空隙，因此，频带可以压缩。

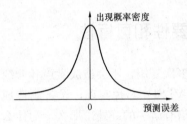

图 4-1　预测误差信号的拉普拉斯分布

信号统计上的冗余度来源于被编码信号概率密度分布的不均匀。例如，在预测编码系统中，需要编码传输的是预测误差信号，它是当前待传像素样值与它的预测值间的差分信号。预测值是通过在该像素之前已经传出的它的几个近邻像素值预测出来的。由于电视信号相邻像素间相关性很强，在大部分时间内预测都很准，预测误差很小。并且预测误差高度集中在 0 附近，形成如图 4-1 所示的拉普拉斯分布。这种不均匀的概率分布对采用变字长编码压缩率极为有利。编码时，对出现概率高的预测误差信号（0 及小误差）用短码，对概率低的大预测误差用长码，使总的平均码长要比用固定码长编码短很多。这叫统计编码或概率匹配编码、熵编码，后面将其详细讨论。

充分利用人眼的视觉特性，挖掘潜力，是实现码率压缩的第二个途径。人眼对图像的细节分辨率、运动分辨率和对比度分辨率的要求都有一定的限度。图像信号在空间、时间以及在幅度方面进行数字化的精细程度只要达到了这个限度即可，超过是无意义的。从视觉心理学和生理学的研究表明，人眼对图像细节、运动和对比度 3 个方面的分辨能力是互相制约的。观察景物时，并非对这三者同时都具备最高的分辨能力。当人眼对图像的某种分辨率要求很高时，对其他的分辨率则降低了要求。利用这一特点，采用自适应技术，根据图像的每一局部的特点来决定对它的取样频率和量化的精度，尽量做到与人眼的视觉特性相匹配。可做到在不损伤图像主观质量的条件下压缩码率。例如，在预测编码中利用受图像局部活动性影响的视觉掩蔽效应设计的自适应主观优化量化器以及在变换编码中对不同空间频率的变换系数进行量化时采用视觉加权矩阵便是典型例子。

2. 图像压缩编码的过程

图像压缩编码的过程分三步完成：

（1）对表示信号的形式进行某种映射，即变换一下描写信号的方式。例如，在预测编码中，原始的像素值，用预测误差表示信号；在变换编码中，用一组代表空间频率分布的变换系数表示一组空间几何位置像素值，通过这种映射解除或削弱了图像信号的相关性，降低了结构上存在的冗余度。

（2）在满足对图像质量一定要求的前提下，减少表示信号的精度，通过符合主观视觉特性的量化来实现。

（3）利用统计编码（例如 Huffman 码）消除统计冗余度。

图 4-2 是包含上述三个步骤的信源编码方框图。其中，信号映射和统计编码是可逆的过程，而量化是不可逆的。当不加入量化时，通过解码端的反映射和统计解码可不失真地恢复原始信号；加入量化后，整个编解码过程造成的失真完全由量化引起。

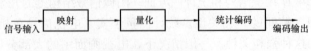

图 4-2　信源编码过程

3. 图像压缩编码的算法

图像编码压缩方法根据不同的方法可产生不同的分类。

（1）根据图像质量有无损失可分为有损压缩编码和无损压缩编码。无损压缩编码又称为可逆编码，这种方法的目标是在图像没有任何失真的前提条件下使码率达到最小；有损压缩又称为不可逆压缩，这种方法的目标是在给定码率下使图像获得最逼真的视觉效果，或者是在给定的允许图像失真度的条件下使码率达到最小。

（2）按照其作用域在空间域或频率域可分为空间方法、变换方法和混合方法。

（3）根据是否自适应可分为自适应编码和非自适应编码。

实现图像信息数据压缩所采用的信源编码方法称为图像压缩编码算法。图 4-3 列出了依据压缩算法进行分类的主要编码方法。

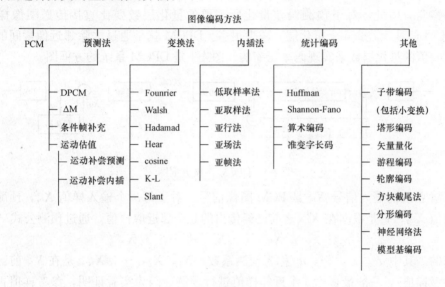

图 4-3　图像编码算法分类

在数字电视的信源压缩编码中，由于要求的压缩比高，普遍采用的是有损压缩编码方法。

各类图像编码一般都有自适应算法，即编码参数不是固定不变的，而是针对图像信号的某些局部或瞬时的统计特性，能自动地调整编码方案中的某些参数，以求更高的编码效率。

图 3-3 中，预测编码和变换编码的研究历史最长，应用最广泛，硬件实现容易，由这两种编码构成的"混合型"编码是目前主要活动图像的主流编码类型，已为 CCITT H. 261、MPEG 等国际标准所采用，并成为 HDTV 的基本框架。

任务 4.3　预　测　编　码

预测编码主要是减少数据在时间和空间上的相关性，是一种有损压缩。空间冗余和时间冗余均采用预测编码。空间冗余是反映了一帧图像内相邻像素之间的相关性，可采用帧内预测编码；时间冗余是反映了图像帧与帧之间的相关性，可采用帧间预测编码。

在预测编码时，不直接传送图像样值本身，而是对实际样值与它的一个预测值间的差值进行编码、传送，如果这一差值——预测误差被量化后再编码，这种预测编码方式叫DPCM。

DPCM 是预测编码中最重要的一种编码方法，以下重点介绍 DPCM 的工作原理。

4.3.1 DPCM（差分脉冲编码调制）的原理

DPCM 系统又称预测量化系统。DPCM 所传输的是经过再次量化的实际样值与其预测值之间的差值——预测误差。预测值是借助待传取样（像素）邻近已经传出的若干样值估算（预测）出来的。由于电视信号邻近像素间的强相关性，邻近像素的取值一般很接近，因此，预测有较高的准确性。从统计上讲，需要传输的预测误差主要集中在 0 附近的一个小范围内。尽管在图像信号变化剧烈的地方（例如轮廓和边缘）可能由于预测不准出现一些大的预测误差，但这只是零星和个别的，由于人眼的"掩蔽效应"，对出现在轮廓与边缘处的较大误差不易察觉，因此，对预测误差量化所需的量化层数要比直接传送图像样值本身（8bit－PCM 信号，需 256 个量化层）减少很多。DPCM 就是通过去除邻近像素间的相关性和减少对差值的量化层数来实现码率压缩的。图 4-4 是 DPCM 系统的方框图。

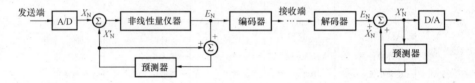

图 4-4　DPCM 系统方框图

DPCM 系统的输入信号 X_N 是 PCM 图像信号。对于每一个输入样值 X_N，预测器产生一个预测值 X'_N，它是根据在 X'_N 之前已经传出的几个邻近取样值，通过预测公式

$$X'_N = a_1 X_{N-1} + a_2 X_{N-2} + \cdots + a_n X_{N-n} \tag{4-1}$$

计算出来的。其中 a_1，a_2，$\cdots$，a_n 称为预测系数，X_1，X_2，$\cdots$，X_{N-n} 是在 X_N 前已传出的样值（参考样值）。一般最多用 4 个近邻样值进行预测，因为实验证明，参考样值再多，对预测精度提高不多。

在式（4-1）中，由于仅利用已传送的参考样值计算，所以接收端也可以用与发送端同样的公式计算 X'_N，如果传输过程中不出现误码，并且暂时忽略量化器的影响，则发、收两端计算出的 X'_N 相同。在这种情况下，发送端发送的是经编码后的预测误差

$$E_N = X_N - X'_N \tag{4-2}$$

接收端经解码后得到 E_N，将其与 X'_N 相加就可重新得到 X_N

$$X_N = E_N + X'_N \tag{4-3}$$

但是，在实际的系统中，量化器的影响不能忽略。经编码后发送端传出的是量化后的预测误差 E'_N，E'_N 与 E_N 的差别是量化引起的误差——量化误差

$$q_N = E_N - E'_N \tag{4-4}$$

在接收端，利用收到的 E'_N 与预测值 X'_N 相加，得到重建的样值

$$X''_N = E_N + X'_N \tag{4-5}$$

显然，重建的样值 X''_N 与原始值 X_N 之间差别等于量化误差

$$X_N - X''_N = E_N - E'_N = q_N \tag{4-6}$$

由于在 DPCM 系统的接收端得不到原始样值 X_N，而只有含量化误差的样值 X''_N，因此，在预测式（4-1）中，只能以 X'_{N-1}，X'_{N-2}，$\cdots$，X'_{N-n} 替换 X_1，X_2，$\cdots$，X_{N-n}。

$$X'_N = a_1 X'_{N-1} + a_2 X'_{N-2} + \cdots + a_n X'_{N-n} \tag{4-7}$$

　　为了做到发、收同步，即发、收两端得到同样的预测值，发送端也要采用同样的预测公式和参考样值，为此，发送端也必须产生含量化误差的重建样值 X'_{N-1}，X'_{N-2}，…，X'_{N-n} 作为预测器输入。在图 4-4 中，这是由一个加法器将 X'_N 与 E'_N 相加来实现的。因此，前面样值的量化误差对当前样值的预测会产生一些影响。所以，量化器与预测器之间存在相互作用。

4.3.2　预测器的系数

　　DPCM 系统中，预测器是关键。图 4-5 是根据式（4-7）组成的预测器，图中 D_1，D_2，…，D_{n-1} 是延迟元件，它们分别存储（延迟）X'_{N-1}，X'_{N-2}，…样值，a_1，a_2，…，a_{n-1} 是预测系数。

　　常用的一种预测器优化设计准则叫做最小均方误差（MMSE）准则，它要求所选用的一组预测系数 a_1，a_2，…，a_n 能使图像中预测误差的均方值最小，通过数学运算可以在图像信号的自协方差（autocovariance）$E[X_N X_{N-1}]$ 和预测系数的最佳取值间建立一个线性方程组（$i=0,1,…,n$），因此，只要知道了图像信号的自协方差就可以达过求解这个线性方程组得到所要求的最佳预测系数。自协方差是定量地描述样值相关程序

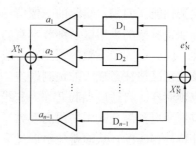

图 4-5　DPCM 预测器

的一种统计数学量，通过对图像信号进行统计测量求得。$E[\cdot]$ 代表求数学期望。

　　误差信号 e_N 的均方差定义为

$$\sigma_N^2 = E\{e_N^2\} = E\{(X_N - X'_N)^2\} = E\{[x_N - (a_1 X_1 + a_2 X_2 + \cdots + a_{n-1} X_{n-1})]^2\} \quad (4\text{-}8)$$

$E\{\cdot\}$ 表示对括号内的信号求统计平均。对 $E\{e_N^2\}$ 各个 a_i 求偏导数，并令其为 0，通过解方程可以求出 $E\{e_N^2\}$ 为极小值时的各个预测系数 a_i，其方程为

$$\frac{\partial \sigma_e^2}{\partial a_i} = 2E\{[X_N - (a_1 X_1 + a_2 X_2 + \cdots + a_{n-1} X_{n-1})]X_i\} = 0 \quad (4\text{-}9)$$

　　可见，求最佳预测系数问题的关键是要有一组典型的测试图像，测试出其实际的自协方差。其各个系数的代数和应为 1。

4.3.3　预观方法

1. 帧内预测及帧间预测

　　在 DPCM 中，如果所选的参考样值都与 X_N 处在同一扫描行内，叫做一维预测；如果参考样值除了本行的，还与前 1 行或前几行有关，叫做二维预测；若还选择了处于前一帧图像上的样值作为参考样值，则叫做三维预测。采用一、二维预测的叫做帧内 DPCM 编码，三维预测则属于帧间 DPCM 编码。

　　现行广播电视由于采用隔行扫描，一帧分成奇、偶两场，因此，做二维预测时又有帧内预测和场内预测之分。假设 X_N 处在某帧的第 n 行上，若对其做帧内预测，则对其提供参考样值的上一行是该帧第 $n-1$ 行；而对其做场内预测时，提供参考样值的是其所在场内的上一行，即 $n-2$ 行。帧内预测由于相邻行间距离近，对于静止画面，行间相关性强，对预测有利。但对于活动画面，两场之间间隔了 20ms，场景在此期间可能发生了很大变化，因此，帧内相邻行间的相关性反而比场内相邻行间的相关性弱。此外，帧内预测需要一个场存储

器，很不经济。所以，隔行扫描电视信号的预测编码通常采用场内预测，不采用帧内预测。

帧间编码由于对视频信号的相关性利用最充分，所以压缩效率最高，但是，接收端解码需要有一个容量很大的帧存储器把前一帧解码复原的图像存起来，才能为下一帧预测提供参考样值。对于压缩比要求不高的系统主要采用场内 DPCM，而对于要求高压缩比的视频传输系统，如可视电话、会议电视、数字电视或高清晰度电视（HDTV）广播，则必须采用含有运动补偿的帧间预测。

2. 自适应预测

采用固定系数的预测器实际上有一个前提条件，即假设图像信号在图像中的各个局部都具有相同的统计特性。如果这一假设成立，则预测器在图像中的各种区域都能表现出很好的预测性能。但是，实际的图像信号并不满足这种假设，属于不平稳信源。在一幅图像中，内容变化缓慢的平坦区、细节丰富的纹理区、亮度突变的边缘和轮廓区分别具有不同的统计特性。因此，固定系数的预测器一般只在图像的平坦区具有较好的预测性能，而在轮廓、边缘及纹理区往往造成大的预测误差。为了克服这一困难，进一步提高预测性能，可以采用自适应预测器。自适应预测又称为非线性预测，它的主导思想是根据图像每一局部的特点，自适应地变更预测公式中的预测系数，尽可能地使预测公式随时与被预测样值附近图像局部的统计特性相匹配，从而避免出现过多的大的预测误差。

自适应预测器有很多种形式，用得较多的一种是开关型自适应预测器。这种预测器首先用一定的判据检查被预测取样附近图像样值取值的特点，如对某一块图像的某些特点进行比较，观察它们之间的变化程度，再根据判断的结果将其划归到不同类型的图像区域中去，对应于每一种类型的图像区域再分别使用一个与其统计特性相适应的预测器预测。因此，开关型自适应预测实际上包含一组固定系数预测器，工作时，对于被预测的取样，从这一组预测器中找出一个与其相适应的预测器预测。

4.3.4　运动补偿预测

电视信号的帧内编码是利用图像信号的空间相关性实现信息压缩，而帧间编码则是利用图像信号在时间轴上的相关性来实现信息压缩。统计测量表明，当景物不含剧烈运动，不发生场景切换以及摄像机不做明显运动如推镜头、摇镜头时，电视信号的帧差信号（相邻帧间空间位置对应的像素差值）比帧内相邻像素间的差值信号具有更为尖锐的以 0 为中心的拉普拉斯分布，即表现出更强的相关性。一般的图像运动方面表现仅仅只有一个部分在运动，如人物在静止背景上慢步走动，此时只要知道哪部分在运动、运动方向和运动量就可以从前一幅图像估计出当前图像的情况。因此，帧间编码对运动图像的处理主要是解决两个问题：运动估计（Motion Estimation，ME）和使动补偿（Motion Compensation，MC）。

1. 运动处理的原理

运动处理的原理框图如图 4-6 所示。一般采用匹配搜索法求出当前图像 $f_N(x,y)$ 与前一帧图像 $f_{N-1}(x,y)$ 之间的运动矢量（运动方向与位移量），用这个运动矢量再求出当前帧的估计值 $f'_N(x,y)$，用当前帧 $f_N(x,y)$ 减去当前帧的估计值 $f'_N(x,y)$ 得到运动补偿 $e_N(x,y)$ 送入量化编码器，处理后传送出去，同时还必须传送运动矢量。

接收端在接收到运动矢量和运动补偿 $e_N(x,y)$ 后，即可重建当前帧的图像。

2. 运动估计的算法

运动估计首先要建立模型，但建立模型相对来说比较困难。由于电视信号中运动事件有

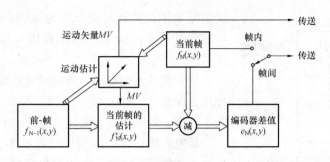

图 4-6　运动补偿原理框图

多种多样，例如移动、转动、缩放等。通常采用一些简单的运动形式作为模型加以研究，如匀速直线运动，但即使这种简单的运动，直接利用帧差信号编码也存在一些问题。当场景中有快速运动物体存在时，由空间几何位置对应的像素值相减得到的帧差信号幅度也剧烈增加，如图 4-7 所示。第 k-1 帧内，中心点为 (x_1, y_1) 的运动物体，若在第 k 帧移动到中心点为 $(x_1 + d_x, y_1 + d_y)$ 的位置，其位移矢量 D 为 (d_x, d_y)。如果直接求两帧间的差值，则由于第 k 帧的 $(x_1 + d_x, y_1 + d_y)$ 点（运动物体）与第 k-1 帧的对应点（背景部分）间相关性极小，所得差值幅度很大，与此同时，第 k 帧的 (x_1, y_1) 点（背景部分）与第 k-1 帧的对应点（运动物体）来差值。亦出现同样的问题。

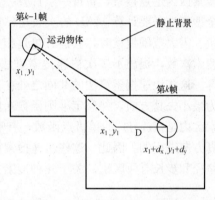

图 4-7　运动物体的帧间位移

　　但是，如果已经知道了小球运动的方向和速度，可以从小球在 k-1 帧的位置推算出它在 k 帧中的位置，并将 k-1 帧中 (x_1, y_1) 点小球也移到第 k 帧中 $(x_1 + d_x, y_1 + d_y)$ 点，这种只考虑了小球位移的 k-1 帧图像作为 k 帧的预测值，就比简单的预测准确得多，也容易得多。

　　那么一帧图像怎样来求运动矢量呢？一种简化的办法是将图像分割成子块，每块看成是一个物体，然后利用块匹配法估计每个子块位移矢量。

　　在图像编码领域使用的运动估值算法主要还有像素递归法、相位相关法以及针对由摄像机运动引起图像全局运动的全局运动参数估值法等。其中块匹配法是最常用的一种方法，在活动视频编码的国际标准 H.261、MPEG-1、MPEG-2 中实际都采用块匹配法做运动估值（尽管有的未明确规定）。

　　下面讨论块匹配法运动位移估值。

　　块匹配法运动位移估值是将当前帧划分成尺寸为 $M \times N$ 个像素的一个个像块，并假设一个像块内所有的像素作速度相同的平移运动。对当前帧中的每一像块 B，在以前一帧的对应位置为中心，上下左右 4 个方向偏开相等距离 d_m 的范围内，即 $(M + 2d_m) \times (N + 2d_m)$ 个像素的搜索区内进行搜索，寻求与其最匹配的像块 $B1$。根据像块在水平和垂直方向的距离即可求得的运动位移方量 (d_x, d_y)。图 4-8 示出 $M \times N$ 像块与搜索区的关系。

　　采用块匹配法求运动矢量，一般需要以下三个步骤：

　　（1）估值块的大小。估值块的大小一般要综合考虑图像细节构成与计算量等因素。在视频压缩编码标准中，运动估值宏块的大小为 16×16 像素。如对 720×576 像素的 SDTV 亮

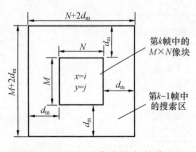

图 4-8 $M \times N$ 像素块与搜索区
的几何关系

度信号来说，共有宏块个数为 $48 \times 36 = 1728$，而对色度编码时不再作运动估值，直接采用亮度信号的位移矢量。

（2）最佳匹配准则。衡量最佳匹配的准则有很多种，如均方误差（MSD）最小准则、平均绝对误差（MAD）最小准则、归一化互相关函数（MCCF）准则等。

研究表明，各种准则性能差别不大，而 MAD 运算量小，硬件容易实现，所以用得最多。

（3）搜索方法。最细致的搜索方法是全搜索，即在搜索区内逐点搜索，每搜一点计算一次 MAD，当 MAD 达到最小值时，求得最佳匹配像块。全搜索法需要计算 MAD 的次数是 $(M+2d_m) \times (N+2d_m)$，当图像空间分辨率高、运动速度快、需大范围搜索时，其运算量是相当大的，为了实时运算，必须采取并行处理。为了减少搜索次数，提出了多次快速搜索方法，如三步法、正交搜索法、共轭方向法、二维对数法等。这些快速搜索算法的共同之处在于，假设准则函数（例如 MAD）趋于极小的方向现同为最小失真方向，并假定准则函数在偏离最小失真方向时是单调增加的，即认为它在整个搜索区内是 (i, j) 的单极点函数，有唯一极小值，而快速搜索是从任一猜测点开始沿最小失真方向进行的。因此，这些快速搜索算法在实质上都是统一的梯度搜索法，所不同的是搜索路径和步长有所区别。关于几种搜索方法请参考有关书籍。

任务 4.4   统 计 编 码

统计编码是利用信息论的原理减少数据冗余。根据信息论的原理，可以找到最佳数据压缩编码方法，数据压缩的理论极限是信息熵。如果要求在编码过程中不丢失信息量，即要求保存信息熵，这种信息保持编码又叫做熵保存编码，或者叫熵编码。熵编码是无失真数据无损压缩，用这种编码结果经解码后可无失真地恢复出原图像。当考虑到人眼对失真不易觉察的生理特征时，有些图像编码不严格要求熵保存，信息可允许部分损失以换取高的数据压缩比，这种编码是有失真数据有损压缩，通常运动图像的数据压缩是有失真编码，这就是著名的香农（Shannon）失真理论，即信息编码率与允许的失真关系的理论。本节只讨论无失真熵保存编码方法。

4.4.1   统计编码的原理

1. 信息量

在信息论中，信息量是用不确定性的量度来定义的，一个消息出现的概率越小，则信息量越大，若出现的概率越大，则信息量越小。信息是用不确定性的量度定义的，一个消息的可能性越小，其信息越多，即所谓爆炸性的新闻；而消息的可能性越大，则其信息越少，如果出现的概率为 1，即必然出现，则没有信息量，如"太阳从东方升起"，是毫无价值的，信息量为 0。在数学上，所传输的消息是其出现概率的单调下降函数。所谓信息量，是指从 N 个相等可能事件中选出一个事件所需要的信息度量或含量，也就是在辨识 N 个事件中特定的一个事件的过程中所需要提问"是"或"否"的最少次数。例如，要从 64 个数中选定某一个数，可以先提问"是否大于 32"，不论回答是或否都消去了半数的可能事件，这样继续问下去，只要提问 6 次这类问题，就能从 64 个数中选取某一个数。这是因为每提问一次都会得到 1bit 的信息量。因此在 64 个数中选定某一个数所需的信息量为：$\log_2 64 = 6$（bit）。

对于电信号来讲，符号则代表某种电平。一个连续的电信号可能出现的电平数值是无限的，我们可以认为构成连续电信号的符号是取自于一个无限的符号集。为了便于分析，我们只把构成连续信号的符号取一个有限集，如采用 2bit 量化符号就构成一个有限符号集 $\{00, 01, 10, 11\}$，这四种电平中的每一个电平都可以表示一个事件，如设为 x_1，x_2，x_3，x_4。假设一个信息源所产生的符号序列中的符号都取自于一个有限符号集，符号集中的符号 x_1 发生（或出现）的概率为 $p(x_1)$，信息源在前一时刻和后一时刻出现的符号是相互独立的，该信源则称为离散无记忆信源。这里独立的含义是指后一个出现的概率大小不受前面的符号出现与否的影响。

设从 N 个数中选定任一个数 x 的概率为 $P(x)$，则信息量为

$$I(x) = \log_2 P(x)$$

2. 信息熵

信源 x 共发出 $x_j (j = 1, 2, \cdots, n)$ 个随机事件，每一个出现的概率为 $P(x_j)$，若对 n 个事件求统计平均（数学期望），即

$$H(X) = \Sigma I(x_j) = -\sum_{j=1}^{n} P(x_j) \log_2 P(x_j)$$

$H(x)$ 在信息论中称为信源 X 的"熵"（entropy），它的含义是信源 x 发出任意一个随机变量的平均信息量。

3. 统计编码

假如某些符号发送的概率比另一些符号大得多，那么对概率大的符号给予短的码字（即码的位数少），概率小的符号给予长的码字（即码的位数多，如 8bit）就能减小平均比特率。这种基于不同概率的消息有不同长度的码就叫可变字长码。由于设计码字时是基于不同信息概率统计发生，所以这种设计方法也称为统计编码。

举一个例子：有 0，1，2，3 这四个随机数，放在 4 个格子里，要知道每个格子里的数到底是多少，至少对每一个数要提问 4 次，"是 0?""是 1?""是 2?"" 是 3?"则要知道这 4 个格子中的每一个，共需提问 $4 \times 4 = 16$ 次。若采用依据信息量的方法，已知它们出现的概率不相同，如 0 出现的概率（可能性）是 0.5，1 出现的概率是 0.25，2、3 出现的概率是 0.125。再采用提问的方法，有两个格子中的 0，只需分别猜，即提问 1 次，就能知道了，而对于 1，只需猜 2 次，对另两个数，则需每个猜 3 次，共计猜的次数为 $1+1+2+3+3 = 10$（次），较上一种方法少提问了 $16-10 = 6$（次）。这就是说，依据信息量进行编码，可以减少数据量。但如果每个事件出现的概率相同，则提问的次数并不能减少。

我们不加证明，给出这一定理：设单符号、离散、无记忆信源的熵 $H(x)$，若用二进制码对其作可变字长编码，一定可以找到一种编码方式，其可变字长编码一定小于或等于平均码长。

由上述可知，熵 $H(x)$ 是对一个消息进行编码时最小平均比特率的理论值。这个结果显然没有说明如何设计码字的方法，但却是很有用的。假如我们设计的码字平均比特率和熵一样，那么这个码字就是最佳的。由此得出结论，熵提供了一种可以测试编码性能的一种

标准。

4.4.2　Huffman（哈夫曼）编码

香农信息保持编码只是指出存在一种无失真的编码，使编码平均码长逼近熵值这个下限，但它并没有给出具体的编码方法。信息论中介绍了几种典型的熵编码方法，如 Shannon 编码法、Fano 编码法和 Huffman 编码法，其中尤以 Huffman 编码法为最佳。在介绍这种方法之前，首先说明一个变字长编码的最佳编码定理：在变字长码中，对于出现概率大的信息符号编以短字长的码（比特位少），对于出现概率小的信息符号编以长字长的码（比特位多），如果码字长度严格按照符号概率的大小的相反顺序排列，则平均码字长度一定小于接任何其他符号顺序排列方式得到的码字长度。

Huffman 编码方法就是利用了这个定理，把信源符号按概率大小顺序排列，并设法按逆次序分配码字的长度。

1. Huffman 编码具体步骤

（1）概率统计（如对一幅图像，或 m 幅同种类型图像作灰度信号统计，或者说，对某信号的取样幅度），得到 n 个不同概率的信息符号。

（2）将 n 个信源信息符号的 n 个概率，按概率大小排序。

（3）将 n 个概率中最后两个小概率相加，这时概率个数减为 $n-1$ 个。

（4）将 $n-1$ 个概率按大小重新排序。

（5）重复步骤（3），将新排序后的最后两个小概率再相加，相加后与其余概率再排序。

（6）如此反复重复 $n-2$ 次，得到只剩两个概率序列。

（7）对合并的两个概率序列，采用二进制码元（0，1），按相同的规律赋值，构成 Huffman 码字。

Huffman 码字长度和信息符号出现概率大小次序正好相反，即大概率信息符号分配码字长度短，小概率信息符号分配码字长度长。

2. Huffman 编码举例

用一个实例来说明 Huffman 编码。如 $N=8$，信源符号为（x_1，x_2，x_3，x_4，x_5，x_6，x_7，x_8），设其发送概率为 $\{0.20, 0.19, 0.18, 0.17, 0.12, 0.12, 0.015, 0.005\}$。

（1）先将它们按概率大小排序，将最小的两个相加，重新按概率大小排序，再将最小的两个相加，如图 4-9 所示。

（2）将相加的两个符号按概率大小分别定义为"1"或"0"。注意：若大概率定义为"1"，则所有的大概率都要定义为"1"，在同一 Huffman 编码中，不可更改。

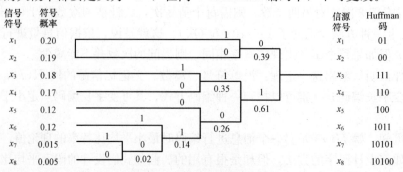

图 4-9　Huffman 编码实例

（3）从右至左，写出各自符号的编码。如 X_1 的编码为 01，X_8 的编码为 10100。

3. Huffman 编码的效率

Huffman 编码的效率，是指平均字码所需的比特数。如本例中，Huffman 编码的平均码长 N 为

$$N = \sum_{i=1}^{8} P(x_i)n_i = 2.77(\text{bit/ 码字})$$

其信息熵 H 为

$$H = -\sum_{i=1}^{8} P(x_i) \log_2 P(x_i) = 2.60(\text{bit/ 码字})$$

因为信息熵是编码压缩的最大无失真压缩率，而 Huffman 编码非常接近其信息，故编码效率高。

最易产生的误解是将符号 $(x_1, x_2, x_3, x_4, x_5, x_6, x_7, x_8)$ 分别编成 3 位码，求出其总码数为 $8 \times 3 = 24$（位），而 Huffman 编码则将各位相加得 $2+2+3+3+3+4+5+5 = 27$（位）。于是，就得出结论：Huffman 编码不但没有压缩，反而增加了码。

4. Huffman 编码的特点

（1）Huffman 编码不是唯一的，如上式中定义小概率为"1"，则编码与上例中正好相反。

（2）Huffman 编码对不同的信源，其效率是不同的。当信源的概率相等时，其编码效率最低，是等长码，若信源的概率是按 2 的幂分布时，则编码效率最高，为 100%。因此，只有在信源概率不相等时，才采用 Huffman 编码。

（3）Huffman 编码中，每一个符号的编码都是唯一可译的，如本例中 10100100110 只能译成 x_8、x_5、x_4。

Huffman 编码在 H. 261、JPEG、MPEG 等编码中广泛应用，并提供相应的码表。

4.4.3　算术编码

算术编码方法比哈夫曼编码、游程长度等熵编码方法都复杂，但是它不需要传送像 Huffman 编码的 Huffman 码表，同时算术编码还有自适应能力的优点，所以算术编码是实现高效压缩数据中很有前途的编码方法。

1. 算术编码原理

算术编码初始化可置两个参数 P_e 和 Q_e，P_e 代表大概率，Q_e 代表小概率。表示大概率符号（Most Probable Symbol，MPS）与 P_e 对应；表示小概率符号（Least Probable Symbol，LSP）与 Q_e 对应。当符号流中"0"符号对应 MPS 和 P_e 时，则符号 1 对应 LPS 和 Q_e；反之，当符号流中"1"符号对应 MPS 和 P_e 时，则符号"0"对应 LPS 和 Q_e。值得注意的是上述对应关系并不是一成不变的，随着被编码符号流中符号"0"和符号"1"出现的概率，上述关系将自适应地改变。

我们用实例来说明算术编码的过程. 如对符号串"1011"进行算术编码：

第 1 步，计算出符号"0"和符号"1"的概率。

"1"的个数为 3，而"0"的个数为 1，则"1"为大概率，$P_e = 3/4 = 0.75$，"0"为小概率，$Q_e = 1/4 = 0.25$。

根据概率 Q_e 和 P_e 值，将半开区间 $[0，1)$ 分割成两个子区间，如图 4-10 所示。

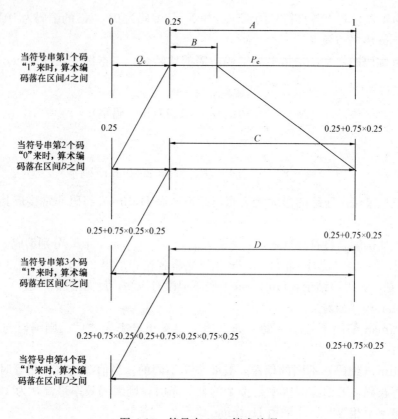

图 4-10   符号串 1011 算术编码

第 2 步，当符号串第 1 个码 "1" 来时，算术编码落在区间 A 之间，再将区间 A 根据概率 Q_e 和 P_e 值进行分割。

第 3 步，当符号串第 2 个码 "0" 来时，算术编码落在区间 B 内，再将区间 B 根据概率 Q_e 和 P_e 值进行分割。

第 4 步，当符号串第 3 个码 "1" 来时，算术编码落在区间 C 内，再将区间 C 根据概率 Q_e 和 P_e 值进行分割。

第 5 步，当符号串第 4 个码 "1" 来时，算术编码落在区间 D 内。

第 6 步，将区间的起始数转化为二进制码为 0.0101，而区间的终止数转化为二进制码为 0.0111，则符号 "1011" 的算术编码取中间码为 0.011，即为 011。

实际的电路中，在编码时通常设置两个专用寄存器，即 A 寄存器和 C 寄存器，这两个寄存器中的内容是存储符号 "0" 或 "1" 到来之前子区间的状态参数。

设 C 寄存器内的数值为子区间的起始位置，A 寄存器内的数值为子区间的宽度，该宽度正好是已输入符号串的概率（初始化时 $C=0$，$A=1$）。

随着被编码符号流 "0" 符号和 "1" 符号的不断输入，C 寄存器中的值和 A 寄存器中的值按以下规律不断修正。

当低概率符号 LPS 到来时

$$C=C$$
$$A=AQ_e$$

当高概率符号 MPS 到来时

$$C=C+AQ_e$$

$$A = AP_e = A(1-Q_e)$$

$C+A$ 等于子区间的右端点,算术编码的结果落在子区间内。输入编码符号出现概率越高,对应的子区间越宽,测编码的结果码字越短;反之,输入编码符号出现概率越低,对应的子区间越窄,则编码的结果码字越长。

2. 算术解码原理

解码是编码的逆过程。在解码过程中同样设置了两个寄存器 C 和 A。C 寄存器的初始值是放置所需的符号串,如上例中的 0.011,A 寄存器的初始值始终是 1。对于 [0,1) 区间按编码的概率 Q_e 分割,若 C 的值落在 $0\sim Q_eA$ 的子区间,解码时赋"0"。这时

$$C=C$$

$$A=AQ_e$$

若 C 的值落在 $Q_eA\sim A$ 的子区间,解码时赋"1",这时

$$C=C-AQ_e$$

$$A=A\ (1-Q_eA)$$

寄存器 C 和 A 中的内容,根据每次符号"1"和"0"按上式不断修正。

针对上例,可以用图 4-11 来说明算术解码的过程:

当待解码 0.011(算术值 0.375)进入解码电路,判断其落在什么区间。

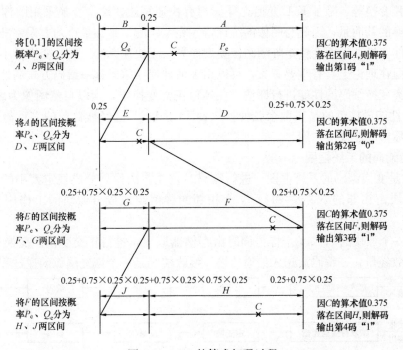

图 4-11 011 的算术解码过程

任务4.5 变 换 编 码

4.5.1 变换的物理意义

在图像数据压缩技术中，正交变换编码（以下简称变换编码）与预测编码一起成为最基本的两种编码方法。变换编码的基本思想是将在通常的欧几里得几何空间（空间域）描写的图像信号变换到另外的正交向量空间（变换域）进行描写。

（1）如果所选的正交向量空间的基向量与图像本身的特征向量很接近，那么同一信号在这种空间描写起来就会简单得多。空间域的一个 $N \times N$ 个像素组成的像块经过正交变换后，在变换域变成了同样大小的变换系数块。

（2）空间域像块中像素之间存在很强的相关性，能量分布比较均匀。经过正交变换后，变换系数近似是统计独立的，相关性基本解除，并且能量主要集中在直流和少数低空间频率的变换系数上。这样一个解相关过程也就是冗余度压缩的过程，在经过正交变换后，再在变换域进行滤波、与视觉特性匹配的量化及统计编码就可以实现有效的码率压缩。

（3）正交变换是可逆的，且逆矩阵等于转置矩阵，不但有解而且运算方便。

（4）电视图像信号的能量主要集中在低频部分，能量随频率增高迅速下降。再考虑人的主观视觉对高频成分不如对低频敏感的特点，在编码时，对高、低频成分分别用粗、细不同的量化，甚至对很高的频率成分舍去不传。这样做，在使码率明显减少的同时，还可以保持良好的主观图像质量。

（5）离散正交变换主要用于图像编码，有沃尔什-哈达码变换、哈尔变换、K-L 变换、斜变换、余弦变换等。除了 K-L 变换之外．都有快速算法。K-L 变换采用图像本身的特征向量作为变换的基向量，因此与图像的统计特性完全匹配，是在最小均方误差准则下进行图像压缩的最佳变换，但因变换矩阵随图像类型而异，无快速算法。K-L 变换虽不宜用来进行实时编码，但在理论上具有重要意义，可以用来估计变换编码这一编码方式的性能极限，及对实用的各类变换编码的性能进行评估。在各种正文变换中，当以自然图像为编码对象时，与 K-L 变换性能最接近的是离散余弦变换（DCT）。DCT 已经被目前的多种静态和活动图像编码的国际标准建议所采用。

4.5.2 变换编码的系统框图

图 4-12 是变换编码的系统框图。进行编码时首先将图像划分成规定大小的像块，一个 $N \times N$ 的像块由相邻的 N 行、每行 N 个相邻的样值组成成分像块的工作用存储器很易实现。

然后将一个像块的 $N \times N$ 个样值同时由存储器取出，进行正交变换。变换得到的 $N \times N$ 个变换系数经量化、编码后送入信道传输。接收端则是一个恢复图像的逆过程。

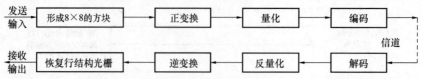

图 4-12　变换编码系统示意图

实验表明。对于自然图像，像块尺寸选 8×8 或 16×6 是合适的，像块尺寸取得越大，需要的计算量和存储量增加越多，而压缩效率增加不多，像块小则压缩效率明显下降。在国际标准建议 CCITT H.261、JPEG、MPEG 中都采用 8×8 的像块做离散余弦变换（DCT）。

4.5.3　离散余弦变换（DCT）

1. DCT 的原理

DCT 以离散余弦函数作为变换的基函数，其作用是将二维空间的图像数据变换到二维频域，成为二维频率系数。

在 JPEG 标准中，输入端把原始图像分成 $N×N$（一般为 8×8）的像素块（Block）之后送入 DCT 变换器中，设每个像素的样值为 $f(x,y)$，则二维 DCT 公式可表示为

$$F(u,v) = \sum_{x=0}^{N-1}\sum_{y=0}^{N-1} f(x,y)a(x,y,u,v) \qquad u,v = 0,1,\cdots \qquad (4\text{-}10)$$

$$f(x,y) = \sum_{x=0}^{N-1}\sum_{y=0}^{N-1} F(u,v)a(x,y,u,v) \qquad x,y = 0,1,\cdots \qquad (4\text{-}11)$$

其中变换核函数为

$$a(x,y,u,v) = \frac{2}{N}C(u)C(v)\cos\frac{(2x+1)u\pi}{2N}\cos\frac{(2y+1)v\pi}{2N} \qquad (4\text{-}12)$$

式中：x, y, u, $v=0$, 1, $\cdots$, $N-1$

$$C(u)C(v) = \begin{cases} \dfrac{1}{\sqrt{2}} & u = 0 \\[2mm] 1 & u \neq 0 \end{cases}$$

式（4-10）、式（4-11）这一对变换式是由傅里叶变换经过时（空）域离散（即取样）和频域离散后推导所得。式中 $f(x,y)$ 表示在时域中的 N 个（离散）值。$F(u,v)$ 表示在频域中的 N 个频率系数（对应于频谱）。

式（4-12）中的核变函数 $a(x,y,u,v)$ 按 x, y, u 分别展开后得到 $N×N$ 个 $N×N$ 点的像素块组，又称为基图像。其中变量 u 表示图像水平方向上的空间频率，v 表示图像垂直方向上的空间频率。例如 $u=0$ 和。$v=0$ 对应的子像块是 $a(x,y,0,0)$，图像在 x，y 的方向上都没有变化，$u=7$ 和 $v=7$ 对应的子像块是 $a(x,y,7,7)$，图像的亮值在 x，y 的方向上的变化频率在基图像组中是最高的。

从式（4-11）中可以看出，每个像素的样值 $f(x,y)$ 都可以由基图像 $a(x,y,u,v)$ 与之对应的 DCT 系数 $F(u,v)$ 相乘得到。同样可以看出，利用 DCT 并不对图像的码率进行压缩，只是将原来的样值变换为频率系数，不过大部分的能量都集中在低频区，便于通过量化器和编码后降低传输数据量。

例如，一个 8×8 的原始亮度像素块的样值 $f(x,y)$ 如图 4-13（a）所示，表中的数值为原始像素块的量化级数。通过式（4-10）的变换得到 $F(u,v)$ 系数块如图 4-13（b）所示。

2. DCT 化器

我们知道，图像从一个空间域方阵变换到另一个变换域的方阵，不论采用何种变换，其元素个数并未减少，数据率也不会减少，因此并不能压缩数据。为了压缩码率，还应当根据图像信号在变换域中的统计特性进行量化和编码。

量化器的作用是，在变换编码中，用降低系数的精度来消除不必要的系数，它应该在不

139	144	149	153	155	155	155	155
144	151	153	156	159	156	156	156
150	155	160	163	158	156	156	156
159	161	162	160	160	159	159	159
159	160	161	162	162	155	155	155
161	161	161	161	160	157	157	157
162	162	161	163	162	157	157	157
162	162	161	161	163	158	158	158

(a)

1260	−1	−12	−5	2	−2	−1	1
−23	−17	−6	−3	−3	0	0	−1
−11	−9	−2	2	0.2	−1	−1	0
−7	−2	0	1	1	0	0	0
−1	−1	1	2	0	−1	1	1
2	0	2	0	−1	1	−1	−1
−1	0	0	−1	0	2	1	−1
−3	2	−4	−2	2	1	−1	0

(b)

图 4-13　DCT 变换举例

(a) 原始亮度像块的样值 $f(x, y)$；(b) DCT 后的系数块 $F(u, v)$

影响人眼观看的条件下，即不降低预定的图像主观评价质量的条件下进行。由于量化过程是在变换域进行的，因此设计量化器特性应根据图像在变换域中的分布特性来进行。以 DCT 为例，因为大多数电视信号（如背景等）部分亮度值变化很少，变换域中系数的大部分能量集中在直流和低频区域。又因为亮度突变区域（如轮廓、边缘等）部分较少，高频系数能量较小，为了得到好的编码效果，应该根据系数块中的不同位置设计量化器，即直接对 DCT 系数进行符合人眼视觉特性的非均匀性量化。在 JPEG 标准中，每次处理 8×8 个像系数块，即 8×8 个 DCT 系数，每个系数是不同的，因此量化表也是 8×8 个数值。量化表分为亮度和色度两种，见表 4-1、4-2。

表 4-1　　　亮度量化表

16	11	10	16	24	40	51	61
12	12	14	19	26	58	60	55
14	13	16	24	40	57	69	56
14	17	22	29	51	87	80	62
18	22	37	56	68	109	103	77
24	35	55	64	81	104	113	92
49	64	78	87	103	121	120	101
72	92	95	98	112	100	103	99

表 4-2　　　色度量化表

17	18	24	47	99	99	99	99
18	21	26	66	99	99	99	99
24	26	56	99	99	99	99	99
47	66	99	99	99	99	99	99
99	99	99	99	99	99	99	99
99	99	99	99	99	99	99	99
99	99	99	99	99	99	99	99
99	99	99	99	99	99	99	99

设上述表中的数值为 $Q(u, v)$，也可称为量化步长，这些数值是通过实验确定的，实验时可由较低的数值开始，比较输入图像和经过量化、去量化后的输出图像，逐步提高量化步长，直到心理视觉，即主观感觉发现差别为止，此时称为达到感觉门限。对亮度和色度的 DCT 系数，分别进行大量量化步长实验和统计，最后得到上述两表。在做实验时考虑到了各种图像内容、显示方法、观察距离等因素，并且可以逐个步长进行调整（利用系数的弱相关性）。由上述两表可见，人眼对高频系数（即反映图像细节）不敏感，对色度也不敏感。

量化过程即用量化表除 DCT 系数，所得的值用四舍五入取整数，可由下式表示

$$[F(u,v)]_Q = 取整数\left[\frac{F(u,v)}{Q(u,v)}\right]$$

式中，$F(u, v)$ 为 DCT 系数，$Q(u, v)$ 为量化步长（量化矩阵），$[F(u, v)]_Q$ 称为被量化步长归一化的系数，或称归一化量化系数或简化量化系数。

去量化时，用量化步长乘归一化量化系数即可，见下式

$$F'(u,v) = Q(u,v)[F(u,v)]_Q \tag{4-13}$$

式中，$F'(u, v)$ 为去量化后 DCT 系数，加撇号表示和原来的 DCT 系数 $F(u, v)$ 不同，当然误差不会太大，人眼不易察觉。

由以上讨论可见，对 DCT 系数进行量化的目的是对 DCT 系数进行压缩，实际上是用降低 DCT 系数的精度的方法消去不必要的 DCT 系数，从而降低传输位率（bit/s），而这种压缩基本上不会降低图像质量的主观评价，当然本质上对图像是有损害的，所以属于有损编码范畴。

3. 折线扫描（Z 字扫描和 0 游程编码）

如前所述，经 DCT 后，能量主要集中在直流和较低的频率系数上，而变换系数很多是 0，或接近于 0，再加上视觉加权处理和量化，有更多的 0 产生，这些 0 往往是连在一起成串出现。连续 0 的个数叫做 0 的游程，因此抓住这一特点，不对单个的 0 编码，而对 0 的游程编码，无疑会明显提高编码效率。为了制造更长的 0 游程，在编码之前，对变换系数矩阵这个二维数组采用如图 4-14 所示的 Z 字（Zig-Zag）扫描读取方式，图 4-14 中左上角标明 DC 的是直流系数，余下的 63 个交流系数均用 AC 带脚标编号，即 AC_{ij} 其中 i 为行数，j 为列数，i 和 j 均为 0 至 7，所以变换系数的排列顺序为 AC_{01}，AC_{10}，AC_{20}，AC_{11}，…，AC_{11}。即

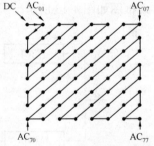

图 4-14　Z 字型扫描示意图

按二维空间频率从低到高排列，由于随空间频率增高 0 出现的概率越来越大。因此，这种数据排列顺序的转变对编码压缩十分有利，特别是很多像块经变换后，64 个变换系数经过 Zig-Zag 排列，排在队尾的很长一串系数全是 0，这时可以根本不需对最后的 0 游程编码，而只在位于此 0 游程之前的那个非 0 系数之后加一专用的块结束码（End of Block，简称 EOB，其定义为 8×8 方块结束）就可以结束这个像块的编码，解码端收到 EOB 后自动补 0，直到补足 0 个系数为止，因此又可节省不少传输码率。

任务 4.6　子 带 编 码

子带编码的基本思想是利用带通滤波器组将信道频带分割成若干个子频带，将子频带搬移至零频处进行子带取样，再对每一个子带用一个与其统计特性相适配的编码器进行图像数据压缩。在接收端，解码时在接收端将解码信号搬移到原始频率位置，然后同步相加合成为原始信号。1976 年子带编码技术首次被应用于语音编码，1986 年 Woods 等将子带编码又引入到图像编码，此后子带编码在视频信号压缩领域得到了很大发展。目前，已经研制出采用子带编码技术的具有演播室质量的 140Mbit/s 的 HDTV 硬件编解码系统。

子带编码有三个突出的优点：

（1）一个子带内的编码噪声（失真）在解码后只局限于该子带内，不会扩散到其他子带，这样，即使有的子带信号较弱，也不会被其他子带的编码噪声所掩盖。

（2）可以根据主观视觉特性，将有限的数码率在各个子带之间合理分配，有利于提高图像的主观质量。因此，在相同的压缩比下，子带编码的图像质量略高于不划分子带而直接进行 DCT 的图像质量。

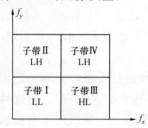

图 4-15　二维频带分割

（3）通过频带分裂，各个子带的取样频率可以成倍下降，例如，若分成频谱面积相同的 N 个子带，则每个子带的取样频率可以降为原始图像信号取样频率的 $1/N$，因而可以减少硬件实现的难度，便于并行处理。

4.6.1　子带编码的原理

子带编码由于其本身具备的频带分裂特性，非常适合于分辨率时分多级的视频编码。如图 4-15 所示，将 HDTV 信号的二维频谱分裂成 LL（水平低通，垂直低通）、LH（水平低通、垂直高通）、HL（水平高通、垂直低通）、HH（水平高通、垂直高通）4 个面积相等的子带。其实现框图如图 4-16 所示。

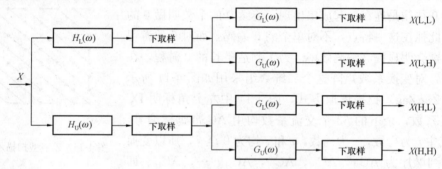

图 4-16　二维子频带分割实现框图

发送端将全部 4 个子带信号编码传送，接收端若只接收 LL 子带的信号则得到普通分辨率电视图像，若接收全部 4 个子带信号则获得高分辨率电视图像。这样就可以形成 TV/HDTV 两层兼容传输的系统，做到对信道和节目源的合理利用。根据同样的道理，当信道带宽容量受限制时，可以利用子带编码的上述特点实现逐渐浮现式接收显示，即发送端以较低的码率先传 LL 子带，接收端开始得到一个低分辨率的基本图像，而后发送端陆续传出 LH、HL、HH 各高频子带，接收端随着收到的高频子带的增加，图像分辨率逐渐提高，图像质量逐渐增强。

在子带编码中，每个子图像都可以用一个适合于该图像的概率和视觉特性来分配比特率进行编码。实验表明，对于典型图像而言，图像的 95% 以上存在于 LL 频段，应该较多地分配比特，而其他高频段中包含的图像信息较少，可以采用较少的比特。

4.6.2　子带滤波分解

子带分解的关键技术是正确选用实现无失真子带分裂和复原所需的解析综合滤波器组。该系统中，裂带和复原应是互补的，即如果不考虑由编码、传输和解码引起的信号失真，则信号通过解析滤波器裂带，再直接由综合滤波器复原重建的信号应无失真或近似无失真。理想的裂带和复原只有在使用理想滤波器的条件下才能实现，但这是不现实的。采取普通的低、高通滤波器不可避免会在重建图像中引起混叠损伤，因此，必须采取专门的滤波器设计技术解决这一问题。

为了理解图像子带分解的原理，我们借助于图 4-17 所示的一维二子带编码系统框图，来说明一维信号分解为两个等宽的子带的频谱关系。

图中 $H_L(\omega)$ 和 $H_U(\omega)$ 分别为低通和高通解析滤波器，$F_L(\omega)$ 和 $F_U(\omega)$ 分别为低通和高通综合滤波器，↓表示下取样，↑表示上取样。

在编码端，由于 2：1 丢下取样，即 2 个样点中取 1 个样点，信号相当于在时间轴上压缩了一半，因此，频谱相应地在频率上扩展了 1 倍。由于事先已经把信号分为低频子带和高频子带，只要滤波器的滤波的特性是理想的，两个子带信号就不会产生频谱混叠干扰。

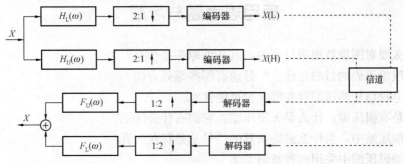

图 4-17 一维二子带编码、解码框图

实际的滤波器的特性不是理想的，因此在实际应用中，必须允许在低通和高通滤波器的通带间有一个重叠。例如采用正交镜像滤波器，其相邻的子带滤波器衰减斜率互为镜像，是一种混叠的分解——综合滤波器。利用此分解——综合滤波器可以很好地解决子带之间的混叠。

项 目 小 结

1. 信源编码就是在图像、声音信号进行 PCM 编码后，再对图像、声音信号的数据通过减少冗余，进行数据压缩的处理过程，是数字电视信号处理的一个重要组成部分。

2. 图像数据压缩机理来自两个方面：一是图像信号中存在大量冗余可供压缩，并且这种冗余度在解码后还可无失真地恢复；二是利用人眼的视觉特性，在不被主观视觉察觉的容限内，通过减少表示信号的精度，以一定的客观失真换取数据压缩。

3. 图像压缩编码的过程分三步完成：

(1) 对表示信号的形式进行某种映射，即变换一下描写信号的方式。

(2) 在满足对图像质量一定要求的前提下，减少表示信号的精度，通过符合主观视觉特性的量化来实现。

(3) 利用统计编码（例如 Huffman 码）消除统计冗余度。

4. 图像压缩编码的算法。图像编码压缩方法根据不同的方法可产生不同的分类可分为：

(1) 根据图像质量有无损失可分为有损压缩编码和无损压缩编码。

(2) 按照其作用域在空间域或频率域可分为：空间方法、变换方法和混合方法。

(3) 根据是否自适应可分为自适应编码和非自适应编码。

5. 预测编码主要是减少数据在时间和空间上的相关性，是一种有损压缩。空间冗余和时间冗余均采用预测编码。空间冗余是反映了一帧图像内相邻像素之间的相关性，可采用帧内预测编码；时间冗余是反映了图像帧与帧之间的相关性，可采用帧间预测编码。

6. 统计编码是利用信息论的原理减少数据冗余。根据信息论的原理，可以找到最佳数据压缩编码方法，数据压缩的理论极限是信息熵。

7. 变换编码：在图像数据压缩技术中，正交变换编码（以下简称变换编码）与预测编码一起成为最基本的两种编码方法。变换编码的基本思想是将在通常的欧几里得几何空间（空间域）描写的图像信号变换到另外的正交向量空间（变换域）进行描写。

项目思考题与习题

1. 为什么要对图像数据进行压缩，其压缩原理是什么？

2. 图像压缩编码的目的是什么？目前有哪些编码方法？

3. 数字电视信号的压缩存在哪几种可能性？

4. 什么是有损压缩；什么是无损压缩？它们有什么区别？

5. 在无损压缩中，为什么最终恢复的信号总是存在失真？

6. 预测编码压缩中采用何种预测方法？

7. 运动补偿预测是如何进行的？

8. 对符号的概率分别为 0.5，0.2，0.1，0.15，0.5 进行 Huffman 编码。

9. 对符号串为"1000"进行算术编码。

10. 简述变换编码的过程。

11. M 维 8×8 DCT 系数的空间频率分布和能量分布如何？

12. 设某一 8×8 色度像素块，经 DCT 和 Z 字扫描后，得到如下数据排列结果：（75，0，-1，0，0，-2，0，1，EOB），请写码字，并求出压缩比（设前一像块的直流系数为72）。

13. 在电视图像数据压缩中采用子带编码有哪些优点？

项目 5　数字电视信号的信源编码

【内容提要】

（1）帧内图像的压缩编码采用 JPEG 标准．对 8×8 像块进行 DCT。在量化，Z 字型扫描，采用可变字长熵编码。

（2）帧间编码（运动图像编码）则采用的是 MPEG-2 的方法，即 DPCM 方式，根据运动估计，得到 P、B 帧图像。

（3）MPEG 的级与型给出不同的图像格式解码兼容性及分级编码结构。

（4）语音编码采用的是 MPEG-2 和 AC-3 编码方式。

（5）数字电视信号的数据流形成与复用。

【本章重点】

帧间编码、MPEG 的级与型、语音编码的 MPEG-2 和 AC-3 的编码方式。

【本章难点】

帧间编码、MPEG 的级与型。

数字电视信号的信源编码主要包括视频信源编码和音频信源编码。对于视频图像信源，静止图像的编码采用 JPEG 标准，而对于运动图像信号则采用 MPEG 标准，对于音频的信源编码则采用 MUSIC AM 编码器和 AC-3 编码器。

任务 5.1　帧　内　编　码

数字电视信号的视频信源编码在帧内编码，完全采用 JPEG 标准编码方式。

5.1.1　JPEG 标准

JPEG（Joint Photographic Experts Group）是联合照片（静止）图像专家组的缩写。该标准于 1992 年正式通过。它不仅适用于静止图像的压缩编码，而且也适用于电视图像序列的帧内压缩编码。

JPEG 标准包括了两种压缩方法，即有损压缩和无损压缩。有损压缩是以 DCT 为基础。压缩比高，而无损压缩是以预测压缩为基础，压缩比小。

电视图像信号的帧内压缩采用的是 JPEG 标准压缩中的有损压缩，即基于 DCT 的压缩方式，而运动图像则采用 MPEG 标准压缩。

5.1.2　JPEG 编码原理

JPEG 编码原理如图 5-1 所示。

1. 8×8 像素块

将一幅静止图像在水平方向上切成条，然后再切成块，称为宏块，再切成 4 个小块。每个小块中包含 8×8 像素块。

例如，某 8×8 点的原始亮度块的样值 $f(x,y)$ 见表 5-1。为了提高编码效率，在对 $f(x,y)$ 作 DCT 之前，先将电平下移 $2^7=128$，电平下移后 $f(x,y)$ 的像块的值见表 5-2。

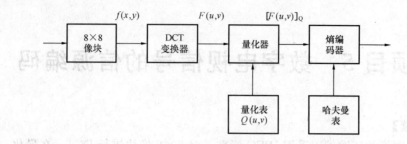

图 5-1　JPEG 编码原理框图

表 5-1　　　　　　　　　　　　　　　　原始样值 f (x, y)

139	144	149	153	155	155	155	155
144	151	153	156	159	156	156	156
150	155	160	163	158	156	156	156
159	161	162	160	160	159	159	159
159	160	161	162	162	155	155	155
161	161	161	161	160	157	157	157
162	162	161	163	162	157	157	157
162	162	161	161	163	158	158	158

表 5-2　　　　　　　　　　　　　　　　电平下移后的 f (x, y)

11	16	21	25	27	27	27	27
16	23	25	28	31	28	28	28
22	27	32	35	30	28	28	28
31	33	34	32	32	31	31	31
31	32	33	34	34	27	27	27
33	33	33	33	32	29	29	29
34	34	33	35	34	29	29	29
34	34	33	33	35	30	30	30

2. DCT

将表 5-2 的图像样值送入到 DCT 变换器，变换到频率域的 DCT 系数 F (u, v)，见表 5-3，其中直流系数最大，低频系数次之，高频系数最小。其目的是去除图像数据中的空间冗余。

表 5-3　　　　　　　　　　　　　　　　作 DCT 后的系数 F (u, v)

235.6	−1.0	−12.1	−5.2	2.1	−1.7	−2.7	1.3
−22.6	−18.5	−6.2	−3.2	−2.9	−0.1	0.4	−1.2
−10.9	−9.3	−1.6	1.5	0.2	−0.9	−0.6	−0.1
−7.1	−1.9	0.2	1.5	0.9	−0.1	0.0	0.3
−0.6	−0.8	1.5	1.6	−0.1	−0.7	0.6	1.3
1.8	−0.2	−1.6	−0.3	−0.8	1.5	1.0	−1.0
−1.3	−0.4	−0.3	−1.5	−0.5	1.7	1.1	−0.8
−2.6	1.6	−3.8	−1.8	1.9	1.2	−0.6	−0.4

表 5-4　　　　　　　　　　　　　　　　量化后的系数 $F(u, v)$

15	0	−1	0	0	0	0	0
−2	−1	0	0	0	0	0	0
−1	−1	0	0	0	0	0	0
0	0	0	0	0	0	0	0
0	0	0	0	0	0	0	0
0	0	0	0	0	0	0	0
0	0	0	0	0	0	0	0
0	0	0	0	0	0	0	0

3. 量化器

将经过 DCT 后的系数 $F(u, v)$ 送入量化器，而量化器则需要经过量化表运算得到量化后的系数 $[F(u, v)]_Q$。表 5-4 所示为归一化量化系数。

量化表分为亮度量化表和色度量化表。量化表的主要依据是：

（1）区域滤波，可以按空间频率将变换系数矩阵分成几个区域，每一区域取一种量化级数，量化级数随空间频率的增加而减少，对于很高的空间频率则可舍去不传。

（2）更细致的量化方法是根据视觉特性（通过主观实验确定），对于变换系数矩阵中的每个变换系数分别乘以一个视觉加权系数，这一加权系数随空间频率的增长而逐渐减小。在对每个变换系数加权处理后，再统一采用一个通用的量化器进行量化。这一过程实际上相当于对不同的变换系数采用粗、细不同的量化。

（3）直接对 DCT 系数进行符合人眼视觉特性的非均匀量化，在 JPEG 标准中，每次处理 8×8 个 DCT 系数。因此量化表也有 8×8 个数值。量化表分亮度和色度两种，分别见表 5-5 和表 5-6。

量化过程即用量化表去除 DCT 系数，所得数值用四舍五入取整数，即由下式求得

$$F(u, v)_Q = 取整数[F(u, v) / Q(u, v)]$$

表 5-4 中 $[F(u, v)]_Q$ 的数值就是由表 5-3 中的 $F(u, v)$ 除以表 5-5 中的 $Q(u, v)$ 的数值取整数而得到的。

表 5-5　　　　　　　　　　　　　　　　亮度量化表 $Q(u, v)$

17	18	24	47	99	99	99	99
18	21	26	66	99	99	99	99
24	26	56	99	99	99	99	99
47	66	99	99	99	99	99	99
99	99	99	99	99	99	99	99
99	99	99	99	99	99	99	99
99	99	99	99	99	99	99	99
99	99	99	99	99	99	99	99

表 5-6　　　　　　　　　　　　　色度量化表分 $Q(u, v)$

16	11	10	16	24	40	51	61
12	12	14	19	26	58	60	55
14	13	16	24	40	57	69	56
14	17	22	29	51	87	80	62
18	22	37	56	68	109	103	77
24	35	55	64	81	104	113	92
49	64	78	87	103	121	120	101
72	92	95	98	112	100	103	99

4. Z 字型扫描

在编码之前需要将二维的变换系数转换为一维的序列。由于量化之后的右下角高频系数大部分为 0，采用 Z 字扫描得到许多 0，可采用游程编码，提高码的效率。遇到连续的 0 后，用 EOB（End of Block）结束，表示块结束。如本例中，对表 5-4 量化后的系数 $F(u, v)_Q$ 进行 Z 字型扫描，得到一维序列

$$(15, 0, -2, -1, -1, -1, 0, 0, -1, \text{EOB})$$

5. 熵编码器

针对不同的系数，采用不同的编码方式：

（1）由于直流系数 $F(0, 0)$ 反映的是像块中的直流成分，通常很大，又由于两个相邻像块之间具有很大的相关性，一般采用差分编码，即

$$\Delta \text{DC}_i = F_i(0, 0) - F_{i-1}(0, 0)$$

其中，$F_i(0, 0)$ 表示当前像块的直流系数，$F_{i-1}(0, 0)$ 表示当前像块的前一块直流系数。如本例中，假设 $F_{i-1}(0, 0) = 12$，则 $\Delta \text{DC}_i = 3$，那么 $F(u, v)_Q$ 又可写成

$$(3, 0, -2, -1, -1, -1, 0, 0, -1, \text{EOB})$$

（2）时系数序列分组、把每个非零系数和它前面相邻的所有 0 分在一组，如上述序列分为

$$\{ (3); (0, -2); (-1); (-1): (-1); (0, 0, -1); \text{EOB} \}$$

（3）查表。第 1 组为直流系数，振幅为 3，查如表 5-7 所示正负值振幅表，得到位长为 2，因此可表示为 ［(2), (3)］。说明：直流系数为 ［(符号 1), (符号 2)］，其中符号 1 表示位长，符号 2 表示幅度。

表 5-7　　　　　　　　　　　　　　正负值振幅表

位　　长	振　　幅	码　　字
0	0	—
1	−1.1	0.1
2	−3, −2, 2, 3	00, 01, 10, 11
3	−7, …, −4, 4, …, 7	000, …, 011, 100, …, 111
4	−15, …, −8, 8, …, 15	0000, …, 0111, 1000, …, 1111
⋮	⋮	⋮
16	32 768	—

第 2 组为交流系数，振幅为-2，查表 5-7，得到位长为 2，由于本组内有一个 0，因此可表示为［(1，2)，(-2)］。说明：交流系数为［(符号 1)，(符号 2)，(符号 3)］，其中符号 1 表示本组中 0 的个数，符号 2 表示位长，符号 3 表示幅度。

依此类推，可得转换序列如下

{［(2)，(3)］;［(1，2)，(-2)］;［(0，1)，(-1)］;［(0，1)，(-1)］;［(0，1)，(-1)］;［(2，1)，(-1)］;(0，0)}

6. 对符号序列进行编码

本次编码采用可变字长熵编码。亮度信号与色度信号的可变字长熵编码是不同的。本例为对亮度信号进行编码。

(1) 对于第 1 组直流符号［(2)，(3)］，符号 1 的位长值为 2，查表 5-8，得到 011。符号 2 的振幅值为 3，查表 5-7，得到 11，故对应的码字为 01111。

表 5-8 亮度直流差分表

位　　长	位　　数	码　　字
0	2	00
1	3	010
2	3	011
3	3	100
4	3	101
5	3	110
6	4	1110
7	5	11110
8	6	111110
9	7	1111110
10	8	11111110
11	9	111111110

(2) 对于第 2 组交流符号［(1，2)，(-2)］，符号 1 和符号 2 为 (1，2)，查表 5-9，得到 11011。符号 3 的振幅值为-2，查表 5-7，得到 01，故对应的码字为 1101101。

对于后面的各组交流系数，都可依据上述方法求得。最后一组 (0，0)，可从表 5-9 查得其 Huffman 码字为 1010。

最后得到全部码字为：01111，1101101，000，000，000，111000，1010。

上述实例的总位数为 31 位，是由 8×8＝64 个取样像素采用 8 位量化所得。为求出其压缩系数，用压缩前的位数除以压缩后的位数，即可求得

$$压缩比＝压缩前的总系数/压缩后的总系数＝8×8×8/31＝16.5$$

表 5-10 和 5-11 分别为色度直流差分表和色度交流系数 Huffman 码字表，其编码步骤与亮度信号的编码相同。

表 5-9　　　　　　　　　　　　　亮度交流系数 Huffman 码字

流程/位长	位数	Huffman 码字	流程/位长	位数	Huffman 码字
0/0（EOB）	1	1010	2/1	5	11100
0/1	2	00	2/2	8	11111001
0/2	2	01	2/3	10	1111110111
0/3	3	100	2/4	12	111111110100
0/4	4	1011	2/5	16	1111111110001001
0/5	5	11010	2/6	16	1111111110001010
0/6	7	1111000	2/7	16	1111111110001011
0/7	8	11111000	2/8	16	1111111110001100
0/8	10	1111110110	2/9	16	1111111110001101
0/9	16	1111111110000010	2/A	16	1111111110001110
0/A	169	1111111110000011	3/1	6	111010
1/1	4	1100	3/2	9	111110111
1/2	5	11011	3/3	12	111111110101
1/3	7	1111001	3/4	16	1111111110001111
1/4	9	111110110	3/5	16	1111111110010000
1/5	11	11111110110	3/6	16	1111111110010001
1/6	16	1111111110000100	3/7	16	1111111110010010
1/7	16	1111111110000101	3/8	16	1111111110010011
1/8	16	1111111110000110	3/9	16	1111111110010100
1/9	16	1111111110000111	3/A	16	1111111110010101
1/A	16	1111111110001000	4/1	6	111011

表 5-10　　　　　　　　　　　　　色度直流差分表

位　长	位　数	码　字
0	2	00
1	2	01
2	2	10
3	3	110
4	4	1110
5	5	11110
6	6	111110
7	7	1111110
8	8	11111110
9	9	111111110
10	10	1111111110
11	11	11111111110

表 5-11 色度交流系数 Huffman 码字

流程/位长	位数	Huffman 码字	流程/位长	位数	Huffman 码字
0/0（EOB）	2	00	2/1	5	11010
0/1	2	01	2/2	8	11110111
0/2	3	100	2/3	10	1111110111
0/3	4	1010	2/4	12	111111110110
0/4	5	11000	2/5	15	111111111000010
0/5	5	11001	2/6	16	1111111110001100
0/6	6	111000	2/7	16	1111111110001101
0/7	7	1111000	2/8	16	1111111110001110
0/8	9	111110100	2/9	16	1111111110001111
0/9	10	1111110110	2/A	16	1111111110010000
0/A	12	111111110100	3/1	5	11011
1/1	4	1011	3/2	8	11111000
1/2	6	111001	3/3	10	1111111000
1/3	8	11110110	3/4	12	111111100111
1/4	9	111110101	3/5	16	1111111110010001
1/5	11	11111110110	3/6	16	1111111110010010
1/6	12	111111110101	3/7	16	1111111110010011
1/7	16	1111111110001000	3/8	16	1111111110010100
1/8	16	1111111110001001	3/9	16	1111111110010101
1/9	16	1111111110001010	3/A	16	1111111110010110
1/A	16	1111111110001011	4/1	6	1111010

5.1.3 JPEG 解码原理

JPEG 解码原理框图如图 5-2 所示。

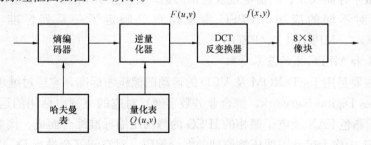

图 5-2 JPEG 解码原理框图

JPEG 解码是编码的逆过程。仍以上述例子为例，说明 JPEG 解码的过程。

例如收到的是 {0111111101101000000000001110001010} 这 31 个码。

解码步骤如下：

（1）确定直流分量。

求直流系数的位长，查表 5-8，只有 011 与码流相符，对应的位数为 2，接着查表 5-7，由于位长为 2，只有 11 与码流相符，幅度为 3。则第 1 组直流符号为 [（2），（3）]，译为（3）。

（2）确定第 1 个交流系数。

去掉直流系数后的码流为（1101101000000001110001010），查表 5-9，只有 11011 与码流相符，对应的位数为（1，2），接着查表 5-7，由于位长为 2，只有 01 与码流相符，幅度为 −2。则第 1 组交流系数符号为 [（1，2），（−2）]，译为（0，−2）。

然后再去掉第 1 个交流系数的码流 1101101，冯流为 {0000000001110001010}，查表 5-9，只有 00 与码流相符，对应的位数为（0，1），接着查表 5-7，由于位长为 1，只有 01 与码流相符，幅度为 −1。则第 2 组交流系数符号为 [（0，1），（−1）]，译为（−1）。依此类推，译出其后各码，得（3，0，−2，−1，−1，−1，0，0，−1，EOB）。

（3）将步骤 3 与前一像块的直流系数相加，得到本像块的直流系数为 15。即

$$（15，0，−2，−1，−1，−1，0，0，−1，EOB）$$

（4）将此序列送入逆量化器，得到 $F（u，v）$。

再进入 DCT 反变换器，得到 8×8 的像素块的样值，再作电平平移，得到了原像素块的样值。

尽管重建图像与原图像有些误差，这是由于量化所引起的，只要将这个误差控制在一定的范围内，人眼的视觉是不易察觉的。

任务 5.2　数字电视视频信号的帧间编码

数字电视视频信号的帧间编码则采用的是 MPEG 中的 MPEG-2 标准。无论是美国的 ATSC，还是欧洲的 DVB 及日本的 ISDB-T，都是采用 MPEG-2 作为信源编码的标准。我国的数字卫星电视和数字有线电视的信源编码也是采用 MPEG-2 标准。

5.2.1　MPEG 标准简述

MPEG（Moving Picture Experts Group）是运动图像活动专家组的英文缩写。主要任务是对应用于数字存储媒介、广播电视及通信的运动图像及其相关声音制定一种通用的数字编码标准。针对不同的应用，MPEG 专家组现已制定了一系列标准，如 MPEG-1、MPEG-2、MPEG-3、MPEG-4、MPEG-7。

1. MPEG-1 和 MPEG-2 的基本特征

MPEG-1 主要是用于 CD-ROM 及 VCD 的运动图像压缩标准，它通过继承与 ISDN（Integrated Services Digital Network，综合业务数字网）对应的可视电话用的运动图像压缩标准 H.61 和用于彩色 FAX 及电子照相的 JPEG 的静画压缩标准综合而成。例如，在 MPEG-1 中采用了 H.261 中作为运动图像压缩原理的混合编码、对空间冗余进行 DCT 及量化、对时间冗余进行运动补偿、对信息熵冗余进行可变长编码以及用量化控制编码量的产生等，它同时又继承了 H.261 中以宏块为基本编码单位的基于宏块（16×16 像素）的运动检出和基于块（8×8 像素）的 DCT。

在继承 JPEG 的成果方面，主要是利用量化矩阵提高对空间冗余的压缩效率。

此外，在 MPEG-1 中，主要在预测中增加了 B 图像，用以提高运动图像数据压缩效率

的双向预测；用以提高精度的以半像素为运动矢量处理单元，并在 GOP 中定期加入 1 图像以实现随机存取。

　　MPEG-2 则全部继承 MPEG-1 的成果，它本身的新思路具有：与交织图像对应基于场的预测和 DCT；用双元预测（Dual Prime Prediction）的强化预测方式；采用空间、时间及信噪比可分级的特性以及进一步提高对空间冗余压缩效率的非线性量化级及交替扫描。同时，由于考虑到与 MPEG-1 的向下兼容性，并为了满足从通信、广播、计算机到家用电器产品及不同的数字 HDTV 体系要求，MPEG-2 根据技术复杂程度，将各类应用划分成 5 型不同的压缩方法和 4 级不同的分辨率，总共有 11 种单独的技术规范，见表 5-12。

表 5-12　　　　　　　　　　　　　　　MPEG 级和型的定义与组合

级		型				
		简单型 SP	基本型 MP	信噪比可分级型 SNRP	空间可分级型 SSP	最强型 HP
高级 HL	1920×1080×30 1920×1152×25	—	MP@ML 80Mbit/s	—	—	HP@HL 全部层 100Mbit/s 底层 25Mbit/s
高级 H1440L	1440×1080×30 1440×1152×25	—	MP@H1440 60Mbit/s	—	SSP@H1440 全部层 60mbit/s 底层 15Mbit/s	HP@H1440 全部层 80Mbit/s 底层 20Mbit/s
基本级 ML	720×480×30 352×288×25	SP@ML 15Mbit/s	MP@ML 15Mbit/s	SNP@ML 全部层 15Mbit/s 底层 10Mbit/s	—	HP@ML 全部层 20Mbit/s 底层 4Mbit/s
低级 LL	352×240×30 352×288×25	—	MP@ML 4Mbit/s	SNP@LL	—	—
备注	采用的亮色比	4:2:0	4:2:0	4:2:0	4:2:0	4:2:0 4:2:2
	可分级能力等	无分级 无 B 图像	无分级	有 SNR 分级	有空间分级 和 SNR 分级	有空间分级 和 SNR 分级

2. 压缩方法的"级"和"型"

　　MPEG-2 图像压缩标准制定的"级"和"型"方法使压缩标准具有很大的灵活性、实用性。使对数字化视、音频信号的压缩能提供多个可选择方法和步骤。从简单活动图像（可视电话）到 HDTV 的处理，都可找到相应可采用的级和型。所谓级（等级）是指 MPEG-2 的输入格式，即一幅图像在水平方向与垂直方向上的像素，从有限清晰的 VHS 质量图像到 HDTV 图像，每一种输入格式编码后都有一个相应的范围。除了在格式方向提供灵活性之外，MPEG-2 还有不同的处理方法，称为型（档次）。每一型都规定了不同的压缩方法，不同的型意味着使用不同集合的压缩码率工具。型和级组合共有 20 种，其中已有 11 种是可用的，见表 5-12。

　　表 5-12 中，级的一栏数表示 4 种图像的清晰度，即亮度有效像素。高级是 1920 像素/行，1152 行/帧；低级是 352 像素/行，288 行/帧。表中 11 种组合数据是指像素传输速率，

即最高速率为 100Mbit/s，最低速率为 4Mbit/s。码率高图像质量好，占用的频带也越宽。码率的选用与图像的内容有很大关系，运动内容较多的图像如体育节目，需要较高的码率。

信噪比（SNR）可分级型是指在多层次比特流中，只利用低层次（量化较粗）比特中的 DCT 系数进行二次量化成为较高层次（量化变细）的比特流，低比特率在传输时误码率低，故取名为 SNR 可分级型。4∶2∶2 型是主型的扩展型，主要由 Tektronix 公司和 SONY 公司在主型的基础上推出的更适合于演播室视频节目制作要求的数据压缩处理方法，有时记为 4∶2∶2MP@ML（主型主级）。它用于数字电视广播（DVB）、数字视盘（DVD）、数字有线电视及交互式电视，是使用最广泛的一种规格。

3. MPEG 中 3 种帧的概念

MPEG-1 和 MPEG-2 的编码方式不是把数字电视的每帧图像依次传送，而是采用一种独特的方法，把要传送的图像重新定义为 3 种帧图像。

第 1 种为帧内编码帧，简称 I 帧。该帧内的图像信号为全帧编码传送，编码采用 JPEG 压缩标准。

第 2 种为前向预测编码帧，简称 P 帧。P 帧只传送在它前面的 I 帧的差值信息，称为预测误差。该差值信息可看成是运动图像的变化部分。P 帧是在 I 帧的基础上获得的。P 帧前面如果不是 I 帧而是 P 帧，也可以由前面的 P 侦获得预测误差，见图 5-3 所示。

第 3 种为双向预测内插编码帧，简称 B 帧。B 帧是根据它前面的 I 帧（或 P 帧）和后面的 P 帧来获得预测误差的，见图 5-4 所示。由于 B 帧传送它前面的 I 帧（或 P 帧）与后面的 P 帧之间的预测误差，故称为双向预测。这种传送双向预测误差的方法是 MPEG 的特点。I 帧和 P 帧或 P 帧和 P 帧之间一般可以内插两个 B 帧。

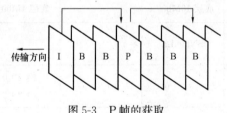

图 5-3　P 帧的获取

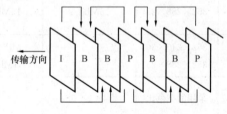

图 5-4　B 帧的获取

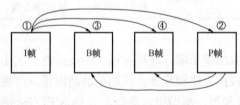

图 5-5　帧间编码示意图

图 5-5 所示为帧间预测的示意图。由于 I 帧需前后帧提供信息图像，其压缩采用 JPEG 标准编码，即帧内压缩编码，而 P 帧则需要前面一个 I（或 P）帧提供前向动态预测，即需要根据此 I（或 P）帧产生差分信息。B 帧则需要来自前向或后向的预测，即前面的 I（或 P）帧及后面的 P 帧提供差分信息，两个 B 帧都要求双向预测，但差分值不同。

4. MPEG 的数据结构

MPEG-1 和 MPEG-2 的数据结构是相同的，共分为 6 层，即视频序列、图像组、图像、像条、宏块和像块，如图 5-6 所示。

第 1 层为块，这是编码的第 1 步。它是由 8 像素×8 行的亮度成分或色差成分构成的，在编码中它是 DCT 处理单元。

第 2 层为宏块，它是由 16 像素×16 行的亮度成分和在图像中空间位置对应的两个 8 像素×8 行的色差成分构成。一个宏块由 4 个亮度块和 2 个色差块（1 个 C_B 和 1 个 C_R）组成，这是进行运动补偿和运动估计的单元。

第 3 层是片，它是图像上从左到右完整的一条图像，也是若干个宏块的集合。片与片之间不能重复或有间隙，最初的片必须从图像最初的宏块开始，最后的片必须到图像最后的宏块结束。在信号处理中，片是同步恢复单元。

第 4 层是图像，它是由若干片构成的一幅完整图像，这种图像可以是内部编码图像（I 图像），也可以是预测编码图像（P 图像）。它是构成活动图像的基本单位，在信号处理中，它是基本编码单元。

第 5 层是图像组，它是由几幅编码图像组成。图 5-6 中的图像组由 1 幅 I 图像、2 幅 P 图像和 5 幅 B 图像组成一

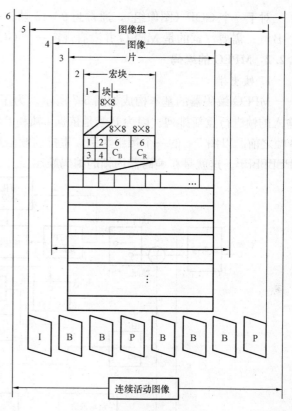

图 5-6   MPEG 视频数据结构

个固定的组，叫图像组。组内开头的编码图像必须是 I 图像，结尾用 I 图像或 P 图像，不用 B 图像。编码流中图像的顺序必须与重放时解码器处理的顺序相同，每一组是视频图像随机存取单元。

第 6 层是序列，它是表现连续图像的比特流。序列从序列头开始，其后可接 1 个或数个图像组，最后用 1 个序列尾码结束，各个序列构成能够连续重放的图像。在序列头中，量化矩阵以外的数据元素必须和最初的序列相同，这样在序列头中就可以进行随机存取了，可见序列是节目内容（连续图像）的随机存取单元。

上述 6 层就表示出了比特流中的数据结构。由此也可看出 MPEG 标准中对视频信号处理的层次及相互关系。各层的功能见表 5-13。

表 5-13 各层的功能

序号	层	功 能
1	块	DCT 处理单元
2	宏块	运动补偿与运动估计单元
3	片	同步恢复单元
4	图像	基本编码单元
5	图像组	视频随机存储单元
6	序列	节目内容随机存储单元

对于一个 GOP（图像组），通常为 9～15 帧，一对 I、P 帧或 P、P 帧之间可以有 2 或 3 个 B 帧。需要注意的是 MPEG 并没有规定一个 GOP 的长度，设计者可自行确定。

5.2.2　MPEG 的编码

1. 帧重排

MPEG 编码器的基本构成如图 5-7 所示。为了便于 P 帧和 B 帧的处理，编码时首先对输入的帧进行重新排列。因为 B 帧是依据 I 帧和 P 帧获得的，所以重排的原则是将 P 帧排在 B 帧之前。以图 5-6 的一个帧组为例，重排前帧的顺序为 IBBPBBBP，重排后帧的顺序变为 IPBBPBBB。这就是在编码器内帧的编码顺序。

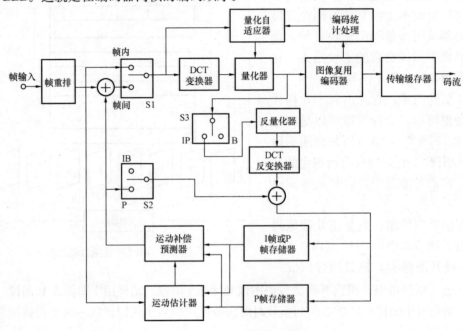

图 5-7　MPEG 编码方框图

2. I 帧编码

I 帧编码完全采用 JPEG 静止图像编码的方式。当输入 I 帧时，开关 S1 和 S2 置于上方，S3 置于左边。在对 I 帧编码时，按片的顺序进行，在片内以宏块为单位进行编码，逐一编码，直到 I 帧编码结束。接着将 S1 和 S2 置于下方对 P 帧进行编码。

编码的第 1 步是对帧内各宏块进行 DCT。变换的目的是将空域中的每块 8×8 的像素值变换到频域，成为各种频率系数，其中高频系数反映图像细节。变换后的频率系数送到量化器，量化器在量化自适应器的控制下对频率系数进行量化，量化自适应器决定量化表和量化步长，量化器根据量化表和量化步长对频率系数进行量化，总的原则是：对 I 帧采用精量化；对 P 帧和 B 帧，因其频率系数主要是高频成分，采用粗量化。

I 帧进行精量化时，按图像内容分类，做出多种专用量化表。将 ≥0.5 的系数进行保留，在不影响图像清晰度前提下，将 <0.5 的系数视为 0。按宏块图像反差和输出码率的高低调整量化表和量化步长。可见，量化表和量化步长直接影响输出码率，因此在决定量化表和量化步长时，必须检测图像复用编码器输出的码率。为此在图像复用编码器的输出中反馈一路送到编码统计处理器，对各片、各宏块的码率进行统计分析，及时检测与最高码率的差距，

并把此差距送入量化自适应器，以决定最佳的量化表和量化步长，这种快速自适应量化是保证图像质量的关键。

P 帧和 B 帧进行粗量化时，将<2 的系数视为 0。对各宏块只需选定量化步长常数，一般不用量化表。量化步长常数仅由输出码率决定。

由于活动图像的频率系数在不断变化，量化不当，重现图像将大受影响。采用这种快速自适应量化器，可随时获得最佳量化的量化表和量化步长，以便充分利用系统的传输码率（既不过剩也不浪费），获得该标准规定的最佳重放图像。

因此，量化器输出的量化频率系数分两路传送：一路经图像复用编码器，与各种辅助信息一起编码后送到传输缓存器，成为码流传输出去；另一路经开关 S3、反量化器和 DCT 反变换器还原成变换前的 I 帧图像数据，送到 I 帧存储器，以供后面的 P 帧和 B 帧编码用。

3. P 帧编码

当帧重排输出 P 帧时，开关 S1 和 S2 置于下方，S3 仍置于左边，此时 P 帧宏块输入运动估计器，I 帧存储器将 I 帧数据也同时输入运动估计器。运动估计器根据 P 帧宏块在 I 帧中找到与之最相近的宏块，以便决定宏块的运动矢量，并用 x 坐标和 y 坐标表示。坐标为正，表示宏块向右、向上运动；坐标为负，表示宏块向左、向下运动。估计器输出的运动矢量分两路：一路送到图像复用编码器等待编码；另一路送到运动补偿预测器，存储器中的 I 帧图像也同时输入此预测器。预测器根据 P 帧宏块位置和运动矢量坐标在 I 帧中找到与 P 帧宏块最相近的匹配宏块。该宏块分两路输出：一路送到加法器；另一路送到开关 S2。在加法器中，匹配宏块与输入的 P 帧宏块相减获得预测误差。

该预测误差经开关 S1、DCT 变换器到量化器。这一过程与处理 I 帧时一样，只是量化步长不同，由量化自适应器控制。输出的量化频率系数，一路供图像复用编码器用；另一路经开关 S3、反量化器和 DCT 反变换器，还原成预测误差数据，再进入加法器，与从运动补偿预测器送入的 I 帧匹配宏块相加，得到 P 帧宏块，存入 P 帧存储器，供后面的 B 帧编码用。

4. B 帧编码

当帧重排输出 B 帧时，开关 S1 仍置于下方，开关 S2 置于上方，S3 置于右边。此时 B 帧宏块输入运动估计器，存储器中的 I 帧和 P 帧也同队输入运动估计器。运动估计器根据 B 帧宏块位置轮换在 I 帧和 P 帧中搜索，找到与之最相近的匹配宏块，确定运动矢量坐标。该矢量坐标分两路输出：一路送到图像复用编码器；另一路送到运动补偿预测器，存储器中的 I 帧和 P 帧也同时送到此预测器。预测器根据 B 帧宏块位置和两个运动矢量，分别找出 I 帧中的匹配宏块和 P 帧中的匹配宏块。

将这两个匹配宏块相加获得帧间预测值。该预测值输出只送到加法器（S2 此时不通），与 B 帧宏块相减后得到预测误差，接着进行 DCT 和量化。该过程与处理 P 帧时相同，只是此时量化的频率系数直接进入图像复用编码器（因开关 S3 不通），与其他辅助信息一起编码后输出。因 B 帧不作为基准，所以不再经反量化器和 DCT 反变换器存入存储器。

5. 图像复用编码器

每帧数据以 8×8 数据块为基本单元送到 JPEG 编码器进行编码。

JPEG 编码器的编码最后根据各基本参数的要求，按块层、宏块层、片层、帧层、帧组层、图像序列层的图像码流分层法，编排成码流经传输缓存器输出。

5.2.3 视频编码的码流结构

经过 MPEG 编码后，6 个视频层次构成的编码视频码流称为视频基本码流（Elementary Stream，ES），如图 5-8 所示。

在图 5-8 中，上面 4 层里都有各自相应的起始码。起始码有其独特的比特模式，一般包括子起始码、序列头和序列扩展，放在数据流的前面，可作为同步识别用。一旦因误码或其他原因使接收码流失去同步时，可从码流中寻找新的起始码重新同步。

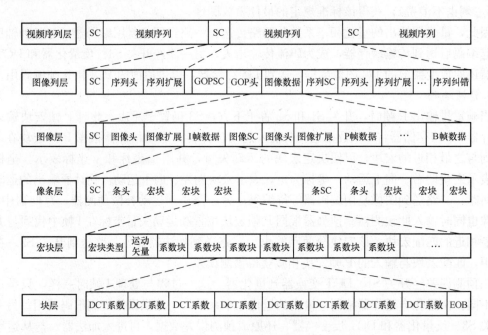

图 5-8　视频基本码流结构

第 1 层是视频序列层，视频序列是由多个编码的视频序列组成，每一个编码的视频序列始是一个序列头，后面跟随一个图像组头，接着是由许多图像（I、P 和 B）组成的一系列 GOP，最后是一个序列终止码。其中，序列头给出了图像尺寸、宽高比、帧频和比特率等数据。后面的序列扩展码给出了型和级、逐行/隔行和色度格式（4：2：0 和 4：2：2）等信息。

第 2 层是图像组层，GOP 头中给出了时间码和紧跟在 I 帧后面的 B 图像的预测特性等信息。

第 3 层是图像层，图像头中给出了时间参考信息、图像编码类型和 VBV（Video Buffering Verifier，视频缓存校验器）延时等信息，图像头后面的图像扩展码给出了运动图像、图像结构（顶场、底场或帧）、量化因子类型和可变长编码 VLC 等信息。

第 4 层是像条层，像条头中给出了像条垂直位置、量化因子码等信息。

第 5 层是宏块层，其中的宏块类型码中给出了宏块属性、运动矢量。

第 6 层是块层，给出了其 DCT 系数。

可见，视频 ES 中完全包含了供接收端正确解码的一切信息（辅助数据和图像数据）。它与压缩后的音频 ES 一起传输时，还需分别打包形成视/音频 PES（打包的 ES）。

任务 5.3　数字电视音频信号的压缩编码

数字声音信号与图像信号一样，通过取样、量化、编码后的数据也非常大。如 CD 机，采用 44.1kHz 取样，16bit 量化，即使单声道，其编码数据也是 $44100 \times 16 = 705.6$(kbit/s)，无法传输与存储。

从信息保持的角度讲，只有当信源本身具有冗余度，才能对其压缩。语音和音乐信号中正是存在着时域信息冗余及频域信息冗余，所以可以进行压缩。这是对音频信号进行压缩的一个理论基础。语音和音乐信号最终是传送给人听的，人的听觉生理-心理特性在整个音频传输过程中起着重要的作用。由于人们的听觉系统存在着某些不敏感效应，对于某些情况下的音频不能被感知，因此从感知效果来看，这些不敏感的音频分量可认为是知觉冗余。如果将这部分冗余压缩掉，可提高编码效率。这是音频压缩的另一个理论基础。

所以对音频数据压缩一般有两个途径：其一为利用信号本身的统计特性，在完全不丢失信息的情况下，进行高效的熵编码（平均信息量编码）；其二是利用人们对音频信号的感知特性，通过省略人们所不能分辨或不敏感的信息来压缩信息量，这就是知觉编码。

针对音频中存在的冗余，目前实用的有熵编码和知觉编码两种方法。

熵编码技术通过解码能不失真地完全再现编码前的数据，因此应用范围很广，但是仅仅利用熵编码，不能实现大压缩比的音频数据压缩，这是因为音频信号中含有"白噪声"分量，对于这种随机信号，按照信息的观点是不可能实行熵压缩的。因此在音频压缩中，还要联合使用知觉编码才能进一步提高编码器的效率。

5.3.1　人耳的听觉特性

在音频信号的知觉编码中，利用了人们听觉的生理-心理特性对感知的影响，例如人耳的掩蔽效应、频域灵敏度以及相位的不敏感特性等。

在人的听觉上，一个较强声音的存在掩蔽了另一个较弱声音的存在，这就是人耳的掩蔽效应。人耳的掩蔽效应是一个较复杂的心理学和生理声学现象，主要表现为频谱掩蔽效应和时间掩蔽效应，如图 5-9 所示。

1. 频谱掩蔽特性

人对各种频率声音可听见的最小声级叫绝对可听域。在 20Hz～20kHz 可听范围内，人耳对频率为 3～4kHz 附近的声音信号最为敏感，对太低和太高频率的声音感觉却很迟钝。图 5-9（a）中，频域部分有一条表示最小可听信号的灵敏度曲线，称作人们听觉的绝对阈限。它是指在寂静时人们听觉所能听到的最低音量。人们的听阈是一条曲线，在 2kHz 左右听阈最低，在 40Hz 以下的低频和 16kHz 以上的高频，听阈最高。图中 30～40dB 有一条起伏不大的水平线，代表一般寂静室内的背景噪声。所以，绝对听阈若不是在消音的实验室中是不可能测定出来的。

从图 5-9（a）中可以看出，在背景噪声的掩蔽下，A 信号及 C 信号均不可能听到。若在消音室中，则 A 信号能听到，而 C 信号由于在绝对听阈以下，故不可能听到。

频率掩蔽效应是指由于在频域上某点强信号的影响，使人们不能听到与其频率接近的较弱的信号。图 5-9（a）中在 3kHz 处有一强信号，因此信号 B 我们也不能听到。虚线为强信号的掩蔽效应。

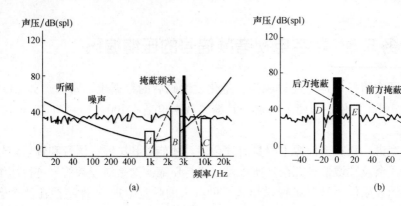

图 5-9　听觉特性

（a）频域；（b）频域

2. 时间掩蔽效应

在时域听觉特性中，处于时间轴某点的强信号，使人们不能听出与其在时间轴上接近的较弱信号。如图 5-9（b）中，在时间轴原点有一强信号，由于其掩蔽效应，使处于其邻近的信号 E 听不到。从掩蔽曲线可看出，在强信号的前面也有一部分掩蔽区，但大部分的掩蔽区则产生于强信号的后面。

实际的听阈是上述所有效应的合成。所有被掩蔽的声音信息就是多余的，因而无需对其进行编码和传送。

处于听阈以下的信号，若用精密的测定仪来测定，则可被证明是确实存在的。仅仅是由于人耳的听觉特性被其他信号掩蔽了，这是听觉心理特性的掩蔽，并不是强的声音信号消除了较弱的声音信号，仅仅反映出人耳的感知特性。

3. 方向掩蔽效应

人耳除具有听觉掩蔽效应外，还不能分别判断频率接近的高频声音信号的方向，在声音编码中可利用此特性，把多个声道的高频部分耦合到一个公共声道，以达到压缩编码的目的。

5.3.2　MPEG-1 音频压缩编码

由于人耳的听阈是一条曲线，各频率间是不相同的，为了最大限度地压缩编码数据，可采用子带滤波器，将整个频段进行分段，分别采用不同的量化长度。MPEG-1 音频编码就是基于子带编码方式。子带编码是把输入信号分割成多个频段（称为子带），用各频段功率的不均匀性，再利用人耳的听觉特性，对各频段独立地进行编码，以减小动态范围，再根据各子带的信号能量采用不同的码长分配比特。频带分割（即形成子带）是利用多个正交镜像滤波器（QMF）的多相滤波器库（PFB）来实现的，它的基本构成如图 5-10 所示。

1. 子带分析滤波器库

16bit 线性量化的 PCM 数字音频信号首先进入子带分析滤波器库进行子带分析。子带分析就是利用 512 抽头的多相滤波器库（PFB）将输入的数字信号分割成 32 个频段的子带信号。这样按时域分布的输入信号就被转换成由 32 个频段构成的频域信号。

2. 比例因子算法

为了识别各子带信号的响度（即电平幅度），按动态范围一致的标准要求，来提取各子

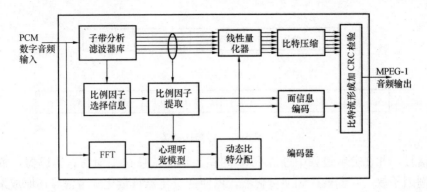

图 5-10　音频编码器的组成

带信号的比例因子。

比例因子的计算方法如下：

在层 1 格式中对每个频段进行 12 个取样，32 个频段则进行 384 个取样，作为提取比例因子的依据。然后将每个子带的 12 个取样作为一组，搜索绝对值最大的取样，从所给的比例因子表中选择与上述相匹配的数值，作为比例因子。

在层 2 格式中对每个频段的取样数是层 1 格式的 3 倍，为 36 个取样，共 1152 个取样，分组和计算比例因子的方法与层 1 格式相同。

这样，在层 2 中，取样频率的提高，使清晰度和编码质量均得到提升。不过此时的数据量也增加了，导致压缩率降低。为此，在层 2 格式中根据 3 个比例因子的组合分配新的值，以防止压缩率降低。

3. 比特分配

根据心理听觉模型分析，决定各子带的比特分配。在分配前先要从可能利用的总比特中扣除头、CRC 检验和辅助数据等。分配中，要探索具有最小掩蔽噪声比（MNR）的子带，将适用于自带的量化级减小 1 级，求出新的可能分配的比特数。这些工作经过反复进行后，以便使可能分配的比特为正的最小值。

4. 量化

量化在线性量化器中进行，根据比特分配量对各子带信号进行量化。量化后的子带信号就可进行比特压缩了。可见压缩的依据是心理听觉特性，压缩的结果既保证了原有的音质，又省掉了对人耳不起作用的音频信号。这就是 MPEG-1 音频压缩处理的含义。

5. 比特流的形成

压缩后的子带数据与面信息编码器输出的辅助信息一起在比特流形成器中被格式化。在格式化过程中，还要加进循环冗余检验（CRC）码，形成比特流输出，该比特流的形式如图 5-11 所示。层 1 格式和层 2 格式的比特流形式基本相同，只是层 2 格式在比特分配信息之后多了一个比例因子选择信息。因为在层 2 格式中的比例因子是层 1 格式的 3 倍，并且进行了组合和分配了新的值，故需要增加比例因子选择信息，把此信息排在比例因子之前。

5.3.3　MPEG-1 音频解码原理

在了解 MPEG-1 音频编码的基本原理后，其解码过程也就容易理解了。解码器的基本组成如图 5-12 所示，它是按编码器相反的处理过程来解调压缩了的 MPEG-1 音频信号的。

重放时输入的比特流首先进入比特流分解检错器，将比特流分离成头、辅助信息和量化

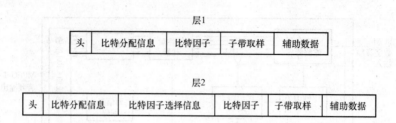

图 5-11　音频比特流

了的子带信号，并在分解过程中进行 CRC 纠错。辅助信息送到面信息解码器，解出比特分配数和比例因子数，它们被送到逆量化器，以便逆量化器将量化子带信号还原成量化前的子带信号，最后利用子带合成滤波器库将子带信号恢复成 16bit 的 PCM 数字信号。这一过程也就是 MPEG-1 音频的解压过程。数字电视的音频是采用层 2 格式。

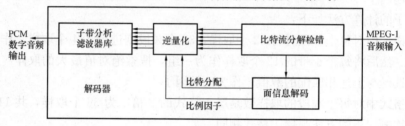

图 5-12　MPEG-1 音频解码器组成原理

5.3.4　AC-3 编码

AC-3 编码技术起源于为高清晰度电视（HDTV）提供高质量的声音，是美国联邦通信委员会（FCC）在 1995 年最后确定的标准。AC-3 编码器接受声音 PCM 数据，最后产生压缩数据流，AC-3 算法通过对声音信号频域表示为粗略量化，可以达到很高的编码增益。其编码过程如图 5-13 所示。

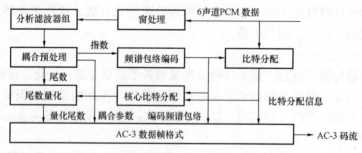

图 5-13　AC-3 编码框图

第一步把时间域内的 PCM 样值变换成频域内成块的一系列变换系数。每块包含 12 个样值，其中 256 个样值在连续的两块中是重叠的，重叠的块被一个时间窗相乘，以提高频率的选择性，然后被变换到频域内。由于前后块重叠，每一个输入样值出现在连续两个变换块内，因此变换后的变换系数可以去掉一半而变成每块包含 256 个变换系数，每个变换系数以二进制指数形式表示，即一个二进制数和一个尾数。指数集反映了信号的频谱包络，对其进行编码后，可以粗略地代表信号的频谱。同时，用此频谱包络决定分配给每个尾数多少比特数。如果最终信道传输码率很低，而导致 AC-3 编码器溢出，此时要采用高频系数耦合技术，以进一步减少码率，最后把 6 块（1536 个声音样值）频谱包络，粗量化的尾数以及相应的参数组成 AC-3 数据帧格式，连续的帧汇成了码流传出去。

AC-3 解码器基本上是编码的反过程，图 5-14 是其原理方框图，AC-3 解码器首先必须与编码数据流同步，经误码纠错从码流中分离出各种类型的数据，如控制参数、系数配置参数、编码后的频谱包络以及量化后的尾数。然后根据声音的频谱包络产生比特分配信息，对尾数部分进行反量化，恢复变换系数的指标和尾数，再经合成滤波器变换到时域表示，最后输出重建的 PCM 样值信号。

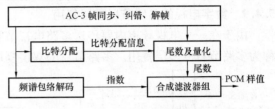

图 5-14　AC-3 解码器原理方框图

任务 5.4　数字电视的基本数据流

5.4.1　数字电视的系统复用

数字电视视频编码系统采用的是 MPEG-2 系统。从信息的流向来看，在发送端，复用系统将各种基本业务如视频、音频、辅助数据等编码器送来的数字比特流，经过一定的处理，复合成单路串行的比特流送给调制解调器。要将多路比特流复合成单路比特流，通常有两种方法：一种是以固定长度的包为单位进行复用，使之成为传输流（Transport Stream，TM）；另一种方法是基于可变长度的包进行复用，使之成为节目流（Program Stream，PS）。传送流的复用（形成）过程如图 5-15 所示。

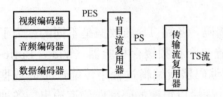

图 5-15　传送流的复用形成过程

1. PES 流与 PS 流

对完整的视频和音频等基本比特流（ES）按一定的长度分段，切割成一个个单元包，称为打包基本流（PES）。PES 包的长度可变化，音频的长度不超过 64kB，而视频一般一帧为一个包。在 PES 中，由于包的长短不一，如果因为误码或数据丢失而导致从某一包开始失去同步，则接收端可通过在固定位置检测它后面的包中的同步字恢复同步。因此，每段之前还需要插入相应的时间标记及相关的标志符。

PS 则是由 1 个或几个具有公共时间基准的 PES 包组合成单一的码流，称为 PS。由于每个 PES 包的长短不一，一旦出现失步，接收机不知道下一同步字的准确位置，从而无法快速恢复同步，这将导致严重的后果——TS 混乱，一般只在信道好的环境中传输，如演播室、VCD 等。

2. 传送流（TS）

由于 TS 在系统复用中切割成一个个固定长度为 188 字节的包，由这些包组成的数据流称为 TS。

TS 将所有的视频和音频的 PES 包（包括其中的包头）都作为传送包的净荷或有效载荷来处理。

TS 的结构侧重传输方面的状态。由于在传输时采用多路复用，各节目之间相互穿插，除了加入同步字、有无差错等标识外，还需加入节目时钟、连续计算和不连续计算、包头标识符（PID）识别是视频、音频，还是辅助信息等。因此 TS 是各种传输设备的基本接口，亦即是各传输系统的连接格式，适用于性能一般的传输信道。

5.4.2 数字电视的多路节目双层复用

由于在一个电视频道内要传送多路电视节目，亦即在一个常规频道内传输多路 TS，则称为多路节目的多层复用。多路节目的双层复用系统框图如图 5-16 所示。

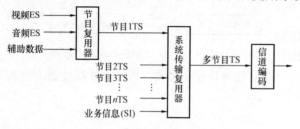

图 5-16 多路节目双层复用系统

首先是节目复用（Program Multiplex），它们具有共同的时间基准；其次是传输复用（Transport Multiplex），彼此间可以有独立的时间基准。

多路节目首先通过多个节目复用器将每套节目复用成 TS，然后再将多个 TS 加到系统传输复用器进一步复用成一路 TS，再去信道编码器。

每套节目的 TS 中，可包含其独有的 PID，以供接收者用来选看所需的节目。在多路节目复用中，还可根据各套节目的内容分配它们以不同的 TS 包数目，实现码率动态复用，达到各套节目都有尽可能好的图像质量。

由于每套节目的内容不同，图像编码采用变字长编码，各路 TS 的数据是不同的。为了使之在恒定速率的信道上传输，必须在编码器末端设置一个视频缓存校验器（Video Buffering Verifier，VBV）。VBV 与编码器输出相连，对编码器或编辑过程中可能产生的数据率的变化加以调整，它暂存码率不恒定的输入数据流，随后以恒速的码率向信道输出。各种不同的复用有不同的码流控制方式。

1. CBR 编码复用方式

在 CBR 编码复用方式中，复用器根据约定为各路节目划定固定的频带，各路信号以恒定的速率独立编码，编码后的比特流经传输复用后再进行传输。码流的控制主要是通过控制量化矩阵 $Q(u, v)$ 的数值大小。

（1）控制缓存器充盈度的方法。

从总码率出发，平均控制各路 TS 数据流的码率，亦即平均调节量化矩阵 $Q(u, v)$ 的数值大小，不考虑图像的复杂度和图像本身的特性，所以控制能力弱，也很难保证图像的质量。

（2）预分配方法。

从总码率出发，平均分配各路 TS 数据流的码率，在一路 TS 中，考虑图像特性，找到一种最佳的 I、P、B 图像编码的比特数的合理分配率，对缓存器的控制能力较强，但对图像的变化度不敏感，易造成图像质量不匀。

（3）TM5（Test Model 5）码率控制方式。

①以图像组为单位平均分配比特数，然后根据图像的复杂程度计算出图像的复杂度。

②根据已编码的实际比特数与目标比特数的情况，利用虚拟缓存器来调整当前块的量化系数。

③当图像的复杂度增加时，再利用自适应量化来对各宏块的量化矩阵 $Q(u, v)$ 的数值进行调整。

CBR 编码复用方式最大的缺陷是当图像的复杂度变化大时,易造成频带资源的浪费,也使各 TS 图像质量相差较大,但容易实现。

2. VBR 编码复用方式

VBR 编码复用方式的量化系数是固定的,通过采用统计复用来降低各 TS 码流间的相关性来避免各 TS 码流同时达到最大,对偶然出现的大码流,利用缓存器进行存储,以协调各时刻的码流量。

(1) 帧平移统计复用方法。

利用 I、B、P 帧的码率不同,将各帧的 TS 相对地滞后一帧,以使不同帧类型的码流交错,相等时间的比特数尽量分布均匀些。

(2) 联合码率控制方法。

联合码率控制方法是在保证信道传输恒定速率的条件下,允许各种 TS 以变速率传输,以适应不断变化的信源需求。它采用将信道缓存器取代信源编码缓存器的办法,统一分配各业务的 TS,赋予缓存器更大的灵活性。

任务 5.5 码流分析仪

码流分析仪是检测压缩后的数字电视信号质量优劣的重要仪器,可以对数字电视平台的各个环节的输出码流进行检测和特性分析,安装在有线数字电视平台的码流分析仪如图 5-17 所示。

码流分析仪配有标准的 ASI 和 SPI 接口,能够对 MPEG-2/DVB 的传输码流进行实时分析、记录和脱机详细分析。码流分析仪可以监测码流中的 PSI/SI 的信息情况,深入了解其中参数是否符合 MPEG-2/DVB 标准,码流是否存在错误,能否被接收端正确解码。泽华源码流分析仪的正面与背面分别如图 5-18 (a)、(b) 所示。正面有 1 个 DVB ASI 输入接口(BNC 型)、1 个 DVB ASI 输出接口(BNC 型)、1 个射频输入接口(DVB、C/

图 5-17 安装在有线数字电视平台的码流分析仪

DVB、S/DVB、T/DMB、TH 任选其一)1 个射频输出接口和 1 个 RS-232 接口。背面有 1 个以太网接口(10/100Base-T)和直流 9 V 电源插孔。

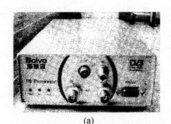
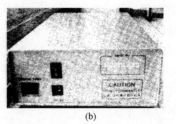

(a) (b)

图 5-18 泽华源码流分析仪

(a) 正面;(b) 背面

5.5.1 码流分析仪的作用

码流分析仪主要应用在以下场合：

（1）在数字电视系统安装与调试时，能对系统的各个环节进行分析、验证及故障定位。

（2）在数字电视设备开发和研制过程中，如在编码器、复用器、调制器等的开发和调试过程中，可分析码流的特性是否符合设计要求。

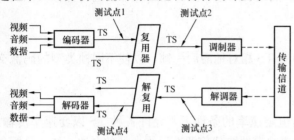

图 5-19　有线数字电视系统的测试点

（3）在有线数字电视系统的主要测试点进行测试、监视与分析，以便进行系统监视和故障定位。如在有线数字电视系统中可以选择编码器输出、复用器输出、解调器输出、解复用器输出 4 个点作为测试点，如图 5-19 所示。

在图 5-19 中的测试点 1 可以测试编码器输出的码流或其他的传输媒介过来的码流的具体技术参数，验证码流的参数值与设定的参数是否一致，若在此测试点测试的码流有问题，基本可以断定是编码器本身或其参数设置出现问题，此测试点也包括对视频服务器、卫星数字电视接收机输出的码流进行测试，可以准确判断其码流的具体情况。

从测试点 2 可以测试多路码流经复用后的具体参数，如 PSI/SI 表的传输间隔是否标准、PID 的设置是否标准、同步是否丢失、码流加密后加密标志的设置是否标准、PCR 的抖动和间隔是否正常，尤其是当卫星解调的码流与自办节目的码流复用后出现 PCR 问题时，与测试点 1 的测试结果进行对比能够定位出现 PCR 问题的码流，并由此进行分析和判断，得到复用器本身或其参数设置是否正确的信息。

从测试点 3 可以完成测试点 2 的所有功能，在调制器和解调器正常工作的条件下，通过与测试点 2 的结果对比，能够分析传输通道对传输码流的影响，从而判断有线数字电视传输系统的质量。

在测试点 4 可将码流分析仪的输出接至标准解码器，将数字信号还原为模拟视频和音频信号，以便能直观地看到图像的质量和听到声音。

5.5.2 码流分析仪的功能

码流分析仪的主要功能如下：

（1）能对码流进行详细的实时解码分析、监测和静态离线解码分析。如安装在有线数字、电视播控机房的码流分析仪实时监测的数据如图 5-20 所示。

图 5-20 的左边从上到下显示传输码流的基本信息、节目信息和占用信息。占用信息中分几种类型（包括空包、视/音/数据、ECM/EMM、PSI/SI），其中当前码流速率和当前占用比这两个数值是随时变化的。

图 5-20 的右边上方表格内包括 PID、加密、平均码流速率、占用比、瞬间 kbit/s、最大 kbit/s、最小 kbit/s、类型描述与包数量。其中类型描述中有 PAT、CAT、NIT、SDT/BAT、EIT、TDT/TOT、MPEG-2。右边下方表格内包括 TS ID、节目号、节目名称、节目提供者、业务类型和节目—索引。

图 5-20 的最下方还显示误码率。

（2）能对 QPSK 和 QAM 信号进行解调。图 5-21 是播控机房码流分析仪实时监测的图像画面。

（3）能对电子节目指南（EPG）与节目时钟基准（PCR）进行详尽分析，包括 PCR 间隔和 PCR 抖动。

（4）能按 TR101 290 协议规定对传送码流进行三级检错，对错误原因进行详尽的分析，快速判断故障问题并准确定位。

（5）能对数据广播中使用 DSM-CC 格式的多协议封装、数据轮放、对象轮放进行分析。

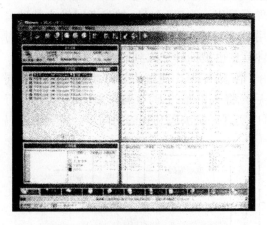

图 5-20 码流分析仪实时监测的数据　　　　图 5-21 码流分析仪实时监测的图像画面

（6）对分析结果能提供打印功能，并可将打印结果转存成 TXT 文件。

泽华源便携式 SPA-11P 型码流分析仪的主要功能有：码流实时监测和信息分析；TR101290 及其他类型错误报警；PCR 分析：PCR 连续性，精度，间隔等；PSI/SI 深入分析及 PSI/SI 时间间隔实时统计；全网络 EPG Schedule/Event 分析及监测；码流文件离线语法分析：PID/PES/Section/PCR 数据查看、语法解析及数据导出；数据广播分析：DC 数据轮放/OC 对象轮放数据分析、语法分析及文件下载；RF 信参数测量及报警：星座图/MER/BER/EVM/SNR/实际频率、符号率等；实时/离线传输流视音频解码；由 ASI/RF 输入接口录入 TS 流到计算机；RF 和 ASI 自动循环输出；RF 调谐后自动解调成 ASI 信号输出；支持 DVB-C/DVB-S/DVB-T/DMB-THM 射频输入（任选其一）；100MB 网口通信，支持远程访问控制，支持配置网关，子网掩码和 IP 地址。

5.5.3 节目时钟基准测试分析

1. 节目时钟基准的重要性

在电视发射与接收系统中，发射端调制信号和接收端解调信号必须保持一定的同步关系，才能使接收端的图像与发射端图像接一样的扫描帧频重现在屏幕上。在模拟电视中，电视机利用同步分离电路直接从模拟电视信号中解调得到同步头，获得场、行、色同步信息，从而保证彩色图像不失真。而且音频和视频是同时送出的，不存在音频和视频的同步问题。数字电视与模拟电视的不同之处：一是 I、B、P 三种类型的帧经压缩后的字节数各不相同；二是解码器输入图像的次序和显示次序并不一致，需要重新排序；三是音频的基本码流和视频的基本码流是交错传送的。因此在数字电视的编码端（发射端）和解码端（接收端）不再像模拟电视信号那样直接从解调信号中得到同步信息等。

数字电视的时间信号由码流中的专门信息来传递，接收端应该从码流的这些信息中恢复时钟。但这一时钟不是由物理方式直接传送的，因此，发射端与接收端的实际时钟不可能完全一致。如果处理不好，两者之间很容易在长期积累后有较大的差别，这将导致解码器所恢复的图像容易掉彩色，还会出现周期性的黑屏现象，同时图像会伴有马赛克，严重时会出现死机。

为了实现各种不同应用状态下的编码器/解码器之间的同步，在 MPEG 系统中引入了系统时钟（STC）、节目时钟基准（PCR）、显示时间标记（PTS）的概念。

在数字音/视频编码器中，信号的抽样、处理都是以一个 27 MHz 的参考时钟为基础来进行的。对一个显示单元（如一帧图像），打上用系统时钟对应的参考显示时间（即显示时间标记），该信息随同码流一起传输。同时，时钟信息也被抽样加入到码流中一起传输。

在解码器中，将时钟信息从码流中取出，用于恢复 STC，使解码器产生一个与前端同步的 27MHz 系统时钟。在获得显示单元的数据后，将该单元的 PTS 与恢复出的 STC 进行比较，并在相应时间点输出显示数据，这样就可以实现系统编码和解码的同步。视频编解码系统时钟示意图如图 5-22 所示。

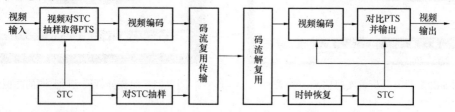

图 5-22　视频编/解码系统时钟示意图

在数字电视系统中，STC 在传输中由节目时钟基准和显示时间标记携带，在接收端解码器中恢复。由此可见 PCR 的作用是使 MPEG 解码器与编码器保持同步。系统时钟即主时钟锁定于码流 PCR。在编码器中，PCR 是系统时钟正弦波的 42bit 采样值，在解复用器中，它是恢复系统时钟的参考。PCR 指示解码器接收每一时钟参考时的 SIC 时间。如果复用器产生的 PCR 值不准确，或者因抖动造成的网络延时而使接收延迟，就会出现解码与编码之间的同步错误。系统时钟用于产生彩色同步和同步信号，它是音/视频解码和显示时间标记的参考。抖动和不准确性错误均会导致解码器出错。

2. PCR 的抖动

通常情况下，经过复用和再复用后，PCR 值并不能完全精确地反映信源编码端的时间信息，这种现象称为 PCR 抖动。复用器增加的 PCR 抖动量主要有以下几个原因：

（1）本地 27MHz 时钟与节目复用器中系统参考时钟不一致。

（2）本地 27MHz 时钟与输入传输码流时钟不一致。

（3）本地 27MHz 时钟与输出传输码流时钟不一致。

（4）由于时钟的突然变化。

（5）再复用时对 PCR 的修改。

（6）射频解码器的不稳定。

（7）光纤解复用器的不稳定。

（8）传输码率的变化或传输网包抖动等。

PCR 的抖动也就是 PCR 的不准确度，是相对于平均值的偏移。不同的系统能够容忍的最大抖动是不同的，对于 MPEG-2 标准 PCR 抖动量≤±4 ms，对于 DVB 标准，PCR 抖动量≤±500ns（即 PCR 的精度必须高于 500ns）。

3. PCR 间隔

PCR 间隔是指同一节目里两个连续的 PCR 之间最大的时间间隔。DVB 中要求同一节目里两个连续 PCR 的时间间隔不能超过 100ms，或整个发送间隔应不大于 40 ms，解码器要能够对 PCR 间隔在 100ms 以内的节目正确操作，PCR 间隔错误将导致接收端的时钟抖动或漂移，影响画面显示时间。

5.5.4 码流分析仪监测的三种级别错误

为了保证解码器的正确解码，确认一个 TS 流的合法性，DVB 开发了一个标准 ESTI ERT.290 及后来的 TR101 290。在这个标准中，从内容上看主要分析语法（协议）、参数精度和参数时间间隔，对码流的错误指示分为 3 个等级：第 1 等级是正确解码所必需的几个参数；第 2 等级是达到同步后连续工作所必需的参数和需要周期监测的参数；第 3 等级是依赖于应用的几个参数。

1. 第一优先级（一级错误）

第一优先级共有 6 种错误，包括同步丢失错误、同步字节错误。PID 传输错误（包识别丢失）、PAT 错误（PAT 丢失）、连续计数错误及 PMT 错误等。

（1）同步丢失错误。同步丢失是衡量传输码流质量的最重要的指标。传输码流失去同步表明数据已经丢失；连续的同步丢失说明信号丢失。码流分析仪连续检测到连续 5 个同步字节视为同步，连续检测不到两个以上同步字节则为同步丢失错误。同步丢失错误将直接影响解码后画面的质量，严重的同步错误将造成接收中断。在接收端出现黑屏、静帧和马赛克、画面不流畅等现象。

（2）同步字节错误。同步字头的标准值为 0x47，当出现同步字节错误时，同步字头的值为其他数值，表明在传输过程中部分数据出现错误，严重时导致解码器解不出信号。

同步字节错误和同步丢失错误的区别在于同步字节错误传输数据仍是 188 或 204 包长，但同步字头不是标准的 0x47。在接收端也会出现黑屏、静帧和马赛克、画面不流畅现象。

（3）PID 传输错误（包识别丢失）。检测数据流中各套电视节目的图像/声音数据是否正确，PID 中断导致该套节目无法完成正确的数据解码。在接收端出现黑屏、静帧、马赛克等所有异常现象。

（4）PAT 错误（PAT 丢失）。节目相关表在 DVB 标准中用于指示当前节目及其在数据流中的位置。PAT 丢失，将导致解码器无法搜索到相应的节目包，使得接收端收不到图像，如果 PAT 超时，解码器工作时间延长。在接收端出现搜索不到节目或节目搜索错误。

（5）连续计数错误。对于每一套节目的视/音频数据包而言，连续计数错误是一个很重要的指标。传输流包头连续计数不正确，表明当前传输流有丢包、错包、包重叠等现象，将导致解码器不能正确解码，在接收端图像出现马赛克等现象。

（6）PMT 错误。节目对照表在 DVB 标准中用于指示该套节目视/音频数据在传输流中的位置。某一套节目的 PMT 丢失，将导致解码器搜索不到节目或出现节目搜索错误，使得接收端收不到图像或声音。PMT 传输超时，将影响解码器切换节目时间。

2. 第二优先级（二级错误）

第二级优先共有 5 种错误，包括数据传输错误、循环冗余校验（CRC）错误、节目参考时钟（PCR）间隔错误、PCR 抖动错误和显示时间标记（PTS）错误。

（1）数据传输错误。TS 包数据在复用/传输过程中出现错误，包头标识位置被置为 1，表示在相关的传送包中至少有 1 个不可纠正的错误位，即传输包已损坏，只有在错误被纠正之后该位才能被重新置 0。而一旦有传输包错就不再从错包中得出其他错误指示。通过监测 TS 包的错误，可以监测码流是否连续及稳定。TS 包的错误在接收端出现黑屏、静帧和马赛克、画面不流畅现象。

（2）循环冗余校验（CRC）错误。节目专用信息（PSI）和服务信息（SI）出现错误，可以由 CRC 计算出来，以指明该包是否可用。PAT、PMT 出现连续错误，将影响解码器对某一节目的正确解码。在接收端出现黑屏、静帧和马赛克、画面不流畅现象。

（3）节目时钟基准（PCR）间隔错误。PCR 用于恢复接收端解码本地的 27MHz 系统时钟，PCR 发送间隔为 40ms。PCR 间隔错误，将导致接收端的时钟抖动或漂移，影响画面显示时间，甚至引起画面的抖动。在接收端出现视/音频不同步或图像颜色丢失现象。

（4）PCR 抖动错误。PCR 抖动将影响接收端系统时钟的正确恢复，解码时会出现马赛克现象，严重时不能正常显示图像。在接收端也会出现视/音频不同步或图像颜色丢失现象。

（5）显示时间标记（PTS）错误。在 DVB 标准中规定 PTS 每 700ms 传输一次，PTS 传输超时将影响图像正确显示。PTS 错误将影响图像正确显示，出现音/视频不同步现象。

3. 第三优先级（三级错误）

码流分析仪的三级错误为轻微错误，对于一般的三级错误，终端影响不是很大。

（1）网络信息表（NIT）错误。NIT 标识错误或传输超时，会导致解码器无法正确显示网络状态信息。

（2）业务描述表（SDT）错误。SDT 标识错误或传输超时，会导致解码器无法正确显示信道节目的信息。

（3）节目信息表（EIT）错误。EIT 错误导致解码器无法正确显示每套节目的相关服务信息以及 SI 重复率错误等。

其他比较常见的错误信息还包括：业务信息重复错误、缓冲器错误、运行状态表错误、时间及数据表错误、空缓冲器错误和数据延迟错误。

从以上分析可知在数字电视系统对码流的错误指示分为三个等级，其中第一级直接影响节目图像和伴音的内容，第二级直接影响传输的可靠性，第三级影响显示结果。

项　目　小　结

1. 帧内编码：数字电视信号的视频信源编码在帧内编码，完全采用 JPEG 标准编码方式。而 JPEG 标准包括了两种压缩方法，即有损压缩和无损压缩。有损压缩是以 DCT 为基础，压缩比高，而无损压缩是以预测压缩为基础，压缩比小。

2. JPEG 编码原理：

（1）8×8 像素块：指将一幅静止图像在水平方向上切成条，然后再切成块。称为宏块，再切成 4 个小块，每个小块中包含 8×8 像素块。

（2）DCT：将表 5-2 所示的图像样值送入到 DCT 变换器，变换到频率域的 DCT 系数 F (u, v)，目的是去除图像数据中的空间冗余。

（3）量化器：将经过 DCT 后的系数 $F(u, v)$ 送入量化器，而量化器则需要经过量化表运算得到量化后的系数 $[F(u, v)]_Q$。

3. JPEG 解码原理。其解码步骤如下：

（1）确定直流分量。

（2）确定第 1 个交流系数。

（3）将步骤 3 与前一像块的直流系数相加，得到本像块的直流系数为 15。

（4）将此序列送入逆量化器，得到 $F(u, v)$。

4. 数字电视视频信号的帧间编码则采用的是 MPEG 中的 MPEG-2 标准。无论是美国的 ATSC，还是欧洲的 DVB 及日本的 ISDB-T，都是采用 MPEG-2 作为信源编码的标准。我国的数字卫星电视和数字有线电视的信源编码也是采用 MPEG-2 标准。

5. 压缩方法的"级"和"型"。

MPEG-2 图像压缩标准制定的"级"和"型"方法使压缩标准具有很大的灵活性、实用性。使对数字化视、音频信号的压缩能提供多个可选择方法和步骤。从简单活动图像（可视电话）到 HDTV 的处理，都可找到相应可采用的级和型。

所谓级（等级）是指 MPEG-2 的输入格式，即一幅图像在水平方向与垂直方向上的像素，从有限清晰的 VHS 质量图像到 HDTV 图像，每一种输入格式编码后都有一个相应的范围。所谓"型"是指除了在格式方向提供灵活性之外，MPEG-2 还有不同的处理方法，称为型（档次）。每一型都规定了不同的压缩方法，不同的型意味着使用不同集合的压缩码率工具。

6. MPEG 中 3 种帧的概念

第 1 种为帧内编码帧，简称 I 帧。该帧内的图像信号为全帧编码传送，编码采用 JPEG 压缩标准。

第 2 种为前向预测编码帧，简称 P 帧。P 帧只传送在它前面的 I 帧的差值信息，称为预测误差。

第 3 种为双向预测内插编码帧，简称 B 帧。B 帧是根据它前面的 I 帧（或 P 帧）和后面的 P 帧来获得预测误差的。

7. MPEG 的数据结构分为：

第 1 层为块，这是编码的第 1 步。它是由 8 像素×8 行的亮度成分或色差成分构成的，在编码中它是 DCT 处理单元。

第 2 层为宏块，它是由 16 像素×16 行的亮度成分和在图像中空间位置对应的两个 8 像素×8 行的色差成分构成。一个宏块由 4 个亮度块和 2 个色差块（1 个 C_B 和 1 个 C_R）组成，这是进行运动补偿和运动估计的单元。

第 3 层是片，它是图像上从左到右完整的一条图像，也是若干个宏块的集合。

第 4 层是图像，它是由若干片构成的一幅完整图像，这种图像可以是内部编码图像（I 图像），也可以是预测编码图像（P 图像）。它是构成活动图像的基本单位，在信号处理中，它是基本编码单元。

第 5 层是图像组，它是由几幅编码图像组成。图像组由 1 幅 I 图像、2 幅 P 图像和 5 幅

B图像组成一个固定的组，叫图像组。组内开头的编码图像必须是I图像，结尾用I图像或P图像，不用B图像。

第6层是序列，它是表现连续图像的比特流。序列从序列头开始，其后可接1个或数个图像组，最后用1个序列尾码结束，各个序列构成能够连续重放的图像。

8. 数字电视的基本数据流。

（1）PES流与PS流：

①PES：对完整的视频和音频等基本比特流（ES）按一定的长度分段，切割成一个个单元包，称为打包基本流（PES）。PES包的长度可变化，音频的长度不超过64kB，而视频一般一帧为一个包。

②PS：PS则是由1个或几个具有公共时间基准的PES包组合成单一的码流，称为PS。

（2）传送流（TS）：由于TS在系统复用中切割成一个个固定长度为188字节的包，由这些包组成的数据流称为TS。TS将所有的视频和音频的PES包（包括其中的包头）都作为传送包的净荷或有效载荷来处理。

9. 数字电视的多路节目双层复用：在一个电视频道内要传送多路电视节目，亦即在一个常规频道内传输多路TS，则称为多路节目的多层复用。

10. 码流分析仪是检测压缩后的数字电视信号质量优劣的重要仪器，可以对数字电视平台的各个环节的输出码流进行检测和特性分析。熟悉码流分析仪的作用、功能及使用方法。

项目思考题与习题

1. 简述I、B和P图像的编码原理。

2. 说明MPEG-2视频压缩编码的几个步骤。

3. 说说声音压缩的依据。

4. 什么是MPEG-2的"级"和"型"？

5. MPEG-2的数据结构是由哪几层构成的？

6. 画出AC-3的编码示意图，并说明其编码过程。

项目6 数字电视信号的信道编码

【内容提要】

信道编码是数字电视信号在发送前区别于模拟信号发送的一个显著标志。它是通过增加冗余码等多种技术，换取传输信号误码率的降低，以增加接收端的可靠性，本章主要介绍：

（1）信道编码是为了保证信号的快速性和可靠性而增加的一些纠错码。

（2）奇偶校验码、汉明码和 RS 码等都是线性分组码。它们将 k 个信息比特的序列编码成 n 个比特（在非二进制分组码中为 n 个非二进制符号）的码字组，每个码分内的 $(n-k)$ 个监督比特只与本码组的 k 个信息比特有一定的线性关系。与其他码组的比特值完全无关。

（3）分组码要增加纠错能力，就需要较多的监督码元。

（4）卷积码和格栅调制码（TCM）则是采用非线性码的方式，在尽可能少增加纠错码的条件下，提高欧氏间距，来提高抗误码能力。

【本章重点】

数字电视信道编码技术常用的纠错编码方法和原理。

【本章难点】

RS 编码技术、数据交织技术和卷积编码技术。

任务 6.1 数字电视信号的信道编码概述

数字电视广播是要将图像、声音和数据等信号快速、可靠地传送出去，使接收端用户能满意地收看、收听。传送的方法通常是对所需的信号进行编码调制。数字电视信号的编码包括信源编码、信道编码和密码编码，其中信源编码主要是对数据信号进行压缩，信道编码则是提高信息传送或传输的可靠性，采取增加码率或频带，即增大所需的信道容量来提高传输可靠性，密码编码主要用于条件接收。调制则是使数字基带信号按一定的方式载在高频上，使高频信号通过传媒（传输信道）向外传送。

因此，信道编码的实质就是提高信息传输的可靠性，或者说是增加整个系统的抗干扰能力。对信道编码有两个条件：一是编码器输出码流的频谱特性必须适应新的频谱特性，从而使传输过程中能量损失最少，提高信道能量与噪声能量的比例，减少发生差错的可能性；二是增加纠错能力，使得即使出现差错，也能得以纠正。前者要用到频谱形成技术，即合理地选择和设计数字信号的码型，使数字信号的频谱性适应传输通道的频谱性，后者则要用到差错控制技术，这是信道编码的主要内容。

信道编码又称差错控制编码或纠错编码，其原理是为了使信源具有检错和纠错能力，按一定的规则在信源编码的基础上增加一些冗余码元与被传信息码元之间建立一定的关系，发送端完成这个任务的过程称为纠错编码。在接收端，根据信息码元与监督码元的特定关系实现检错和纠错，输出原信息码元，完成这个任务的过程称为纠错解码。

6.1.1 信道编码的原因与要求

1. 信道编码的原因

信道编码的作用就是提高信息传送或传输的可靠性，即信号的抗干扰能力。信源编码将演播室给出的数字电视信号的数据流对空间和时间冗余信息进行了大量删除，从而降低了总的数据率，提高了信息量效率。保证一定图像质量的数字信号能以较少的数据量快速传输出去。但另一方面，经信源编码的去冗余而提高信源的信息熵（每个符号的平均信息量，单位为比特/符号，即 bit/symbol）后，每个符号都代表着一个有用的信息。若有一个受到干扰，就会产生错误，而传输通道中引入的噪声、多径反射和衰落等的影响而造成许多误码，使接收端恢复的声音和图像产生失真，有时甚至无法恢复出原始的声音和图像。这样，就失去了数字电视广播的可靠性。

为了提高整个系统的可靠性，需要在载波调制之前对数字基带信号进行某种编码，这就是信道编码。既然信道编码的主要目的是提高系统的抗干扰能力，所以它也称为差错控制编码或纠错编码。抗干扰能力是指在传输通道中存在各种干扰因素的情况下，系统能保持正常传输接收能力，也就是能保证接收可靠，给出应有的图像和声音质量。

2. 信道编码的要求

（1）增加尽可能少的数据而可获得较强的检错和纠错能力，即编码效率高，抗干扰能力强。

（2）传输信号的频谱特性与传输信道的通频带有最佳的匹配性。

（3）传输通道对于传输的数字信号内容没有任何限制。

（4）发生误码时，误码的扩散蔓延小。

（5）编码的数字信号具有适当的电平范围。

（6）编码信号内包含有正确的数据定时信息和帧同步信息，以便接收端准确地解码。

其中，最主要的第 1 个要求涉及差错控制编码原理和特性，第 2 个要求以求信号能量经由信道传输时损失最小，因此有利于载波噪声比（载噪比，C/N）高，发生误码的可能性小。而做到这一点需应用到数字信号序列的频谱形成技术，即涉及传输码型的选择和转换。这两方面，本章内都将讨论到。

6.1.2 误码的形成

对于二元码来说，只要接收端能区分接收信号是高于或低于信号中间电平，便可判定接收信号是 0 还是 1。然而，如果数字信号在传输通道中引入的噪声幅度过大，超过信号的中间电平时，就会在解码判决时发生电平错判，从而形成接收误码。无论是加性高斯白噪声还是突发性脉冲干扰，都会造成误码，接收的信号与原来信号相比变化很大，就不能体现出数字信号比模拟信号具有更高的抗干扰能力。下面就以不归零（NRZ）元码为例分析误码的产生过程。

图 6-1 中给出一种不归零二元码传输过程中受噪声影响产生误码的情况。其中，图（a）表示原始数据序列的不归零二元码波形；图（b）表示经传输通道中频率特性失真后接收端得到的序列波形；图（c）表示加入噪声干扰之后的波形，中间一条虚线表示判决门限电平 d（高电平与低电平的平均值），高于 d 的电平判决为数据"1"，低于 d 的电平判决为数据"0"；图（d）表示判决定时脉冲；图（e）表示判决后恢复的数据序列。比较图（a）和图（d）可以看出，在两处由于噪声幅度超过判决电平而发生接收误码。

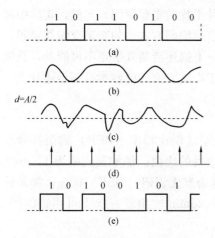

图 6-1　二元码产生误码的情况

6.1.3　误码产生的原因

数据在信道中传送，往往会受到系统本身及外界环境的干扰形成误码。从调制信道的模型可知，信道存在着加性干扰和乘性干扰。从造成传输误码的信道特性来看，可将信道分为三类信道模型，即随机（误码）信道、突发（误码）信道和混合（误码）信道。

1. 加性干扰

加性干扰噪声主要分为两类：系统外部的加性干扰和系统内部的加性干扰。

（1）系统外部的加性干扰。

系统外部进入本系统的噪声干扰主要包含两类：一类是外部引起的电磁干扰，如天气干扰，像闪电、磁爆、宇宙射线、电气开关的电弧、电力线引入的干扰；另一类是由于无线电设备产生的无线电干扰，如交调干扰、邻频干扰、谐振干扰等。由于产生这种噪声干扰是突发的，这种信道称为突发信道。

传输通道中常存在一些瞬间出现的短脉冲干扰，造成的瞬间干扰以及信道中的衰落，它们引起的不是单个码元误码，而往往是一串码元内存在大量误码，前后码元的误码之间表现为有一定的相关性，这样的信道称为突发信道，也称为有记忆信道。一串误码中第一个至最后一个误码间的距离可称为突发长度。

突发信道误码成串集中地出现，在短促的时间内发生大量误码，对此也有相应的差错控制编码措施，如交织纠错码。

（2）系统内部的加性干扰。

系统内部的加性噪声干扰来自导体热运动产生的随机噪声及电子器件的器件噪声。如电子管、半导体管器件形成的散弹噪声。内部噪声有一个很重要的特点，即它们可以看成是具有高斯分布的平稳随机过程。

产生随机误码的信道，称为随机信道。随机信道是指数据流在其中传输时会受到随机噪声的干扰，使高低电平的码元在信道输出端产生电平失真，导致接收端解码时发生码元值的误判决，形成误码。

随机噪声一般是指加性高斯白噪声（AWGN），其噪声能量电平按正态规律分布，它造成的误码之间是统计独立、互不相关的。所以，随机信道也称为无记忆信道。

随机信道引起的误码一般是孤立偶发的单个码元（单个比特或单个符号）误码形式，连续两个码元的误码可能性很小，连续 3 个码元误码的概率更极其稀少。这种随机性误码需要有相应的纠正错误的差错控制编码措施，如 RS 纠错码。

实际的传输通道通常不是单纯的随机信道或突发信道，而是两者兼有，或者以某个信道属性为主。这种两类特性并存的信道可称为混合信道或复合信道。

上述随机噪声或突发脉冲都是加性干扰，它们叠加在已编码信号上造成电平失真，两者的区别在于误码间的连续性与相关性。

2. 乘性干扰

除了加性干扰之外，传输通道中还有一类乘性干扰问题，它会引起码间串扰现象，如信道中非线性失真，信道中的数字信号多径反射是造成这种干扰的重要原因。当然，实际中需设计出既有纠正随机误码能力又有纠正突发误码能力的信道编码方式，如交叉交织纠错码。

对于乘性干扰引起的码间串扰十分复杂，要想从理论上描述清楚几乎是不可能的，只能对某些问题加以讨论，通常采用信道均衡的办法予以纠正，这方面的内容本章不予述及。

6.1.4 误码率与降低误码率的方法

1. 误码率

数字信号传输系统中，误码的轻重程度通常以误码率［误比特率（BER）或误符号率（SER）］衡量，它表示为单位时间内误码数目占总数据数目的比值。例如误码率为 1×10^{-6} 或 1×10^{-9} 等。一般，误码率达到 1×10^{-11} 那样小时可称为准无误码（QEF）状态，如果传输比特率为 20 Mbit/s，则 1×10^{-11} 的 BER 对应平均 1h 23min 才出现一次不可纠错的码，可认为没有错码。

实践证明，要求在接收端难以察觉误码图案（图像），对于 DPCM，传输误码率要优于 5×10^{-6}。一维前值预测传输误码率要优于 10^{-9}，二维预测，其 BER 优于 10^{-8}，采用冗余度纠错编码，可使误码率由 10^{-9} 变为 10^{-6}。不同的压缩标准，对传输信道的误码率要求也不一样，如 H.261 适用于 BER 不大于 1×10^{-6} 的 ISDN 信道，而 MPEG 适用于 BER 不大于 7×10^{-5} 的 ISDN 通道。

2. 降低误码率的方法

为提高图像的传输质量，降低误码是必不可少的。

（1）选取抗干扰强的码型，加双极性非归零码、多元码等。

（2）选取先进的调制方法。我们知道，针对不同传输信道（指卫星、电缆、地面），要采取不同的调制方式，因为先进的数字调制技术能在相同的带宽内可传送更高的数码流，显然可降低误码率。如 MPSK、MQAM 调制。

（3）加入检错纠错码。数字信号传输较模拟信号传输最大的特点是数字信号可以经过特殊的编码处理，即差错编码控制技术，对传输差错产生一定的抵抗能力，所以只要传输差错在一定范围内，接收机就能正确解出传输信号。因此信道编码又称纠错编码。总之，信道编码的基本原理是为了使信源具有检错和纠错能力，除一定的规则在信源编码的基础上增加一些冗余码元（又称监督码），使这些冗余码元与被传信息码元之间建立一定的关系。发送端完成这个任务的过程称为纠错编码。在接收端根据信息码元和监督码元的特定关系和规律实现检错（发现错误码元）后，输出原信息码元，能完成这个任务的过程称为纠错解码。

基于解码和编码相结合的多种误码掩蔽技术，是目前针对实时传输的图像已发生错误的一种弥补方法，近年来也逐渐引起人们的关注，它能更好地解决信道编码技术。

6.1.5 信道编码的原理

信道编码的一般结构如图 6-2 所示。

图 6-2 信道编码的一般结构图

从框图可以看出，自信源编码后，经多路视频音频、数据节目复用后，变为 TS，再以复用与匹配能量扩散，进入信道编码。信道编码是指信源压缩编码（TS）后，所有编码包括扰码、交织、卷积等措施，都可以笼统地划为信道编码。

必须指出，信道编码并非指信号调制，而是有利于匹配信道传输和减少差错，其实质就是找到适合数字信号在相应通道中的安全传输模式。在图 6-2 信道编码结构图中的外码编码多半是具有很强突发纠错能力的 RS（n、K、t）编码［n 为（缩短）码长，K 为信息位，t 为纠正随机性或突发性错误码的位数］。RS 是分组码中的一种 RS 外码编码，其特点是只纠正与本组有关的误码，尤其对纠正突发性的误码最有效，适合前向纠错（FEC）。交织编码使原来顺序发送的数据变成按一定的分布规律发送，从而使突发性干扰造成的成片错误分散开来，利用这种传输便于接收端在纠错能力的范围内纠正错误，即通过交织编码将系统无法承受或无法处理的大误码块划为系统可承受的小误码段。交织过程不增加信号的冗余度，交织技术是对 RS 码的很好补充，即增强了 RS 码的纠错能力。内码编码一般采用卷积编码，卷积编码属非分组编码，卷积编码的特点是不仅纠正本组的误码，而且纠正其他组误码。目前在数字电视包括 HDTV 信号的传输中，内码编码多使用一定约束长度的网格编码（TCM），即编码与调制结合在一起的 TCM 码大大提高了纠错能力。

事实上，信道是很复杂的，其信道编码的形式也因业务质量（QoS）要求不同而多样。在数字电视信号传输过程中，信道编码主要由 RS 编码、交织、卷积编码、TCM 及 QPSK 或 QAM 或 VSB 或 COFDM 调制方式和上变频与功放过程组成。其中 RS 码、卷积码与交织、TCM 或 Turbo 是码信道编码的核心。

通常，CATV 信道编解码器如图 6-3 所示。对于一个好的差错控制系统，信道编码与信道调制方式应综合考虑，在信道传输允许的范围内，尽可能增加纠错码的冗余度，提高编码的增益，以保证数字信号的可靠传输。

图 6-3 CATV 信道编码与解码图

任务 6.2 检错纠错码

6.2.1 检错纠错码概述

检错纠错码的任务就是在数据发送时增加一些附加数据，这些附加数据与原发送数据之间建立起了一定的特殊关系。利用信息数据与附加数据之间特定的关系可实现误码检知和误码纠正，这就是差错控制编码的基本原理。换言之，为使信源代码具有检错纠错能力，应按一定规则在信源编码数据的基础上增加一些冗余码元（又称检错纠错码），使检错纠错码元与信息码元之间建立一种确定的关系，发送端完成这项任务的过程就称为差错控制编码。在接收端，根据检错纠错码元与信息码元之间已知的特定关系，可实现检错和纠错，完成此任务的过程称为误码控制译码（解码）。

为了能判断发送的信息是否有误，并且可以纠错，增加的这些附加数据（检错纠错码）是必要的。这些附加数据在不发生误码的情况下，是完全多余的，但若发生误码，自然可以检错纠错。无论检错与纠错，都有一定的差错量识别范围，误码严重而超过识别范围时，将不能实现检错和纠错，甚至越纠越错。

6.2.2 检错纠错码的分类

纠错码的分类依据不同的角度有不同的分法，图 6-4 所示为纠错码的一种分法。

（1）纠错码按照误码产生原因的不同，可分为随机误码（多个误码）的纠错码和突发误码（单个误码）的纠错码两种。前者应用于主要产生独立性随机误码的信道，后者应用于易产生突发性局部误码的信道。

（2）纠错码按照检错纠错的功能不同，可分为检错码、纠错码和纠删码。检错码只能检知一定的误码而不能纠错；纠错码具备检错能力和一定的纠错能力；纠删码能检错纠错，对超过其纠错能力的误码则将有关信息删除或采取误码隐匿措施将误码加以掩蔽。

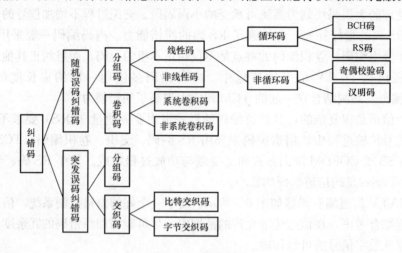

图 6-4 纠错码的分类

（3）纠错码按照信息码元与监督码元之间的检验关系，可分为线性码和非线性码。如果信息码元和监督码元之间存在线性关系，可用一组线性方程式表示，就称为线性（纠错）码；反之，两种码元之间不能用线性方程式描述时，就称为非线性码。

（4）纠错码按照信息码元与监督码元之间约束方式的不同，可分为分组码和卷积码两种。分组码中，将信源编码输出的信息码无序列以 k 个码元为一组，对每 k 个信息码元按一定规律附加上 r 个监督码元，输出码长为 $n=r+k$ 个码元的一组分组码。每一组码中 r 个监督码元的码值只与本码组内的 k 个信息码元有关，与其他码组中的信息码元无关。分组码用 (n, k) 标记，n 表示码长，k 表示信息码元数。但卷积码中生成的监督码元的码值不仅与本组内的信息码元有关，还与前面 $n-1$ 个信息码元组的码值有关。

（5）纠错码按照信道编码之后信息码元序列是否保持原样不变，又可分为系统码（组织码）和非系统码（非组织码）两种。系统码中，编码后的信息码元序列保持原样不变，监督码元位于其后；非系统码中，编码后的信息码元序列会发生改变。显然，后者的编译码电路要复杂些，故较少采用。

6.2.3 检错纠错码的能力

检错码控制范围是指在一个编码组内，增加 r 个检错码可以对多少个数据码元进行检错。同样，纠错码控制范围是指在一个编码组内，增加 r 个纠错码可以对多少个数据码元进行纠错。当然，我们希望对一个码元为 n 的编码组，在保证其误码率的条件下，尽可能加入最少检错码。

1. 码组

如 3bit 的码组 000，001，010，011，100，101，110，111，共有不同的码组值 2^n 个。若码组 000，111 为许用码组，为 2^k 个，可作为发送信息使用。则 001，010，011，100，101，110 为禁用码组，不能作为信息发送，其主要原因是根据最小码距来进行检错和纠错。

通常，在总码元 n 中含有 k 个信息码元的码组，记作 (n, k)。码组 (n, k) 的含义是：n 是指总码长为 n 的不同码组为 2^n 个，k 是指许用码组为 2^k 个。也可以认为在总码长为 n 的不同码组中，有 k 个码元为信息数据，r 为 $n-k$ 纠错码元。如 $(7, 4)$ 汉明码中的 4 表示数据有 4 个码元，7 表示码组中有 7 个码元，其中 $7-4=3$ 为纠错码元。纠错码编码的任务就是从 2^n 个总码组中按某种规则选择出 2^k 个许用码组（每个码组内包括 k 个信息码元和 r 个监督码元）。接收端译码的任务是采用相应的规则对接收到的每个码组进行检错纠错，恢复出正确的信息码元。

2. 码距

在分组编码中，每两个码组间相应位置上码元值不相同的个数称为码距，又称为汉明距离，通常用 d 表示。例如，0000 与 1011 码组之间码距为 $d=3$；000111 与 111000 码组之间码距为 $d=6$。对于 (n, k) 分码组，许用码组为 2^k 个，各码组之间的码距最小值称为最小码距，通常用 d_0 或 d_{min} 表示，是信道编码的一个重要参量。

3. 编码效率

将每个码组内信息码元数 k 值与总码元数 n 值之比 $\eta = k/n$ 称为信道编码的编码效率。编码效率是衡量信道编码性能的一个重要指标。一般地，检错纠错码元越多（即 r 越大），检错纠错能力越强，但编码效率越低。

4. 最小码距与检错和纠错能力

最小码距 d_0 的大小与信道编解码检错纠错能力密切相关。假设有两个信息 A 和 B，用 1 个比特标记，0 表示 A，1 表示 B，码距 $d_0=1$。如果直接传送该信息码，就没有检错纠错能力，无论 0 错为 1 或者 1 错为 0，接收端都无法判断正确与否，更不能纠正错误，因为 0 和 1 都是信息码的许用码组。如果对 A 和 B 两个信息各增加 1 比特监督码元，组成 $(2, 1)$ 码组，便具有检错能力。

码组 $(2, 1)$，其中 $n=2$，可能的码组有 $2^2=4$ 个，即 00、01、10 和 11。假设有两个信息 A 和 B，码距 $d=2$，可用码组数为 $2^1=2$ 个，从中选出一对码组，例如 00 作为 A，11 作为 B，那么 01 和 10 则为禁用码组。于是，00 或 11 在传送中发生一位误码时，接收端得到的是 01 或 10，便可检知出现了 1 位（1bit）误码。也就是说，对 $(2, 1)$ 码组可检知 1bit 误码，但不能纠错。而上述码组的最小码距 $d_0=2$，也可以说，当 $d_0=2$ 时，码组的检错能力 $e=1$，而纠错能力 $t=0$。

为了提高检错和纠错能力，可在每个 1bit 信息码元上附加 2bit 监督码元，即组成 $(3, 1)$ 码组，便具有检 2bit 错、纠 1bit 错的能力。

总码组数为 $2^3=8$ 个，即 000，001，010，010，011，100，101，110，111，许用码组数为 $2^1=2$ 个，其余 6 个码组为禁用码。信息 A 和 B 有 4 种选择方式，即（000 与 111）、（001 与 110）、（010 与 101）和（011 与 100），它们的码距都是 3。如果选择 000 与 111，当发生 1 位或 2 位误码时，接收端都能检知是错误码组；若发生 1 位误码，例如 000 错成 001、010 或 100，则由于它们与 000（A）的码距为 1，与 111（B）的码距为 2，根据误码概率，接收端可判断为信息 A，这就是说，$d_0=3$ 时的检错能力 $e=2$，而纠错能力 $t=1$。

3 位码组的检错、纠错能力可归纳如表 6-1。

表 6-1　　　　　　　　　　　　3 位码组的检错、纠错能力

码　组	许用码	禁用码	码　距	检错位数	纠错位数
0,1	0,1	无	1	0	0
00,01,10,11	00,11	01,10	2	1	0
000,001,010,011, 100,101,110,111	000,111	001,101,011, 100,101,110	3	2	1

其余可以类似推出：

（1）在一个码组内要检知 e 个误码，则最小码距 $d_0 \geq e+1$。

（2）在一个码组内要纠正 t 个误码，则最小码距 $d_0 \geq 2t+1$。

（3）在一个码组内要纠正 t 个误码并同时要检知 e 个误码，则最小码距 $d_0 \geq e+t+1$。

任务 6.3　线 性 分 组 码

分组码一般包括线性分组码和非线性分组码。由于线性分组码研究得十分成熟，故在数字电视中通常都采用线性分组码进行检错和纠错，而非线性分组码十分复杂，在数字电视中很少使用。

6.3.1　线性分组码

在数字电视中常用线性分组码进行检错和纠错。线性分组码中，信息码元与监督码元通过线性方程联系起来，可通过求解线性方程进行检错和纠错。线性码建立在代数学群论基础上，其许用码组的集合构成了代数学中的群，故又称为群码。群码具有封闭性。群码中线性方程的运算法则是以模 2 和为基础的，加法与减法运算都是模 2 和运算。

1. 监督码元的形成

监督码元的形成方法是先将信源编码后的信息数据流分成等长码组，然后在每一信息码组之后加入 1 位（1bit）监督码元，使得码组总码长 n 内（n 等于信息码元数，k 加监督码元数 1，即 $n=k+1$）的"1"为偶数（称为偶校验编码）或奇数（称为奇校验编码）。如果在传输过程中，一个码组内发生互位或奇数位误码，接收端译码出的码组便不符合奇偶校验规律，因此可以发现存在误码。奇校验和偶校验两者具有相同的工作原理和检错能力，原则上采用任一种都可以。假设信息码组为 a_k，a_{k-1}，a_{k-2}，…，a_1，令监督码元为 a_0，其表达式为

$$a_k \oplus a_{k-1} \oplus a_{k-2} \oplus \cdots \oplus a_0 = s \tag{6-1}$$

式（6-1）称为线性分组码的监督方程式。

对于接收端只需用式（6-1）进行检验。对于偶校验码，若 $s=0$，表示无误码；若 $s=1$，表示有误码。

2. 监督码元为 1 位的线性码——奇偶校验码

奇偶校验码也称奇偶监督码，是一种最为简单的线性分组检错码。由式（6-1）可知，奇校验和偶校验分别满足下式

$$奇校验 a_k \oplus a_{k-1} \oplus a_{k-2} \oplus \cdots \oplus a_0 = 1$$
$$偶校验 a_k \oplus a_{k-1} \oplus a_{k-2} \oplus \cdots \oplus a_0 = 0$$

不难理解，奇偶校验码可以检知奇数个误码，而不能发现偶数个误码，故检错能力有限。并且，编码后码组间最小码距 $d_0 = 2$，所以没有纠错能力。

3. 监督码元为 2 位的线性码

假设信息码组为 a_k，a_{k-1}，a_{k-2}，$\cdots$，a_1，如果监督码元增加为 2 位，令监督码元为 s_1、s_2，对于偶校验码，则相应地对每个码组可列出两个监督方程式

$$a_k \oplus a_{k-1} \oplus a_{k-2} \oplus \cdots \oplus a_2 \oplus a_1 = 0$$
$$a_{k-1} \oplus a_{k-2} \oplus a_{k-3} \oplus \cdots \oplus a_1 \oplus a_0 = 0$$

上式的两个校验于 s_1，s_2 可组成 4 种状态：00，01，10，11。

若发送端 s_1，s_2 为 00，接收端两个监督方程式仍然成立，即 s_1，s_2 仍然为 00，表示该码组无误码。而其余 3 种状态不仅表明有误码，并可能指出误码的位置，如 s_1，s_2 为 01，说明 a_1 为误码；若 s_1，s_2 为 10，说明 a_k 为误码；若 s_1，s_2 为 11，就不能指出哪个码元为误码。所以，两位监督码能指出两个误码位置，并可加以校正，而其他不能指出位置的则不能校正。二元码中，只要知道误码位置，就可以其反码代替（具体做法是用码"1"与该误码求模 2 和），便可加以校正。

结论：一般地，若有 r 个监督码元，就有 r 个监督方程式和 r 个相应的校验子 s_1，s_2，$\cdots$，s_r，可给出 2^r 种状态。其中，$2^r - 1$ 种状态可指明 $2^r - 1$ 个误码位置并进行纠正。如果 (n, k) 线性分组码中 $2^r - 1 \geqslant n$，就有可能构造出能纠正 1 位或 1 位以上误码的线性码。

如汉明码 (n, k) 中，$k = 4$，要求能纠正 1 位误码。根据应满足 $2^r - 1 \geqslant n$ 的条件，得到 $2^r \geqslant n + 1 = k + r + 1$，故当 $k = 4$ 时，监督码元数应满足 $r \geqslant 3$。现取 $r = 3$，即构成 $(7, 4)$ 汉明码。用 a_1，a_2，a_3，a_4，a_5，a_6，a_7 共 7 个码元表示编码后的码组。其中 a_1，a_2，a_3，a_4 表示信息码，a_5，a_6，a_7 表示监督码，用 s_1，s_2，s_3 表示 3 个监督方程式的校验子，它是接收机默认状态，并可规定 s_1，s_2，s_3 的状态组合与误码的位置的关系如表 6-2 所示。

表 6-2   校验子状态与误码位置的关系

s_1，s_2，s_3	误码位置	s_1，s_2，s_3	误码位置
001	a_1	101	a_5
010	a_2	110	a_6
100	a_3	111	a_7
011	a_4	000	无误码

由表 6-2 可知，$(7, 4)$ 汉明码，只能纠正码组中的 1 位误码。如接收端收到某码组，用 3 个监督方程式检测，得到 s_1，s_2，s_3 为 100。则可知 a_3 为误码，取 a_3 的反即可纠正。

对于检错，则可用线性分组码的线性方程组来描述

$$\begin{cases} a_1 \oplus a_2 \oplus a_3 \oplus a_4 = a_5 \\ a_2 \oplus a_3 \oplus a_4 = a_6 \\ a_3 \oplus a_4 = a_7 \end{cases} \tag{6-2}$$

从式（6-2）可知，虽然也可检知 2 位误码，但同时又不能纠正任 1 个误码。若要同时检 2 码，纠 1 码，可用扩展的汉明码 $(8, 4)$ 实现，即再加入 1 位检错码，也就是在原来的

线性方程组中再增加一个线性方程，如：$a_4 = a_8$。这时，就可以利用 4 个方程，求解 4 个未知数，即可纠错 1 位。

6.3.2 循环码

循环码也是一种线性分组码。由于检错、纠错性能较好，既可纠正随机误码，还可以纠正突发误码。而编码设备也很容易用带反馈的移位寄存器实现，故在数字电视的编码系统中经常使用。

1. 循环码的形式

由于循环码是一种线性分组码，其表示方式同线性分组码一样，每个 11 码元的码组中 k 个信息码元在前，r 个监督码元在后，如 (n, k)。

2. 循环码的特性

(1) 封闭性，是指编码后的码组中任意两个码字对应位的模 2 和仍为许用码。

(2) 循环性，是指任意一组循环码，作左移或右移循环多次后仍为许用码。如 $(a_{n-1}, a_{n-2}, \cdots, a_1, a_0)$ 为一组循环码，则 $(a_0, a_{n-1}, a_{n-2}, \cdots, a_1)$，$(a_1, a_0, a_{n-1}, \cdots, a_2)$，$\cdots$也是循环码中的许用码组。

3. 码元多项式

将码长为 n 的码组表示为

$$T(x) = a_{n-1}x^{n-1} + a_{n-2}x^{n-2} + \cdots + a_1 x + a_0$$

称为码元多项式。多项式 $a_{n-1}a_{n-2}\cdots a_1 a_0$ 表示码元，其值为 1 或 0，其幂次数仅表示码元的位置，x 本身只是一种符号，并无取值意义。如 110101 的码元多项式为

$$T(x) = x^5 + x^4 + x^2 + 1$$

4. 循环码的余式

对于一个多项式 $T(x)$ 被一个 n 次多项式 $g(x)$ 相除，得到一个商式 $Q(x)$ 和一个次数小于 n 的余式 $r(x)$。其 $r(x)$ 对应的码组就是循环码编码所附加的纠错码，此纠错码仍是环循码中的许用码组。

5. 循环码的生成多项式

在一个 (n, k) 循环码中，有唯一的一个 $r = n - k$ 的运算除式 $g(x)$。这个除式 $g(x)$ 是该循环码中次数最低的非零多项式，即循环码中的每个码元多项式都是此除式 $g(x)$ 的整倍数，或者都能被这个除式 $g(x)$ 除尽。

生成多项式的寻找：$g(x)$ 是 $x^n + 1$ 的一个因式，这样寻找生成多项式时，可将 $x^n + 1$ 进行因式分解，然后从中选择一个 $r = n - k$ 次的多项式作为生成多项式 $g(x)$。注：①$g(x)$ 并不是唯一的。②在二元域上运算不同于代数运算，其规律为

$$\text{加法：}\begin{cases} 0 \oplus 0 = 0 \\ 0 \oplus 1 = 1 \\ 1 \oplus 0 = 1 \\ 1 \oplus 1 = 1 \end{cases} \qquad \text{乘法：}\begin{cases} 0 \times 0 = 0 \\ 0 \times 1 = 0 \\ 1 \times 0 = 0 \\ 1 \times 1 = 1 \end{cases}$$

6. 循环码的编码原理

对于码元为 n 的多项式 $m(x) = a_{n-1}x^{n-1} + a_{n-2}x^{n-2} + \cdots + a_1 x + a_0$，若次数小于 k，则该多项式须乘以 x^{n-k}，得到 n 次的多项式，即原码组的后面补上 $n - k$ 个 0，得到 $T(x)$。

由 $x^n + 1$ 中找到一个码元生成多项式 $g(x)$，用 $T(x)$ 除以 $g(x)$ 得到余式 $r(x)$。则编出的

码组为

$$f(x) = T(x) + r(x) \tag{6-3}$$

7. 循环码编码举例

（1）求（7，3）循环码的生成多项式。

先将 $x^7 + 1$ 进行因式分解，得到

$$x^7 + 1 = (x+1)(x^3+x^2+1)(x^3+x+1)$$

再从上式中选出一个 $r = n - k = 4$ 的因子，它有两个

$$(x+1)(x^3+x^2+1) = x^4+x^2+x+1 \tag{6-4}$$

$$(x+1)(x^3+x+1) = x^4+x^3+x^2+1 \tag{6-5}$$

这两个因式都可作为生成多项式使用。当然，选用不同的生成多项式，将产生不同的循环码。

注：式（6-4）中 $x^3+x^3=0$，式（6-5）$x+x=0$。

（2）将（7，3）中的 3 位信息码转化为 7 位信息码。

如原码为 110，相当于 $m(x) = x^2+x$，乘以 x^{7-3}，得到 $T(x) = x^6+x^5$，即 7 位信息码为 1100000。

（3）求余式。

将 $T(x)$ 除以 $g(x)$，若选用式(6-3)，$g(x)$ 为生成的多项式，得到余式 $r(x)$ 为 x^2+1。

（4）求得循环码的编码。

由（式 6-3）可得：$f(x) + 1100000 + 101 = 1100101$。

8. 循环码的解码

由于在二元域中，码元多项的系数采用模 2 运算，加法等同减法。二式中的 $f(x) = 1100000 + 101 = 1100101$ 等同于 $f(x) = 1100000 - 101$。

（1）检错。在接收端接收到的码组 $f(x)$ 都能被 $g(x)$ 除尽。若不能除尽，说明有误码。需指出的是，有误码的接收码组也可能被 $g(x)$ 除尽，这时就不能检错了，称为不可检错码，超过了这种编码的检错能力。

（2）纠错。将接收有误码的 $f'(x)$ 除以 $g(x)$，得到余式 $E(x)$，用 $f'(x) - E(x)$，得到原码 $f(x)$。

任务 6.4 数字电视信号编码常用的纠错编码方法

6.4.1 RS（里德-所罗门）码

RS 码是由 Reed 和 Solomon 两位研究者发明的，故称为 RS 码。RS 码特别适合于纠多进制传输中的突发误码，具有较强的纠错能力。

RS 码的码组与线性分组码是不同的，其含义是：在 (n, k) 码组的 RS 编码中，输入的信息数据流划分为 $k \times m$ 比特组，每组内包含 k 个符号，每个符号由 m 比特组成，编码后，加入了 $n - k$ 个纠错字符号。如（7，5）码组中，信息的个数是 5 个符号，RS 纠错码符号是 2 个，每个符号可以是 3bit。

数字电视中的数据流，采用（204，188，$t=8$）或（207，187，$t=10$）的 RS 码，其中 $n = 204$B 或 208B（207B 加 1 节同步字节），$m = 8$bit，信息码长度为 $k = 188$B，RS 纠错码为

$r=16B$ 或 20B，纠错能力 t 分别为 8B 或 16B。

1. RS 码的生成

RS 码生成运算是在有限域（伽华域）中完成的。我们用（7，5）码组来进行 RS 编码，说明 RS 编码的原理。注：本例中有 7 个码字，其中 5 个字为信息码，2 个字为 RS 纠错码，每个字为 3 位。若输入信息码为 $101(a^6)$，$100(a^2)$，$010(a^1)$，$100(a^2)$，$111(a^5)$，求 RS 编码后的输出码。

（1）伽华域的本原多项式的根。对于先求 $x^7+1=0$ 根，在伽华域可求得解，见表 6-3。

注：在伽华域内求解是进行模 2 加运算，其中 a 的幂次数仅表示码元的位置，a 本身只是一种符号，并无取值意义。

表 6-3　　　　　　　　　　　　　$x^7+1=0$ 根的矢量表达式

根的幂表示	展开式 a^2、a^1、a^0	根的矢量表示
a^0	1	001
a^1	a^1	010
a^2	a^2	100
a^3	a^1+1	011
a^4	a^2+a^1	110
a^5	a^2+a^1+1	111
a^6	a^2+1	101

（2）写出信息多项式。令输入信息码为：$B_4=101(a^6)$，$B_3=100(a^2)$，$B_2=010(a^1)$，$B_1=100(a^2)$，$B_0=111(a^5)$，则

$$I(x) = a^6x^4 + a^2x^3 + a^1x^2 + a^2x^1 + a^5$$

（3）生成多项式。对于 (n,k) 码组，生成多项式为

$$g(x) = (x+1)(x+a) \cdot \cdots \cdot (x+a^{r-1}) \tag{6-6}$$

其中，$r=n-k$。由式（6-6）可知，（7，5）码组生成多项式为

$$g(x) = (x+1)(x+a) = x^2 + (1+a)x + a = x^2 + a3x + a$$

（4）求信息码（101，100，010，100，111）的 RS 监督码。先将 $I(x)$ 乘以 x^2，得到

$$x^2 \times I(x) = a^6x^6 + a^2x^5 + a^1x^4 + a^2x^3 + a^5x^2$$

即原信息码左移了 2 位。再将 $x^2 \times I(x)$ 除以 $g(x)$，得到余式 a^2x+a^2，即为 RS 监督码 Q 和 Q_1。

（5）求出信息码（101，100，010，100，111）的 RS 码。

RS 码的多项式为

$$C(x) = B_4x^6 + B_3x^5 + B_2x^4 + B_1x^3 + B_0x^2 + Q_0 + Q_1$$

对应的 RS 码为（101，100，010，100，111，100，100）。

2. RS 码的纠错原理

接收端收到每个 RS 码后，通过由信息码字与监督码字组成的两个校验子 s_0 和 s_1 实现检错和纠错。对信息码（101，100，010，100.111，100，100），因 $m=3$，纠 1 码字的校验

因子 s_0 和 s_1 有下列式子

$$s_0 = B_4 + B_3 + B_2 + B_1 + B_0 + Q_0 + Q_1 \tag{6-7}$$

$$s_1 = B_4 a^7 + B_3 a^6 + B_2 a^5 + B_1 a^4 + B_0 a^3 + a^2 Q_0 + a Q_1 \tag{6-8}$$

注：s_0、s_1 检验子为接收系统默认的。这是因为：①由监督码字生成的原理决定了 $s_0 = 0$；②由于 a^1，a^2，…，a^7 是 7 个互不相关的根，任一个根代入方程中，其得数为 0，故 $s_1 = 0$。

若收到（7，5）码组中无误码，则接收端用 s_0 和 s_1 校验该码组时 $s_0 = 0$ 和 $s_1 = 0$。若接收端用 s_0 和 s_1 校验该码组时 $s_0 \neq 0$ 和 $s_1 \neq 0$，表示有误码。由于有两个校验子，所以 B_4、B_3、B_2、B_1、B_0、Q_1、Q_0 中任一个符号出错都可以纠正。如果已知两个符号出错，且知道它们的位置（加奇偶校验），也可以纠错，若不知道它们的位置，则只检知两个符号出错而不能纠正。

我们仍以上式为例，说明其纠错原理。

在接收端收到的码为（101，100，110，100，111，100，100），通过式(6-7) 和式 (6-8) 进行运算，得到 $s_0 = 100$ 和 $s_1 = 001$。$s_0 \neq 0$ 和 $s_1 \neq 0$，则收到的码中有误码。运算过程如图 6-5 所示。

B_4	101		$a^7 B_4$	101
B_3	100		$a^6 B_3$	010
B_2	110		$a^5 B_2$	100
B_1	100		$a^4 B_1$	101
B_0	111		$a^3 B_0$	010
Q_1	100		$a^2 Q_1$	110
Q_0	100		$a^1 Q_0$	011
s_0 =	100		s_1 =	001

图 6-5　s_0 和 s_1 的运算

纠错判断

$$s_0 = 100 = a^2 ; \quad s_1 = 001 = a^7 = 1 ; \quad s_1/s_0 = a^7/a^2 = a^5$$

所以，$k = 5$，即 B_2 为错误符号。原来的 $B_2 = B_2 + s_0 = 110 + 100 = 010$。

注：①$a^7 = a^0 = 1$，$a^{7+1} = a^1$，$a^9 = a^{7+2} = a^2$，…

②$a^7 B_4 = a^7 a^6 = a^{13} = a^6 = 101$，$a^6 B_3 = a^6 a^2 = a^1 = 010$，即将 $B_4 B_3$ 从表 6-2 查得根的幂表示。当然，整个 1 个码字错误，也能纠正过来，请读者自行验正。

6.4.2　交织码

交织码的原理就是将连续的突发误码分解为单个误码，再进行单个码纠错，不需添加附加监督码。

例如，将编码后码长 $L = m \times n$ 比特的数据串行流排列成 m 行 n 列的阵列。如图 6-6 所示，以自左向右逐列地写入随机存取存储器（RAM）内，随后，以原来的时钟频率自上向下按逐行顺序读出。也就是说，输入给 RAM 的比特顺序为 a_{11}，a_{12}，…，a_{1n}，a_{21}，a_{22}，…，a_{2n}，…，a_{m1}，a_{m2}，…，a_{mn}。而读出 RAM 的比特顺序为 a_{11}，a_{12}，…，a_{m1}，a_{21}，a_{22}，…，a_{m2}，…，a_{1n}，a_{2n}，…，a_{mn}。这样的交织称为交织深度为 m 的比特交织。

在接收端，将接收到的比特交织的数据流以发送端相逆的过程写入 RAM 以及与发送端相逆的过程自 RAM 中读出，再进行相应的汉明码译码或 RS 码译码。如果在传输中发生突发误码，其长度超出译码的纠错能力，则现在由于先将比特交织的码流进行去交织处理，会使突发误码散布在一些行列内，容易在译码时予以纠正。

比特交织并没有附加监督码元，但可使原来的汉明码或 RS 码在传输中增加抗突发能力。突发误码是指其首位均为 1 的错误序列的长度（包括首位的码元 1 在内，错误所波及的字段长度）。交织码是纠正突发误码最常用的编码方法，它简便又实用，且不降低原来的编码效率。其本质是将突发误码分散为随机误码。

我们用一个简单的例子来说明交叉交织码的纠错原理（添加的奇偶校验码并不是交织编码所必需的）。输入信息码流为 0001, 0010, 0011, 0100, 0101, 0110, 0111, 1000, 1001, 为了方便说明问题，我们采用十进制表示码流为（1, 2.3, 4, 5, 6, 7, 8, 9）。

第 1 步，将信息码流排为 3×3 方阵，如图 6-7 所示。

图 6-6　比特交织编码图　　　　图 6-7　码流排列方阵

第 2 步，在信息码流排为 3×3 方阵后，加入水平和垂直奇偶校验码，如图 6-8 所示。水平和垂直奇偶校验码的加入规则是使每行每列的和为 30。

第 3 步，在发送端，信息码流写入 RAM 的顺序是：1, 2, 3.2, 4.4, 5, 6, 15, 7, 8, 9, 6。读出的顺序是：1, 4, 7, 18, 2, 5, 8, 15, 3, 6, 9, 12。

第 4 步，在接收端，由于码流在传送过程中受到干扰，造成某些数据丢失或不能读出，如：1, 4, 7, 18, ×, ×, ×, 15, 3, 6, 9, 12。

第 5 步，在接收端的 RAM 中，按发送端的读入顺序重新写入，如图 6-9 所示。

	信息码			校验码
信息码	1	2	3	24
	4	5	6	15
	7	8	9	6
校验码	18	15	12	

	信息码			校验码
信息码	1	×	3	24
	4	×	6	15
	7	×	9	6
校验码	18	15	12	

图 6-8　加奇偶码后码流排列方阵　　　　图 6-9　写入接收端 RAM 码流排列方阵

第 6 步，在接收端内，通过 CPU 内部运算，各行各列相加是否为 30，才判断是否有误码。并可以进行纠错。如第 2 行相加不等于 30，可见第 2 行有误码；第 2 列相加也不等于 30，可见第 2 列也有误码，并且可知其误码应在第 2 行与第 2 列交叉位置上，通过运算，还可知此码应为 5。

第 7 步，在读出接收端的 RAM 时，采取写入发送 RAM 相反的顺序读出，去除奇偶校验码，得到原来的信息码。

其缺点，一是需要较大的 RAM 等硬件电路；二是对处理中的数据流将引入一定的延时。数据包越大，延时时间越长，既在发送端实施交织时引入，也在接收端实施去交织时引入，在特定情况下这对于数据流的实时处理来说或许是不可接受的。

6.4.3　卷积码

卷积码由伊利亚斯（P. Elias）在 1955 年提出，用（n, k, m）表示，其含义是：参数 k 表示输入信息码位数，n（$n > k$）表示编成的卷积码的位数，m 表示卷积码的约束长度。但编码出的 n 比特的码组值不仅与当前码字中的 k 个信息比特值有关，而且与其前面 m 个码字中的 $m \times k$ 个信息比特值有关，亦即当前码组内的 n 个码元的值取决于 $m+1$ 个码组内的全部信息码元。

由于卷积码编码利用了前后码组间的相关性，涉及的数据量大，所以 n 和 k 值一般取得较小，这既能获得较好的抗误码能力，又可避免编译码电路复杂化。卷积码的编码效率为 $\eta = k/n$，性能要比分组码好。但卷积码至今没有最佳设计方案，大多需采用计算机搜索来寻找优化的编码电路结构。也就是说，对于一定的 k 值和 n 值，选取多大的约束长度 m 并怎样产生出最佳抗误码能力的编码器，还不容易设计得很完善。n 值小时电路简单些，适合于纠正随机误码；n 值大时还具有纠正一定的突发误码的能力。实践中，n 值一般小于 10。

另外需要指出，卷积码是一种非线性纠错码，不能用线性方程组表示出来。从卷积码内的码元看，分不出哪几个是信息位，哪几个是监督位，而是结合在一起的几个码元。所以，卷积码一般为非系统码（非组织码）。

1. 卷积码的编码原理

卷积码的编码器一般由若干个 1 位的移位寄存器及几个模 2 和加法器组成。通常，移位寄存器数目等于 $n-1$，模 2 和加法器数目等于 n 值。图 6-10（a）、（b）中示出了（2，1，2），（2，1，3）两种编码器电路的例子。由于串行输入的 k 个信息码元生成 n 个卷积码元后一般仍以串行数据流形式输出，所以在输出端加入一个并/串转换开关。

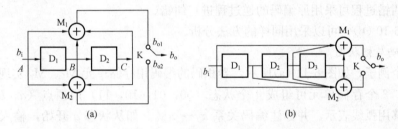

图 6-10　两种卷积码编码器电路结构示例

（a）（2，1，2）对编码器；（b）（2，1，3）编码器

显然，图中的电路结构只是特定的设计例子，完全可以有其他的设计方案。而哪种编码电路最为优化，纠错能力最好，需用计算机进行分析。

以图 6-10（a）的（2，1，2）编码器为例子，说明其编码工作情况。由图可见，两个模 2 和加法器 M_1 及 M_2 的逻辑关系式 $g_1(x)$ 和 $g_2(x)$ 分别有下面的生成多项式

$$g_1(x) = 1 + x + x^2 \tag{6-9}$$

$$g_2(x) = 1 + x^2 \tag{6-10}$$

假设输入数据序列为 11011100，于是有码元多项式为

$$f(x) = 1 + x + x^3 + x^4 + x^5$$

输出式为

$$b_{o1}(x)：b_{o1}(x) = g_1(x)f(x) = 1 + x^5 + x^7$$

$$b_{o2}(x)：b_{o2}(x) = g_2(x)f(x) = 1 + x + x^2 + x^4 + x^6 + x^7$$

注意，上式的计算是采用模 2 加完成的，与普通的代数运算不同，其规律是做加法时相同为 0，不同为 1；做乘时，只有 $1 \times 1 = 1$，其他为 0。如 $x + x = 0$，$x^2 x^2 = x^4$。

将输入数据序列 11011100 代入，得到：$b_{o1} = 1000101$，$b_{o2} = 11101011$。

经并/串转换后，得到：$b_o = 11$，01，01，00，01，10，01，11。

实际上，也可通过移位器分析得到结论：

因 $b_{o1}=A+B+C$，$b_{o2}=A+C$，假设 A、B、C 的初始状态为 0：

当 b_i 输入第 1 个 "1" 时，$A=1$，$B=0$，$C=0$，$b_{o1}=1\oplus0\oplus0=1$，$b_{o2}=1\oplus0=1$，输出为 11。

当 b_i 输入第 2 个 "1" 时，$A=1$，$B=1$，$C=0$，$b_{o1}=1\oplus1\oplus0=0$，$b_{o2}=1\oplus0=1$，输出为 01。

当 b_i 输入第 3 个 "0" 时，$A=0$，$B=1$，$C=1$，$b_{o1}=0\oplus1\oplus1=0$，$b_{o2}=0\oplus1=1$，输出为 01。

当 b_i 输入第 4 个 "1" 时，$A=1$，$B=0$，$C=1$，$b_{o1}=1\oplus0\oplus1=0$，$b_{o2}=1\oplus1=0$，输出为 00。

依此类推，得到与上式相同的结果。

由上述的分析还可以看出，对于（2，1，2）的码组形成的卷积码，不但与输入的第 3 个码元 "0" 有关，而且与输入的第 1 个码元 "1" 和第 2 个码元 "1" 有关。

抗误码的原理：由于经过不同的方法，在 D_1 和 D_2 移位器形成了不同的编码序列，若没有误码，则经过各自的解码后，其码元应是完全相同的；若有误码，则各自输出的码元是不同的，其纠错过程可采用原编码的逆过程进行纠错。

对于图 6-10（b），可以采用同样的方法分析。

2. 卷积码与格状图

再看一个例子，如图 6-11（a）所示，卷积码的编码用存储单元 M_1、M_2 实现（2，1，3）卷积码编码，2 个存储单元可组成 4 个状态（00，01，10，11）用顶点（a，b，c，d）表示，状态转移用弧线表示，并标注编码关系 $x_1 \rightarrow y_1 y_0$。如从状态 a 开始，输入 0 时，则编码输出为 00，状态仍为 a，可表示为 0→00；输入 1 时，则编码输出为 10，状态变为 b，可表示为 1→10。若从状态 b 开始，输入 0 时，则编码输出为 01，状态变为 c，可表示为 0→01；输入 1 时，则编码输出为 11，状态变为 d，可表示为 1→11。依此类推，如图 6-11（b）所示。从分析可知，在这种编码器编成的码，有些路径绝不会发生，如 $a \rightarrow c$，$a \rightarrow d$，$b \rightarrow a$，$b \rightarrow b$，$c \rightarrow c$，$c \rightarrow d$，$d \rightarrow a$，$c \rightarrow b$ 的转移。把连接的状态转移图展开就可构成格状图，如图 6-11（c）所示，即为状态图发展的所有可能编码路径构成的格状图，从格状图可以看到编码所有可能发展的路径，可看出从 a 点开始经过 $m=3$ 段后，已可发展到 4 个状态的任一个状态，后面各段格状结构是重复的。卷积码编码形成了码序列之间的相关性，反映在格状图上成为格状图上的路径。那么在接收时就只要考虑格状图上有的路径。因此，接收端也要有和发送端相同的编码器，用来产生格状图上路径，以便从中寻找出沿着一条路径发展的编码 $y_1 y_0$ 序列和收到码序列相同或差别最小的，以此作为最可能路径，并按每段 $x_1 \rightarrow y_1 y_0$ 关系逆推出 x_1 序列作为发送的码序列。这条路径叫做似然路径。

从格状图上的路径中找出似然路径的方法是维特比（Viterbi）算法。

3. 卷积码的收缩

对于卷积码编码，可以通过卷积码的收缩来改变编码效率 η，收缩方式见表 6-4。对于卷积码内的 "1" 表示照样传输的比特，"0" 表示省略不传输的比特。由于卷积码编码中约束长度内的码组间具有相关性，所以省略一些特定码元后再传输，接收端译码时可在这些位置上填充特定的码元，然后译码器在容许的误码范围内可以正确地译码出原始信息比特，当

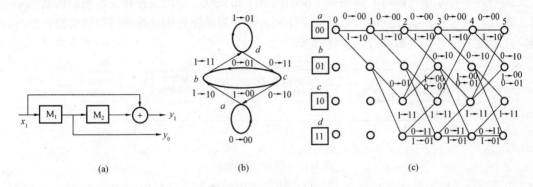

图 6-11　卷积码及格状图

(a) 一种（2，1，3）卷积码编码器；(b) 状态转移图；(c) 格状图

然其纠错能力也会随之下降。

表 6-4　　　　　　　　　　　收缩卷积码的构成方式

$\eta = 1/2$	$\eta = 2/3$	$\eta = 3/4$	$\eta = 5/6$	$\eta = 7/8$
X:1	X:10	X:101	X:10101	X:1000101
Y:1	Y:11	Y:110	Y:11010	Y:1111010
$I = X_1$	$I = X_1 Y_2 Y_3$	$Q = X_1 Y_2$	$I = X_1 Y_2 Y_4$	$I = X_1 Y_2 Y_4 Y_6$
$Q = Y_1$	$Q = Y_1 X_3 Y_4$	$Q = Y_1 X_3$	$Q = Y_1 X_3 X_5$	$Q = Y_1 Y_3 X_5 X_7$
$X_1 Y_1$	$X_1 Y_1 Y_2 X_3 Y_3 Y_4$	$X_1 Y_1 Y_2 Y_3$	$X_1 Y_1 Y_2 X_3 Y_4 X_5$	$X_1 Y_1 Y_2 Y_3 Y_4 X_5 Y_5 X_7$

对于图 6-10（d）的例子，卷积码的编码效率 $\eta = 1/2$，纠错能力强，适应于干扰较多的卫星广播和地面广播传输媒体。但是，如果传输环境比较好，如有线电视信道，干扰相对较小，则可对卷积码实施收缩措施来提高编码效率，增大有用比特率的传输。具体地，可从 1/2 提高为 2/3，3/4，5/6 或 7/8。就是说，根据具体的信道质量情况和希望的传输比特率，可在 η 与 R_u（有效码率）之间作折中选择。

可见，收缩方式使卷积码的应用增加了更大的灵活性，在实际传输中可机动地选择 η 值。实际应用中，以 $\eta = 1/2$ 的主卷积码为基础，若信道环境一般，可采用 $\eta = 1/2$ 或 $\eta = 2/3$ 的卷积编码率；若信道环境良好，则可采用 $\eta = 3/4$ 或更大的卷积编码率。

4. 格栅编码调制（TCM）

现代通信系统中，实现差错控制的信道编码译码器及完成射频信号传输的调制解调器是系统中的两大主要组成部分，前者保证误码率低而信息传输可靠，后者保证单位频带内运载的数据多而信息传输快速。一般来说，信息传输可靠和信息传输快速两者是有矛盾的，如何做到既可靠又快速是通信系统设计和实践中的重要研究课题。

（1）TCM 概述。1974 年由梅西（Massey）根据香农（Shannon）的信息论证明了将编码与调制作为一个整体考虑时的最佳设计，可大大改善系统性能。昂格尔博克（Ungerboeck）和今井秀树等在 1982 年提出了利用编码率 $n/(n+1)$ 的格栅（Trellis）卷积码及码字与调制信号间映射关系将编码与调制相结合的方法，称为格栅编码调制（TCM），又称码调。其传输系统如图 6-12 所示。其中内信道编码是一种卷积编码，经过卷积编码后，使原来无关的数字符号序列前后之间在一定间隔内有了相关性。应用这种相关性根据前后码字关系来解码．通常是根据收到的信号从码字序列可能发展的路径中选择出最似然的路径进行译码，比起逐个信号判决解调性能要好得多。

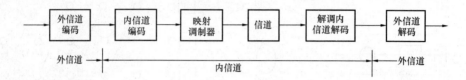

图 6-12　TCM 传输框图

由于 TCM 把编码和调制结合在一起，使符号序列映射到信号空间所形成的路径之间的最小欧氏距离（称为自由距离）为最大。这样，在不增加传输信道带宽和相同信息速率的情况下可获得 3～6dB 的功率增益。用这种信号波形传输时就有最大的抗干扰能力。

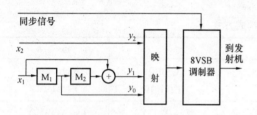

图 6-13　4 状态 8VSB 的 TCM 结构框图

（2）TCM 原理。TCM 是将信道编码与调制传输信号星座图看成一个整体设计。如图 6-13 所示为 8VSB-TCM 的结构。这种（3，2，3）卷积编码器是由图 6-11 所示的（2，1，3）中把 x_1 编成 $y_1 y_0$ 再加上 y_2 构成的。经映射，形成欧氏距离最大的 8VSB 调制信号。

（3）欧氏距离。由差错控制编码理论可知，通常用汉明距离来描述分组码和卷积码的抗干扰性能。在 TCM 中，由于编码与调制结合在一起，系统的抗干扰能力不但与汉明距离有关，而且也将与已调制射频信号序列之间的已调制波矢量点距离有关，这种距离称为欧氏距离或称欧几里得距离，它反映了已调制波星座图上信号点之间的空间距离。

那么是否汉明距离越大时，已调波的欧氏空间距离也越大呢？一般地，汉明距离越大的码字之间其欧氏距离也越大，如一维的 BPSK 和二维的 DPSK 两者刚好协调。但情况不完全这样，按汉明距离为最佳的传统方式纠错编码形成的编码符号，在映射成非二进制调制信号时并不能保证欧氏距离最佳，如对于三维的 8PSK 调制就不一定了，我们用（3，2，m）卷积码结合 8PSK 调制的例子来说明这一点，如图 6-14 所示。

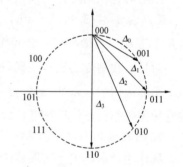

图 6-14　（3，2，m）卷积码与
8PSK 星座图

图 6-14 中，由 3 个码元组成的 8 个码组是经（3，2，m）卷积码编码器对 2bit 的输入信息生成的，它们之间的汉明距离有 $d=1$，$d=2$ 或 $d=3$ 等 3 种。不难看出，按照图示的星座图实施 8PSK 调制后，不同星座点之间的欧氏距离有 4 种，即由 Δ_0、Δ_1、Δ_2 和 Δ_3。无论采用怎样的映射关系总会有这样的情况，即两个汉明距离 d 大的码组比之两个汉明距离 d 小的码组来说，前者间的欧氏距离 Δ 小于后者间的欧氏距离 Δ。例如，图中的（000）与（011）之间的欧氏距离 Δ_1，比（000）与（010）之间的欧氏距离 Δ_2 小。因此，不能保证在汉明距离上最佳的卷积码也能使调制波星座点之间有最佳的欧氏距离。在传输

中，信道内的相应噪声和幅度噪声导致星座点发生偏移时，使（000）点偏移到（011）点比偏移到（010）点的可能性更大些，从而解调器对（000）点解调出的误码情况变成（011）的可能性比变成（010）的可能性更大些。

（4）调制映射。为了解决上述问题，将编码器与调制器作为统一的整体进行设计，使编码器和调制器级联后产生的编码信号序列具有最大的欧氏距离。从星座图的信号空间看。这种最佳设计的编的调制实际上是对信号空间的最佳分割。

1）格栅码的符号数。在格状编码调制中，卷积码码元通常是从 2^D（图 6-13 中为 2^2）个符号增到 2^{D+1}（图 6-13 中为 2^{2+1}）个，使调制星座的符号数增加，以提高纠错编码所需要的冗余度，而系统的传输带宽不变，信息传输速率不变。

2）平均功率电压。通常在 TCM 中，欧氏距离用相应的平均功率的电压来归一化。假设 8VSB 各信号出现的概率相等。其相应的符号电平为（-7，-5，-3，-1，1，3，5，7），则平均功率为 $2(7^2+5^2+3^2+1^2)/8=21$，相应于平均功率的电压为 4.58V，最小信距离归一化值 $\Delta_0=2/4.58=1/2.29$。采用了归一化值后可以对不同的调制情况进行比较。

3）子集划分原则。子集划分原则就是根据卷积码中最重要的码位来确定距离最大的划分。换句话说，先对码位最不重要的划分，再对码位次要的划分，最后对码位最重要的划分。

4）子集划分的过程。所谓集分割是将调制信号逐级地分割成较小的子集，并使分割后的子集内的最小信号距离得到最大的增加。每一次的分割都是将一较大的信号集分割成较小的两个子集，这样可得到一个表示集分割的二叉树，每经过一次分割，子集就成倍增加，而子集内最小距离也增大。当 D 较小时，设 2^{D+1} 个信号星座点间的距离为 Δ_0，把它分成两个子集，要使信号子集间的最小距离 $\Delta_1 > \Delta_0$，然后再把子集进一步划分，每一次划分使新子集信号间的最小距离大于原子集信号间的最小距离，直到 $D+1$ 次划分为止，且 $\Delta_D > \cdots > \Delta_1 > \Delta_0$。

现在以 8VSB 的一维星座点为例说明这种分割方法。

如图 6-15 所示，对 8VSB 星座点作 3 次子集划分后，根据图 6-13 的结构，可知码位重要的排列顺序为 $y_2 y_1 y_0$。故先对 y_0 划分，再对 y_1 划分，最后对 y_2 划分。因为 y_2 的码位是最重要的，分配 y_2 决定最后一次划分。尽管 y_2 直接等于 x_2，和 x_2 前面的码位无关，但又由于处于整个（3，2，3）卷积码结构中，y_2 所决定的信号还取决于 x_1 及其前面 2 位 x_1 码所确定的状态。如果前面的 x_1 码译码正确，而 y_2 判错，便会前功尽弃，因而 y_2 比较重要。现在使 $y_2=0$ 和 $y_2=1$ 所确定电平差别动 $\Delta_2=4\Delta_0$，判决起来就难以判错。在这种映射中还有一个特点，$y_0=0$ 时，不管 x_1 处在什么状态，分配到的总是负电平信号（-7，-5，-3，-1），而 $y_2=1$ 分配到的总是正电平信号（1，3，5，7）。

$y_0 y_1$ 两位码到底哪个重要，要将它的映射与格状图联系起来分析。图 6-13 中 $y_1 y_0$ 的编码器和图 6-11 的卷积码编码器一样，可直接应用图 6-11(b)、(c) 的状态转移图和格状图。图 6-11 中卷积码编码器的格状图有一个特点，即任一顶点只能从两条路径中的一条转移出去，而且也只能从两条路径中的一条转移过来，而两条路径中走哪一条则决定于码位 y_1。如 $a \to a$ 态编成码为 00，$a \to b$ 编成码为 10，可见是从 $a \to a$ 的路径还是 $a \to b$ 的路径决定于 y_1 是 0 还是 1。又如从 $b \to d$ 和 $d \to d$ 编成的码分别为 11 和 01，也是决定于 y_1 是 1 还是 0 等。由于 y_1 这个关系相对比较重要，因此分配由它确定 $\Delta_1=2\Delta_0$ 的一次于集划分，亦即两

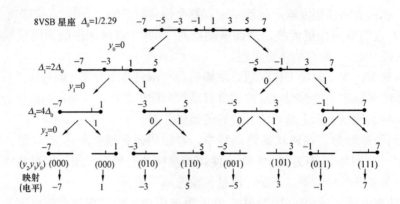

图 6-15　8VSB 信号映射构成框图

条可能路径在起点的一段与在终点的一段距离为 $2\Delta_0$。最后留下 y_0 确定最先 Δ_0 的划分。

用这样的办法来安排映射，就可以得到路径之间较大的自由距离。

5）TCM 的欧氏距离。从图 6-11（c）格状图可看出，编码 $m=3$ 时，从一个顶点有两条路径经过 3 段转移后重合到另一个顶点。转移段数更多时从一个顶点到另一顶点就会有更多的路径。但是 3 段转移重合的两顶点两条路径之间距离是最小的，这就是这种格状编码的自由距离 d_f（也称欧氏自由距离）。在译码过程中遇到不同路径经过相同的两顶点时，要把收到的信号和按这两条路径编成的信号进行比较，选择其中距离最小的那条路径作为似然路径，而把另一条路径删去。自由距离大就不易选错路径。在图 6-11（c）中看到，从 a 点出发经过 3 段转移又到 a 点的两条路径为 $a \to a \to a \to a$ 和 $a \to b \to c \to a$。根据图 6-11（b）转移图，经这两条路径的编码 $y_1 y_0$ 分别是 00，00，00 和 10，01，10。在第 1 段上两条路径的距离为 00 和 10 的距离，按上面映射关系为 $2\Delta_0$；第 2 段为 00 和 01 的距离是 Δ_0；第 3 段为 00 和 10 的距离是 $2\Delta_0$，所以

$$d_f = \sqrt{(2\Delta_0)^2 + \Delta_0^2 + (2\Delta_0)^2} = 3\Delta_0 = 3 \times \frac{1}{2.29} = 1.31 \text{（归一化值）}$$

格栅码的性能决定于 d_f，它反映了格栅码的抗干扰能力。

（5）TCM 与 VSB 的性能比较。

对于 4VSB 的传输方案，其 4 个信号电平为（-3，-1，1，3），相应地，平均功率电平为 $\sqrt{2(3^1+1^2)/4} = \sqrt{5}$，归一化后，$d_{mi} = \frac{2}{\sqrt{5}} = 0.884$。可以看出，TCM-8VSB 方案的性能较 TCM-4VSB 的性能要好 20log1.31/0.884-3.32dB。也就是说，在达到同样符号错误概率时，TCM-8VSB 方案比 TCM-4VSB 方案的信噪比要求可低 3.32 dB。

5. TCM 的维特比（Viterbi）译码

以集合划分映射为基础，将纠错编码和数字调制合二为一的 TCM 技术，在不损失数据速率或不增加带宽的情况下，增加信道中传输信号集内的信号状态数目，也增加了发送信号的冗余度，加大了信号序列之间的欧氏距离，从而在很大程度上改善了信号传输的抗干扰性能。为了充分体现 TCM 的这一优越性能，在接收端一般均采用维特比（Viterbi）进行译码。维特比译码方法是 1967 年 Viterbi 提出的一种最大似然译码方法。

由于经过卷积编码，相邻的码字之间具有一定的相关性，并不是所有的码序列都可以作

为译码序列，而要根据相应的状态转移格状图，确定可能的码序列。维特比译码的准则就
是，比较接收序列与可能的码序列之间的距离，取与接收
序列具有最小距离的码序列作为判决序列，在相应的状态
转移格状图上，这一码序列称为具有最短距离（路径）。
由于调制方式不同，卷积码的约束长度及码率不同，
TCM 的种类多种多样，相应的维特比译码方法也不同，
下面介绍一种硬判决维特比译码方法。

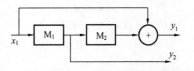

图 6-16　四状态卷积码编码器

　　硬判决维特比译码是在检测判决成二进制序列后进行译码。下面以图 6-16 中的卷积码
为例来说明硬判决维特比译码的过程。

　　四状态卷积码编码器采用如图 6-16 所示的结构，输入 1bit 信号经卷积码编码器输出为
2bit。其状态转移图如图 6-17 所示。

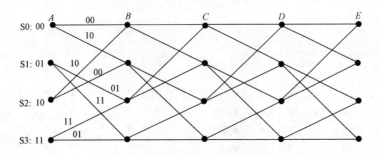

图 6-17　四状态卷积码的状态转移格状图

　　图 6-17 中状态的序号由图 6-16 中的寄存器 M_2、M_1 的值来决定。卷积码编码器的输出
除了与输入的信息比特有关外，还与寄存器中所存储的信息有关。随着时间的推移，当信息
比特不断输入卷积码编码器后，编码器（即寄存器）的状态就不断地从一个状态转移到另一
个状态，从而在状态转移格状图上"走出一条路径"，同时编码器输出相应的编码信号。

　　假设编码器的初始态为全零态（S0），输入的信息序列为 $u=\{11011100\}$。从图 6-17 的
状态转移图中可以看到，编码生成的卷积码字为 $R=\{10, 01, 00, 11, 01, 11, 10\}$。由于
信道中存在干扰，收到的码序列为 $R=\{10, 01, 00, 11, 00, 11, 00\}$。

　　按照图 6-17 的状态转移图，我们将译码的前 3 步表示于图 6-18(a)、（b）和（c），在译
码开始的第 1 步和第 2 步，路径从 2 条发展到 4 条，相应的译码序列和距离注在图中。

　　译码的第 3 步见图 6-18(c)，此时译码的路径已发展到 8 条，这 8 条路径的起点是同一
个。终点是 4 点，亦即到达同一终点的路径有 2 条。此时我们就可以删去其中距离较大的一
条路径，而保留另一条距离较小的路径作为幸存路径。如到达状态 S0 的一条路径为 S0→
S0→S0→S0，相应的译码序列和码字序列分别为 000 和 00，00，00，距离为 $d=2$；另一条
路径为 S0→S1→S2→S0，相应的译码序列和码字序列分别为 100 和 10，01，10，距离为
$d=1$。于是保留第 2 条路径作为幸存路径。这样做的理由是，不管以后发展下去的路径如
何，加上被淘汰路径的距离总是大的，所以删去没有关系。

　　在译码的第 3 步以后，每发展一步就会发生 8 条路径，对于到达每一状态的路径只保留
一条距离小的，因此四个状态共保留 4 条幸存路径。

　　如果在某一步进入某一状态的两条路径的距离相同，则任选一条作为这一状态的幸存路

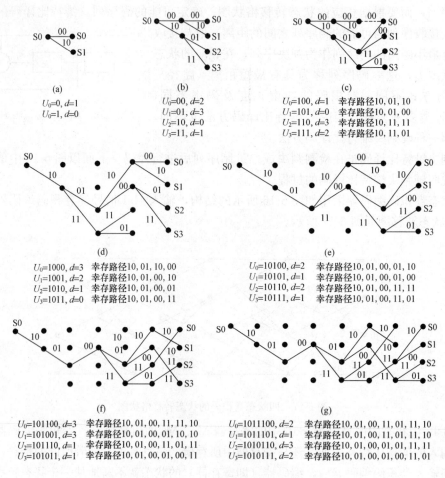

图 6-18　卷积码译码步骤

径。译码的第 4 步到第 7 步见图 6-14(d)、(f)、(g)。从图 6-14(g) 可以看出，一条距离为 1 的路径距离最小，其译码序列为 1011101。如果此时发送结束，译码输入信号继续为 0，译码器继续向下译码。由于干扰的影响，图 6-14 中的 4 条幸存路径在译到第 7 步时，只重合了 3 步，要等译到第 11 步时，才重合到 7 步，得到最终结果为 11100。

项 目 小 结

1. 数字电视信号的编码包括信源编码、信道编码和密码编码，其中信源编码主要是对数据信号进行压缩，信道编码则是提高信息传送或传输的可靠性，采取增加码率或频带，即增大所需的信道容量来提高传输可靠性，密码编码主要用于条件接收。调制则是使数字基带信号按一定的方式载在高频上，使高频信号通过传媒（传输信道）向外传送。

2. 信道编码的实质就是提高信息传输的可靠性，或者说是增加整个系统的抗干扰能力。对信道编码有两个条件：一是编码器输出码流的频谱特性必须适应新到的频谱特性，从而使传输过程中能量损失最少，提高信道能量与噪声能量的比例，减少发生差错的可能性；二是增加纠错能力，使得即使出现差错，也能得以纠正。

3. 信道编码的作用就是提高信息传送或传输的可靠性，即信号的抗干扰能力。信源编码将演播室给出的数字电视信号的数据流对空间和时间冗余信息进行了大量删除，从而降低了总的数据量，提高了信息量效率。

4. 信道编码的要求。

（1）增加尽可能少的数据而可获得较强的检错和纠错能力，即编码效率高，抗干扰能力强。

（2）传输信号的频谱特性与传输信道的通频带有最佳的匹配性。

（3）传输通道对于传输的数字信号内容没有任何限制。

（4）发生误码时，误码的扩散蔓延小。

（5）编码的数字信号具有适当的电平范围。

（6）编码信号内包含有正确的数据定时信息和帧同步信息，以便接收端准确地解码。

5. 降低误码率的方法。

（1）选取抗干扰强的码型。

（2）选取先进的调制方法。

（3）加入检错纠错码。

6. 信道编码的原理：自信源编码后，经多路视频音频、数据节目复用后，变为 TS，再以复用与匹配能量扩散．进入信道编码。信道编码是指信源压缩编码（TS）后，所有编码包括扰码、交织、卷积等措施．都可以笼统地划为信道编码。

7. 检错纠错码的任务就是在数据发送时增加一些附加数据，这些附加数据与原发送数据之间建立起了一定的特殊关系。利用信息数据与附加数据之间特定的关系可实现误码检知和误码纠正，这就是差错控制编码的基本原理。

8. 码距：在分组编码中，每两个码组间相应位置上码元值不相同的个数称为码距，又称为汉明距离。

9. 线性分组码：在数字电视中常用线性分组码进行检错和纠错。线性分组码中，信息码元与监督码元通过线性方程联系起来，可通过求解线性方程进行检错和纠错。线性码建立在代数学群论基础上，其许用码组的集合构成了代数学中的群，故又称为群码。群码具有封闭性。群码中线性方程的运算法则是以模 2 和为基础的，加法与减法运算都是模 2 和运算。

10. 数字电视信号编码常用的纠错编码方法有：RS（里德-所罗门）码、交织码、卷积码。

项目思考题与习题

1. 数字电视信号的信道编码具有何意义？

2. 产生误码的原因有哪些？怎样降低误码率？

3. 简述误码的形成过程。

4. 画信道编码的框图，并说明各部分的作用。

5. 线性纠错码和非线性纠错码分别有哪几种？它们分别有什么特点？

6. 线性码组中检错和纠错的位数与码长和码组有什么关系？

7. 说明循环码的编码原理和解码原理。

8. 简述 RS 交叉交错纠错的原理。

9. 举例说明卷积码的形成过程。

10. 在 DVB-C、DVB-T、DVB-S 中，分别采用何种截短删余的卷积码？为什么？

项目7　数字基带传输与数字信号调制

【内容提要】

（1）数字基带传输的抗干扰性与所用的码型有很大的关系，各种码型是可以相互转换的。

（2）码间无干扰的条件是取样判决时正好处于后一串码的冲激响应过零点时才能实现，由于取样偏差，一般低通滤波器采用具有升余弦滚降特性的频带。

（3）眼图在工程上常用来检测基带传输信号质量的好坏。

（4）二进制 2ASK、2FSK、2PSK、2DPSK 调制，都是最基本的数字调制方式。

（5）多进制调制是为了降低传码率而采用的，有多种调制方式，在不同环境的信道中，采用不同的多进制调制方式。

【本章重点】

（1）数字基带信号和常用码型。

（2）最基本的数字调制方式——二进制 2ASK、2FSK、2PSK、2DPSK 调制。

【本章难点】

多进制调制原理。

数字电视信号的传输与模拟电视的电波传输截然不同，它是靠由数字 0 和 1 构成的二进制数据流来传输的，目前主要有地面开路传输、有线电视网传输和卫星传输三种；而在数字电视信号调制系统中主要有幅度键控（ASK）、移频键控（FSK）和移相键控（PSK）三种方式。

图像信号和音频信号经过信源编码数据压缩和信道编码差错控制后得到的数字信号通常为二元数字信息，其脉冲波形占据的频带一般从直流或较低频率开始直至可能的最高数据频率（几十千赫、几百千赫或几兆赫、几十兆赫），带宽会很宽，能宽到短波波段的射频范围。尽管最高频率可能很高，但这种信号的频谱大致是从零频开始的，所以称为数字基带信号。数字基带信号的传送一般有两种方法，即数字基带传输和数字信号调制传输。

（1）数字基带传输：在传输距离不太长的情况下，如演播室、局域网，采用有线信道，可直接传送数字基带信号，自信源发送端去往接收端，组成数字信号基带传输系统。

（2）数字信号调制传输：较长距离的有线信道传输或者是无线信道传输，则需要采用合适的调制方式将数字基带信号调制在高频载波上进行传输，这种传输称为数字信号的调制传输。在接收端进行相应的解调，发、收端联合构成调制和解调过程的调制传输系统。

任务7.1　数字基带传输

7.1.1　数字基带传输系统

数字基带传输系统是指未经调制的数字信号，其频谱是低通型的，因此基带传输系统是一个低通限带系统。

如图 7-1 所示为基带传输系统的基本结构框图，它由信道信号形成器、传输信道、接收滤波器和取样判决器几部分组成。输入的各种各样的数字基带信号经信道信号形成器产生出适合于信道传输的基带信号，所采用的码型要能最佳地匹配传输信道的电特性。传输信道是容许数字基带信号通过的某种媒体，如双绞线或电缆信道。接收滤波器用以接收基带信号并尽可能抑制噪声和其他干扰信号。取样判决器用以在准确的时钟频率上对接收数据进行电平判决，使得在背景噪声下能正确再生出基带信号。

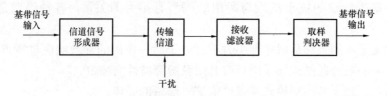

图 7-1　基带传输系统的基本结构图

虽然，数字基带传输的应用范围不太广，但在实际中有发展的趋势。另外，在调制传输中也涉及基带传输的基本理论问题。并且，任一个线性调制的传输系统都可以用一个等效的基带传输系统表示，即将调制和解调过程看作广义信道的一部分。因此，了解和掌握数字信号基带传输的基本原理是十分重要的。

7.1.2　数字基带信号

从信源送出的是信息代码序列，然后转变成一定的基带信号波形。从传送不同的数字符号状态这一目的来说，只要是任意可以区分的、并有利于改善传输性能的基带信号波形都可以用于数字基带传输系统。不过应用最广泛的、也是最简单的仍是方波信号，常见的矩形脉冲基带信号（图 7-2）有：单极性信号、双极性信号、归零的与不归零的信号，此外还有差分码波形和多电平波形等。

对于二进制码元信号来说，一般只需两个电平分别对应相应的 0、1 码（我们称为绝对对应关系）。这里分别用单极性波形（0～A）和双极性（－A～＋A）波形来代表信号电平幅度。还有一种归零的波形，即在一个码元期间一码只在一段时间持续为高电平（或低电平），其余时间为 0 电平。高电平持续时间长度占码元宽度 T_b 的百分比称为占空比。图中画出的是 0.5 的占空比。对于双极性归零波形来说，实际上出现了 3 个电平±A 和 0，但它对应的是二进制信号，所以这种信号又称作伪三进制信号。

如果代码序列与信号电平之间不是绝对对应关系，而是用 1、0 码分别对应前后两个码元电平的"变"与"不变"两种情况，这样画出的波形就是差分码波形。画差分码波形时需要有一个参考波形（图 7-2），这样第一个代码对应的波形才能画出来。与前面的绝对对应关系比较，差分码波形是按相对对应关系画出来的。当然也可以用 0 代表变，1 代表不变来设定，这对于差分码波形判决译码是没有影响的。

图 7-2 中画的多电平信号是四进制波形。由图中也可以看出，在同样的传码速率下（即同样的带宽下），可以得到更高的传信率。在数字调制系统中，存在着多电平数字已调信号。

7.1.3　数字基带信号的常用码型

1. 码型选择原则

码型指的是所传输的代码序列的结构。由数字信源产生的数字序列就是原始的代码序列。由于数字信道的特性及要求不同，需要将原代码依照一定的规则转换成适合信道传输要

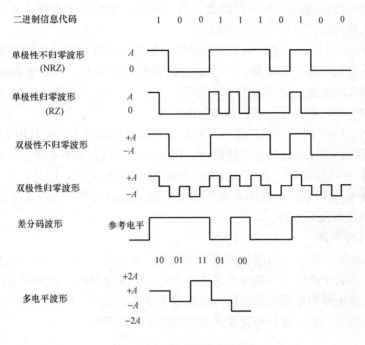

图 7-2　常见基带信号波形

求的传输码（又称作线码型），其功率谱能够相对地集中在传输信道适于接收的较窄的通频带范围内，当然在接收端最终还是要将它们转换成原来的信码序列。实际信道对传输码型的要求有以下几个方面：

（1）传输信号码型的频谱中不应包含直流或低频成分，因为远程基带传输信道一般都是交流信道。

（2）应尽量减小码型频谱中的高频成分，既可节省传输频带，提高频谱利用率，又可减少有线信道电缆内不同线对之间的信号串扰。

（3）该传输码型应具有尽可能高的传输效率。

（4）接收端易于从串行的基带信号中提取位定时信息，再生出准确的时钟信号供数据判决使用。

（5）便于实时监测传输系统中的信号传输质量，能监测出码流中错误的信号状态。

（6）信道中发生误码时要求所选码型不致造成误码扩散（或称误码蔓延）。

（7）码型变换过程不受信源统计特性（信源中各种数字信息的概率分布）的影响，即码型变换对任何信源具有透明性。

2. 几种特殊的归零（RZ）二元码

（1）双相码。双相码又称曼彻斯特（Manchester）码或调频码，如图 7-3 所示。它的变化非常简单，即每个码元均用两个不同相位的电平信号表示，也就是一个周期的方波。但 0 码和 1 码的相位正好相反。其对应关系为：0 变为 01，1 变为 10。如：

信　　源：1 0 0 1 1 0 1

双相码：10 01 01 10 10 01 10

基带信号采用双极性波形，因而它没有直流分量，但却有很强的位时钟频率分量，这是因为在每一个码元比特周期中有一次跳变，当然它占的实际带宽要增大 1 倍。在实际应用中，以太网的线路传输码就是采用双相码。

（2）密勒（Miller）码。密勒码又称为延迟调制码，是双相的一种变型，即用双相码的每一个下降沿去触发双稳态电路，产生二进制波形跳变（图 7-3）。密勒码实际脉冲的最大宽度为 2 个码元的宽度，最小为 1 个码元宽度，这一点可以用于检错。密勒码占用频带的宽度是双相码的一半，它具有与双相码类似的特性。

（3）CMI 码。CMI 码的全称是传号反转码，其编码规则是 1 码交替用 11 和 00 表示，0 码用 01 表示。因此 CMI 码也具有检错能力。比如说 00 和 11 是不可能连续出现的，正常情况下，10 波形也不可能出现。由于 CMI 码含有较丰富的位定时信息，被 ITU-T 推荐为 PCM 四次群线路接口码型，也被用于光纤传输系统的线路码型。图 7-3 画出了双相码、密勒码、CMI 码的波形及其比较。

3. 二元码的功率谱

如图 7-4 所示为几种二元码的功率谱密度曲线。从图中可见，NRZ 码含有大量低频成分，频带较宽，不利于传输；双相码尽管不含直流，但频带很宽；密勒码不但直流成分和低频成分很少，而且上限频率低，基带信号的能量主要集中在 1/2 码率之下的频率范围内，频带宽度仅为双相码的一半，这对带宽受到限制的信道比较有利。

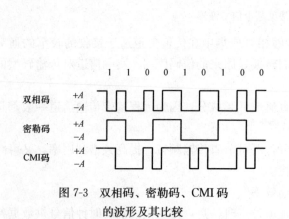

图 7-3　双相码、密勒码、CMI 码
　　　　的波形及其比较

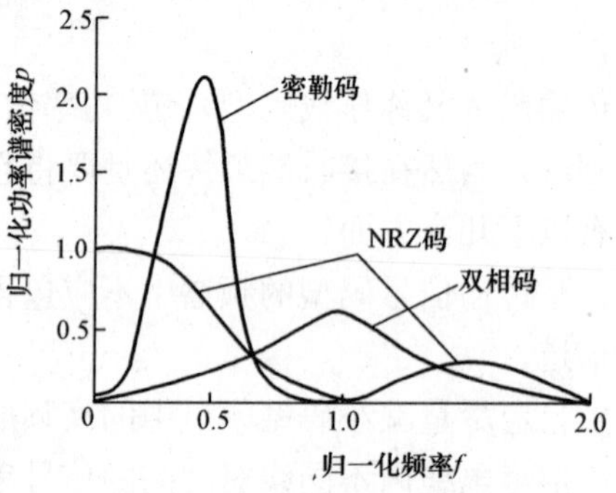

图 7-4　几种二元码的功率谱

4. 码型转换

上述各种码型可以从基本的 NRZ 码转换产生，并可以从一种码型转换成另一种码型。下面介绍 NRZ 码转换成差分码的转换过程。

NRZ 码转换成差分码是将绝对码转换成相对码，其编码过程也称为差分码编码，编码规则可表示为

$$b_k = a_k \oplus b_{k-1}$$

式中 b_k 是编码后的差分码序列，a_k 是原码序列，$\oplus$ 表示模 2 和。b_k 与 a_k 之间的关系是：当 a_k 为 1 时，b_k 的值与其前一位 b_{k-1} 的值相反；当 a_k 为 0 时，b_k 的值与其前一位 b_{k-1} 的值相同。

实现电路图如图 7-5（a）所示。由图可见，编码输出可以是 $\{b_k\}$ 序列，也可以是 $\{b_{k-1}\}$ 序列，区别在于前者是在 $a_k = 1$ 的前沿发生电平跳变，后者是在 $a_k = 1$ 的后沿发生电平跳变。

NRZI 码还原成 NRZ 码可称为差分解码，由此恢复出基带信号数据流。解码电路的逻辑运算式为

$$a_k = b_k \oplus b_{k-1}$$

使 $\{b_k\}$ 与 $\{b_{k-1}\}$ 进行模 2 和，显然可得到 $\{a_k\}$ 序列。实现电路图如图 7-5(b) 所示。

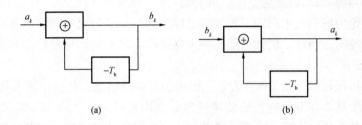

图 7-5   差分码的编码与解码电路

举例说明它们的变化关系，如图 7-6 所示。

从以上可以得知，NRZ 码与 NRZI 码之间的相互转换是比较简便的，而两者的码型却有着较大的特性差别。在实际中，相对码比绝对码应用更广泛。

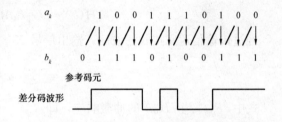

图 7-6   差分码的产生及波形举例

7.1.4   无码间干扰基带传输

1. 数字基带信号的传输

由波形形成电路产生的脉冲信号（下面以常见的矩形脉冲为基础进行讨论），根据傅里叶频谱分析理论知道，具有跳变边缘的周期性脉冲波形的频谱成分具有无限多次谐波分量，即在频谱轴上是无穷地延伸的。如果直接采用矩形脉冲作为基带信号传输码型的波形，由于实际的传输信道通频带有限，低频成分特别是高频成分受到抑制或衰减，将导致接收端得到的信号频谱必定与发送端的不相同，从而信号波形出现失真。同时还有信道中加性噪声的干扰，如图 7-7(a) 所示。接收机要在保证位定时脉冲同步的情况下图 7-7(c) 对收到的信号波形能进行取样判断以恢复发送的信号。因为对于数字信号来说，较小的波形失真影响不大，只要接收端在时钟脉冲确定的信号电平判断时刻能准确地区分出高、低电平，就能无差错地恢复出发送的数据序列，然后进行码型译码，还原成基本的 NRZ 码 [图 7-7(d)]。这就是基带信号传输的过程。

在基带信号的传输中，会遇到各种干扰。如果传输系统的性能不理想，比如在信道中掺入了过量的干扰信号 $n(t)$，整个通路的特性不良导致再生的时钟发生时间偏移（时基抖动）而使得取样判决时刻不准，都可能造成电平判决差错，从而发生误码。

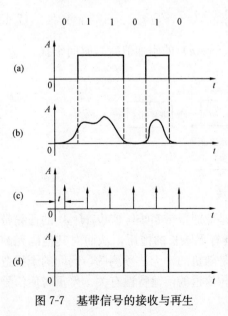

图 7-7   基带信号的接收与再生

另外，当一系列的脉冲因信道带宽受到限制等原因出现波形失真时，其波形会在时域内扩散，影响到旁边的数据波形。亦即接收端收到第 k 个码元时取样点上的值，除该码元本身在此点上给出的值以外，还存在除第 k 个码元之外的所有其他码元在此取样点时刻形成的波形值的总和（代数和），这称为码间干扰（或称符号间干扰）。码间干扰会导致某些样点的电平判决出现差错，即将"1"判决为"0"，或者将"0"判决为"1"。

这里，要讨论的就是关于码间干扰及其消除问题。至于随机噪声和时基抖动的影响，则属于另外的讨论范围。当然，应做到随机噪声尽量小，再生时钟尽量稳定和准确。

2. 码间干扰

上述的传输过程可以用图 7-8 来表示。图中的发送滤波器、传输信道和接收滤波器是基带信号传输的几个基本环节，它们的传递函数分别用 $G_T(\omega)$、$C(\omega)$、$G_R(\omega)$ 来表示。其中，传输信道指的是基带传输媒质。由于基带系统也是频带系统的基础，因此这里也可以理解为数字调制信道。其实我们没有必要关注上述 3 个部分的具体表达式，只要将它们等效为一个低通滤波函数 $H(\omega)$ 就可以了。即整个系统的传输特性 $H(\omega)$ 为

$$H(\omega) = G_T(\omega)C(\omega)G_R(\omega) \tag{7-1}$$

经过传输信道和接收滤波后，输出信号 $X(t)$ 有下列波形序列

$$X(t) = \sum_{n=-\infty}^{\infty} a_n h(t - nT) \tag{7-2}$$

式中，$h(t)$ 为 $H(\omega)$ 的冲激响应，即

$$h(t) = \frac{1}{2\pi} \int_{-\infty}^{\infty} G_T(\omega)C(\omega)G_R(\omega) e^{j\omega t} \, d\omega \tag{7-3}$$

取样时刻点是

$$t = kT_b + t_o$$

t_o 是为了保证取得最大的噪声容限而设定的固定延迟时间，这样，$X(t)$ 就等于

$$X(kT_b + t_o) = a_n h_k(t_o) + \sum_{n=k} a_n h(t - nT_b) \tag{7-4}$$

上式中的第 1 部分为第 k 个取样值，而第 2 部分（$n \neq k$）的附加值就是码间干扰。

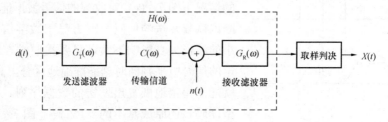

图 7-8　基带传输系统

码间干扰产生的原理是：理论上，由于基带信号是低通限带系统［假设 $H(\omega)$ 的通频带在某一位置是完全截止的］，因此它的冲激响应必定具有无限长的拖尾，从而对其他码元的取样时刻的电平值产生干扰。一般说来，这样的干扰是随机的，无法预测的，码间的干扰造成波形失真。码间干扰与信道的加性噪声无关，而仅与信道的传输特性有关。严重时使信号无法正确接收。

3. 无码间干扰的条件

图 7-8 中馈入取样判决电路，由该电路确定 a_n 的取值，恢复出接收的信号序列 $X(t)$。理想状态时，无误码时 $X(t)$ 应等于发送序列 $d(t)$。

现在来讨论对于冲击响应为 $h(t)$ 的 $H(\omega) = G_T(\omega)C(\omega)G_R(\omega)$，什么样的 $H(\omega)$ 可使 $X(t)$ 信号成为无码间干扰的输出波形。所谓无码间干扰，即是对在每一时刻凡是对 $h(t)$ 进行取样时，应存在下列关系式

$$H(t) = \begin{cases} 1 & k = 0 \\ 0 & k \neq 0 \end{cases} \tag{7-5}$$

就是说，除了 $k=0$ 时能得到取样值 $h(t) = 1$ 之外，在其他取样点上 $h(t)$ 均为 0。也就是说，对某点取样时，其他码元产生的冲击响应正好过零点，对本次取样无影响。

可以证明，无码间干扰的基带传输特性应满足下式

$$H(\omega) = \begin{cases} \Sigma\, H\!\left(\omega + \dfrac{2n\pi}{T}\right) = 1 & -\dfrac{\pi}{T} \leqslant \omega \leqslant \dfrac{\pi}{T} \\ 0 & |\omega| \geqslant \dfrac{\pi}{T} \end{cases} \tag{7-6}$$

凡是满足式（7-6）的基带传输系统均可消除码间串扰，这个准则称为奈奎斯特第一准则。其物理意义在于，将传输函数 $H(\omega)$ 沿 ω 轴以 $\dfrac{2\pi}{T}$ 为间隔（$n=0$，± 1，± 2，…）切开，然后分段平移到 $\left(-\dfrac{\pi}{T}, \dfrac{\pi}{T}\right)$ 区间内进行相加，结果形成一条水平直线（即为常数）。这时式（7-5）成立，实现了无码间干扰的传输。

如图 7-9 所示，上述那样的传输函数，将 $\left(-\dfrac{3\pi}{T}, -\dfrac{\pi}{T}\right)$ 一段曲线与 $\left(\dfrac{\pi}{T}, \dfrac{3\pi}{T}\right)$ 一段曲线平移到 $\left(-\dfrac{\pi}{T}, \dfrac{\pi}{T}\right)$ 上，与 $\left(-\dfrac{\pi}{T}, \dfrac{\pi}{T}\right)$ 上那段曲线一起相加，结果得到在 $\left(-\dfrac{\pi}{T}, \dfrac{\pi}{T}\right)$ 频带内

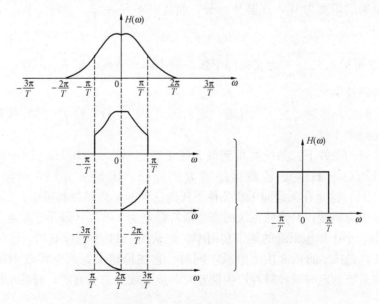

图 7-9　无码间干扰传输函数 $H(\omega)$ 的特性

幅度为恒值，在此频带外幅度为 0 的总和曲线。实际上，它对应一个理想低通滤波器。

4. 无码间干扰传输的实现方法

满足式（7-6）条件的基带传输系统总特性 $H(\omega)$ 的实现方法理论上有无数种。

（1）理想低通型。理想低通型是最基本的一种，理想低通滤波可实现无码间干扰的效果，而且结合这时的系统冲激响应 $h(t)$ 容易理解其原理。图 7-10 所示为实际的理想低通的传递函数，令它的截止角频率为 $\frac{\omega_0}{2}$ $\left(\text{频率为} \frac{f_0}{2}\right)$，$k=0$ 时它的冲激响应为图（b）中的实线代表的辛克函数 $\frac{\sin x}{x}$ 波形，除了在 $t=0$ 处具有最大值外，在 $t=\pm\frac{2n\pi}{\omega_0}$ 点上都为过零点。下一个冲激响应到来的时间也就是 T_b 的时长如果正好等于 $\frac{2\pi}{\omega_0}$，可以发现在 $k=0$ 时的取样时刻，正好是其他脉冲响应的过零点。因此，理论上存在满足式（7-5）的条件，即当 $T_b=\frac{2\pi}{\omega_0}=\frac{1}{f_0}$ 时，可做到无码间干扰。

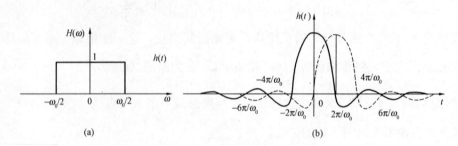

图 7-10   通过理想低通的冲击响应

结论如下：

①令理想低通的带宽为 W，这里 $W=\frac{f_0}{2}$，而传码率 $R_B=\frac{1}{T_b}$，则有

$$R_B=f_0=2W$$

②由图 7-10 可见，$T_b=\frac{2\pi}{\omega_0}$ 为无码间干扰的最小码元宽度，即 $R_B=2W$，也是得到最大无码间干扰的传码速率。

③小于 $2W$ 的传码率时，并不意味着一定无码间干扰。只有在 $2W$ 的整数分之一的速率下，才可做到无码间干扰。

④在理想低通的条件下，系统可得到最大频带利用率即为 2B/Hz［即单位频带内的比特率，单位为 bit/(s·Hz)］。若数据序列为多元码，比如 n 元码，则频带利用率为 2log2$n$bit/(s·Hz)，这是在无码间干扰条件下所能达到的最高频带利用率。

（2）升余弦滚降特性。升余弦系统的奈奎斯特带宽为 1/2T_b（码元宽度为 T_b 时）、频带利用率为 1B/Hz、小于理想低通的频带利用率。但从图 7-11 中可以看出，它的冲激响应具有较快的收敛性，是按 t 的负 3 次方衰减，同时，它在拖尾上每两个零点中还有一个过零点。这一特性在系统的定时取样脉冲产生偏差时，或多或少总会有的，对减小码间干扰是有利的。

与理想低通进行一下比较，依照奈奎斯特准则，若要做到无码间干扰，最大的频带利用率为 2B/Hz，这是一个上限，但这种特性实际无法做到。而且，理想的冲激响应曲线 $h（t）$ 具有幅度不小的衰减振荡，如果取样判决的时钟有所偏差，就可能在判决时刻上发生码间干扰。因此，在实际中得到广泛应用的是理想截止频率 ω_0 为中心、具有奇对称升余弦滚降边沿过渡的一类低通特性，通常称为升余弦滚降特性。$H(\omega)$ 滚降的快慢，即频谱特性从通频带到截止区间的大小将影响到频带利用率和 $h(t)$ 波形的收敛快慢，也决定了基带传输系统相应的性能指标。

图 7-11 所示为三种升余弦滚降的低通滤波特性 $H(\omega)$ 及它们相应的冲激响应曲线 $h(t)$。图中，$a = \dfrac{\Delta\omega}{\omega_c}$ 称为滚降系数，ω_c 是无滚降时的截止频率，$\Delta\omega$ 是滚降部分的带宽，$0 \leqslant \Delta\omega \leqslant \omega_c$，所以 $0 \leqslant a \leqslant 1$。

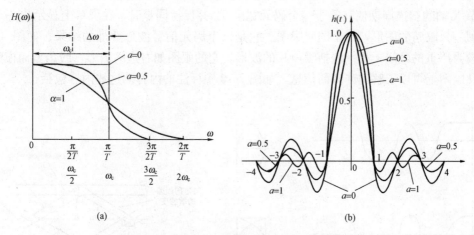

图 7-11   余弦滚降特性及其冲激响应曲线

图 7-11 中，$a = 0$ 的传输函数 $H(\omega)$ 就是理想低通特性的情况，其 $h(t)$ 有较大的衰减振荡拖尾。当 $0 \leqslant a \leqslant 1$ 时，余弦滚降特点 $H(\omega)$ 可表示成下式

$$
H(\omega) = \begin{cases}
1 & 0 \leqslant |\omega| \leqslant \dfrac{(1-a)\pi}{T} \\[2mm]
\dfrac{1}{2}\left[1 + \sin\dfrac{T}{2a}\left(\dfrac{\pi}{T} - \omega\right)\right] & \dfrac{(1-a)\pi}{T} \leqslant |\omega| \leqslant \dfrac{(1+a)\pi}{T} \\[2mm]
0 & |\omega| \geqslant \dfrac{(1+a)\pi}{T}
\end{cases}
$$

相应的冲激响应 $h(t)$ 为

$$
h(t) = \frac{\sin\pi t/T}{\pi t/T} \cdot \frac{\cos a\pi t/T}{1 - 2a^2 t^2/T^2}
$$

选择不同的 a 值，可得到不同的 $H(\omega)$ 曲线和 $h(t)$ 曲线。显然，a 越大则要求的系统通频带越宽，频带利用率越低，但 $h(t)$ 曲线的衰减振荡越弱，码间干扰越小。

$a = l$ 时，系统通频带应为 $2\omega_c$，这时的频带利用率比 $a = 0$ 时减少一半，即为 $1\text{bit}/(\text{s} \cdot \text{Hz})$。而且，衰减波形在两个样点之间还有一个零点。$a = 0.5$ 是一条中间曲线，通频带为 $1.5\omega_c$，其 $h(t)$ 对于时钟抖动已不易造成码间干扰。

考虑到接收波形在取样时要再一次取样以得到确切的数据值，而取样时钟可能存在一定的抖动，为了减小码间干扰，滚降系数值一般选择 $a \geqslant 0.2$。

上面的讨论中未涉及 $H(\omega)$ 的相移特性问题，在系统特性设计和实践中这也需要顾及。

5. 信道传输质量的评判——眼图

信道传输质量的好坏，在工程上常用的评估方法是观察眼图。

理想低通型和升余弦滚降特性等分析均是建立在理想信道的情况下。实际系统中，信号是随机的，噪声也是随机的，而基带系统在实际与理论上也会存在一些差距。即使不考虑加性噪声的影响，要想定量分析码间干扰造成的影响大小也是十分困难的。但在实际工程中却有一种简便的办法用于观察和定性估计码间干扰的大小（包括信道加性噪声的影响）。这就是用示波器观察数字基带系统的输出信号的"眼图"。

眼图形成的原理如下：图 7-12（a）是没有码间干扰并且信道噪声也很小的输出波形。当调节 X 轴的扫描周期使其等于一个码元宽度 T_b 并保持同步时，在屏幕上显示出一个清晰的类似一只眼睛的图形，这个图叫眼图。它是多个码元信号波形叠加的结果。而图（b）则是有较为严重的码间干扰（包括噪声）的波形，它的眼图如右边的图形，线条宽而模糊。

从眼图上可以了解到许多的信息，如图 7-13 中标注的内容。这些内容包括：

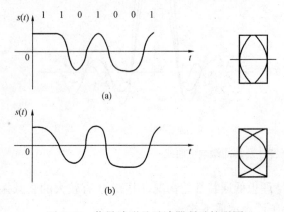
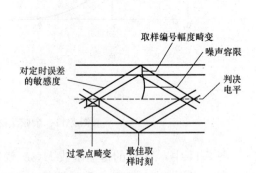

图 7-12　信号波形及示波器所示的眼图　　　　图 7-13　眼图基本参数估计

①最佳取样时刻显然应该在眼睛张开最大的地方，即 $T_b/2$ 的位置。

②判决门限电平应该在 0 电平位置上。

③噪声容限指的是取样振幅值与判决门限的距离。

④其他还有如过零点畸变、取样幅度畸变以及对定时误差的敏感度等。

对定时误差的敏感度是由该曲线斜率的大小决定的参数。

6. 无码间干扰传输的参数实例

在数字视频、音频和数据的基带传输实际系统中，根据传输信道的特性和系统质量要求，应用一些不同的 a 值，如下所述。

（1）DVB-S 系统中的发送滤波。在 DVB-S 系统中，在基带信号对高频载波进行 QPSK 调制之前，使调制信号 I 和 Q 先受到升余弦平方根滚降滤波，滚降系数 $a=0.35$。从数学分析可知，升余弦平方根滚降滤波比升余弦滚降滤波在减弱码间干扰上性能更好一些。$a=0.35$ 表明，在相同符号率下它比 $a=0$ 所需频带要扩大 1.35 倍。

（2）DVB-C 系统中的发送滤波。DVB-C 系统中，在基带信号对高频载波进行 QAM 之前，使凋制信号 I、Q 先受到 $a=0.15$ 的升余弦滚降滤波。由于 a 变小，频带利用率得到提高。这是因为有线电视传输信道的质量一般较好，干扰轻。

发送滤波特性的具体规范是：在 $0.85f_N$ 的通频带内，电平波动值 $\leqslant 0.4$dB，$1.15f_N$ 之上的带外抑制度 $\geqslant 43$dB；在 f_N 内滤波器的群延时波动值 $\leqslant 0.1T_s$。（$T_s=1/R_s$，为符号周期）。

7.1.5　数字电视信号的传输方式

数字电视信号的传输与模拟电视的电波传输截然不同，它是靠由数字 0 和 1 构成的二进制数据流来传输的，目前主要有地面开路传输、线电视网传输和卫星传输三种方式。

1. 地面数字电视广播

地面开路广播是最普及的电视广播方式，用于在地面 VHF/UHF 广播信道上传输数字电视节目。地面广播的特点是：情况复杂，干扰严重和频道资源紧张，因此数字电视地面广播一般启用"禁用"频道进行同播。同时地面广播主要面临加性噪声、多径传输及符号间干扰等问题。

为了适应数字信号在地面广播时传输媒介环境条件复杂等特点，其调制方式不仅不同于以往的模拟电视，也不同于线缆和卫星传输模式。目前国际上地面电视广播有两种传输制式：美国提出的 VBS（残留边带）调制方式和欧洲提出的 COFDM（编码正交频分多路）调制方式。

2. 卫星广播数字电视

卫星电视广播的特点是覆盖面广，质量较好，并且资源丰富。卫星电视广播是目前重要的通信手段之一。卫星电视广播的发展趋势是直播至用户，称为卫星直播服务。在数字化以后，利用数字压缩技术，一颗大容量卫星可以转播 $100 \sim 500$ 套节目，是未来多频道电视广播的主要方式。卫星广播数字电视的调制方式各国都统一用 QPSK（四相移键控）方式。

3. 有线广播数字电视

有线电视传输质量高，节目频道多，便于开展按节目收费（PPV）、节目点播（VOD）及其他双向业务。有线广播数字电视的调制方式大多数采用 QAM（正交调幅）方式。通过有线电视（CATV）系统传送多路数字电视节目。有线电视的数字视频广播系统多采用电缆与光纤混合形式的有线传输 CATV（HFC），其特点是质量第一、资源丰富，但成本最高。目前借助于有线电视技术开通数字电视的交互业务（如视频点播）是首选方案。

任务 7.2　数字信号调制技术的概况

7.2.1　数字信号调制概述

图像压缩编码与信道编码传输是数字电视系统实现的关键技术，而调制解调技术作为信道编码传送技术的重要组成部分，在数字电视领域中非常重要。设置高清电视的图像信息速率接近 1Gbit/s，要在实际信道中进行传输，除应采用高效的信源压缩编码技术、先进的信道编码技术之外，采用高效的数字信号调制技术来提高单位频带的数据传送速率也是极为重要的步骤和方法。

数字信号调制是数字符号转换成与信道特性相匹配的波形的过程。基带调制是基带波形的成型过程，可以看作广义调制的概念。频带调制则是把数字基带信号调制到载波上，送往有线或无线带通信道传输，通常这种系统都是窄带系统。

为什么要进行调制呢？首先这是因为实际远程通信中，信道多为带通传输特性，不能直接传送基带信号，这时需要把基带信号调制到载波的某些参数上，使得这些参量随基带信号的变化而变化。另一方面，应用调制手段可以把多路信号彼此分开，从而利用单一信道传输，这就是已知频分复用。调制还可用来改善传输质量，比如在扩频调制中，已调信号所需要的系统带宽远远大于消息所需的最小带宽，而抗噪声性能则有很大提高，这是用频带换取可靠性的例子。调制也可以把信号安排在设计要求的频段中，使滤波、放大等容易得到满足。这就是在无线接收机中射频信号变成中频的情况。因此，调制是数字通信系统中不可缺少的基本步骤。

依据不同的标准，数字调制有不同的分类。通用的术语中把数字信号调制称为"键控"，这是把数字信息码元的脉冲序列看作"电键"对载波的参数进行控制的意思。最常用的是根据加载的被调参数来划分。比如，二进制幅度键控（2ASK）、二进制频率键控（2FSK）和二进制相位键控（2PSK），它们分别对应调制载波的幅度、频率和相位。

数字信号调制中，典型的调制信号是二进制的数字值。另一方面，为了提高高频载波的调制效率，也采用多进制信号进行高频调制，使一定的已调波高频带宽内能包含更高的码率。高频载波的调制效率可以用每赫已调波带宽内可传输的码率（bit/s）来标记，故单位为 bit/ （s · Hz）。

多进制调制中，每若干个（比如 k 个）比特构成一个符号，得到一个个多进制的符号，而后，逐个符号对高频载波做多进制的 ASK、FSK 或 PSK 调制。符号率的单位为符号/秒（symbol/s），也称为波特（baud），已调波的高频调制效率这时用 B/Hz 表示。

数字信号调制还有一种分类方法，即分为相干和不相干的数字调制。它们的区别在于，当接收端对接收到的已调波进行解调时，是否需要在接收机中再生出与所接收的高频载波具有相干关系的参考载波。对于传输中较难以保持高频载波相位稳定性的信道（比如有衰减的信号），宜采用非相干数字调制方式，解调时接收机中不需要再生出具有相干性的参考载波。ASK 和FSK 为非相干调制方式。它们不设置参考载波再生电路。虽然减少了接收机的复杂性，但误码性能有所下降。当然也可采用相干解调方式，尽管电路复杂些，但抗干扰性能得到提高。

与 ASK 和 FSK 不同，PSK 属于相干性数字调制，接收机中要借助一个本机振荡电路和一个鉴相器与接收载波的基准相位进行锁相，产生出稳定的、准确相位的参考载波。然后按照一定的门限作出判决，实现对已调波的解调。至于差分移相键控（DPSK），某种意义上说它是非相干性数字解调，解调是以前一个比特期间或符号期间的载波相位作为参考相位进行数据解调的。当然，它也要求信道高频信号有足够的相位稳定性，在前后比特或符号之间不引入大的载波相位干扰。

7.2.2 二进制数字信号调制

1. 2ASK

2ASK 是二进制幅度键控，由二进制数据 1 和 0 组成的序列对载波进行幅度调制。时域数学表达式为

$$S_k(t) = a_k(A\cos\omega_0 t) \tag{7-7}$$

式中，A 为载波幅度，ω_0 为载波频率，a_k 为对应的二进制码"1"和"0"的取值。

$$a_k = 0, \qquad "1"出现的概率为 P$$

$$a_k \neq 0, \qquad "1"出现的概率为 1-P$$

由式（7-7）可知，2ASK 的调制器可用一个相乘器来实现，如图 7-14 所示，其典型波形如图 7-15 所示。

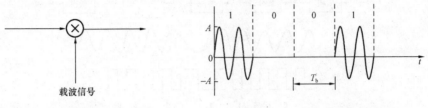

　　图 7-14　2ASK 调制器示意图　　　　　　　图 7-15　2ASK 的典型波形

2ASK 的解码如图 7-16 所示。

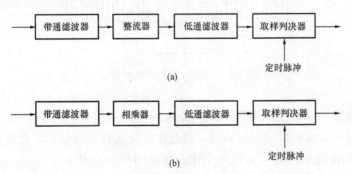

图 7-16　2ASK 信号解调

（a）包络检波；（b）相干解调

2ASK 依靠判断斩波幅度来解调数据信号，信号电平不稳定、多径反射和噪声干扰等都容易造成接收端解调时发生误码。然而，当基带数据流本身经过信道编码后具有较强的检错、纠错能力时，可以在一定程度上补偿高频领域内发生的误码情况，在解调后的基带领域内，经过纠错仍可得到正确的数据。

2. 2FSK

2FSK 是用两个不同频率的载波来传送二元码数字信号。在二进制频率键控中，载波频率随着调制信号"1"和"0"而变，"1"对应的频率为 f_1，"0"对应的频率为 f_2，其调制器可采用模拟调频电路来实现，但更容易采用图 7-17 所示的键控法来实现，波形图如图 7-18 所示。

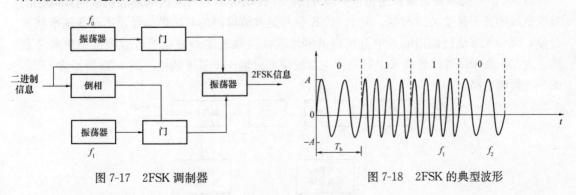

　　图 7-17　2FSK 调制器　　　　　　　　　图 7-18　2FSK 的典型波形

其解调方法可采用非相干和相干解调，但更为简便的方法是采用过零检测法，其原理框图及波形如图 7-19 所示。

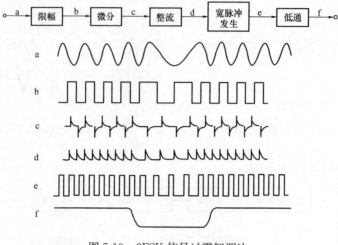

图 7-19　2FSK 信号过零解调法

3. 2PSK

2PSK 是使用同一个载波的两种不同相位来表示数字信号。由于 PSK 系统的抗噪性能优于 ASK 和 FSK，而且频带的利用率高，因此在中高速数字通信中广泛使用。二进制键控时，载波的两个相位随调制信号 1 和 0 变化，通常用相位 0 和 π 来表示，其调制框图如图 7-20 所示，典型波形图如图 7-21 所示。

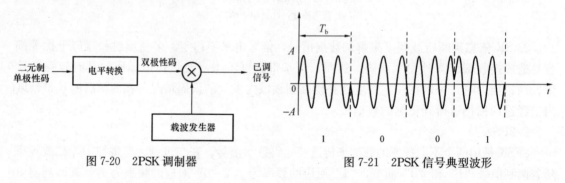

图 7-20　2PSK 调制器　　　　　　　　　图 7-21　2PSK 信号典型波形

2PSK 信号的解调必须采用相干解调方法，接收端所需的与发送端基准载波同频同相的参考载波的获得是个关键问题。由于 2PSK 信号是载波抑制的双边带信号，不存在基准载波分量，因而无法从已调相信号中直接用谐振滤波法提取基准载波后通过鉴频器得出参考载波。为此，需采用非线性变换电路来产生新的频率分量——基准载波。图 7-22 所示为 2PSK 的一种解调电路。

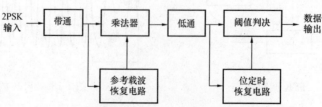

图 7-22　2PSK 的解调电路框图

4. 2DPSK（BDPSK 或 DBPSK）

在 2PSK 信号中，相位变化是以未调载波的相位作为参考基准的。由于它是利用载波相位的绝对值来传送数字信息，因而又称为绝对调相。因此，解调时也必须有一个相位固定的载波。如果参考相位发生了倒相，则恢复的数字信号就会发生 0 和 1 码反相。这种情况称反相工作。另一种利用载波相位传送数字信息的方法称为相对调相（2DPSK）。它不是利用载波相位的绝对数值传送数字信息，而是用前后码元的相对变化传送数字信息。与绝对调相不同的是，DPSK 系统中只与前后码元的相对相位有关系，而与绝对相位无关，解调时不存在反相工作的问题（即相位模糊）。所以，在实际工程应用中大多采用 DPSK 方式。

为了说明 2PSK、2DPSK 信号两者的相位对应关系上的差异，下面举例说明。

已知信息代码 1101001，画出 2PSK 和 2DPSK 信号时间波形示意图，如图 7-23 所示。

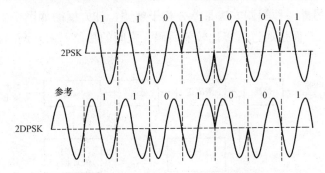

图 7-23　2PSK 与 2DPSK 的波形比较

应注意的是，对于差分波形必须画出前一个参考波形，遇到"1"相位保持不变，遇到"0"倒相。

实现相对调相的最常用的方法是：首先对数字基带信号进行差分编码，即由绝对码表示变为相对码（差分码）表示，然后再进行绝对调相。这是工程上常用的方法。二进制差分相位键控常称为二相相对调相，记为 2DPSK。2DPSK 调制器的方框图如图 7-24 所示，产生的 2DPSK 的波形如图 7-25 所示。

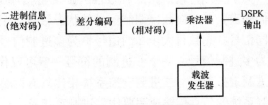

图 7-24　2DPSK 的调制器

2DPSK 信号中，数字信息是由前后码元已调相信号相位之间的变化表示的，因此解调 2DPSK 信号时，并不依靠固定的载波参考相位，仅仅取决于前后码元间的载波相位相对关

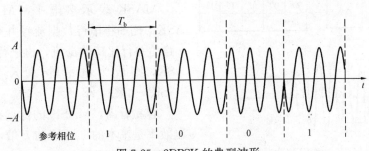

图 7-25　2DPSK 的典型波形

系。因而即使应用相位有 0、π 模糊度的参考载波进行相干解调，也不影响相对相位关系。虽然解调得到的相对码可能完全是 0、1 倒换的，但经过差分译码变换后将全部纠正过来，从而克服了相位模糊度问题。2DPSK 相干解调的电路框图如图 7-26 所示。

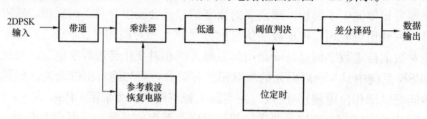

图 7-26　2DPSK 的相位比较法（相干解调）电路框图

2DPSK 信号的另外一种解调方法是差分相干解调，其方框图如图 7-27 所示。它不需要恢复出本地参考载波，而是通过直接比较前后码元之间的相位差来解调的，故可称为相位比较法解调。

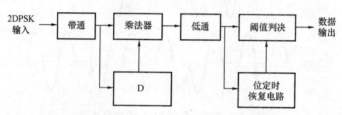

图 7-27　2DPSK 的差分相干解调电路框图

7.2.3　多进制数字信号调制

为了提高传输信息的有效性（提高传信率或系统的利用率），人们提出了多进制调制。我们知道，二进制数字调制信号的状态数有 2 个。类似地可以定义多进制数字调制，那就是不同信号状态数目大于 2 的信号称为多进制信号。通常，把不同信号状态数目大于 2 的信号称为多进制信号。一个 L 进制的符号一般可以代表 $k = \log_2 L$ 个二进制符号。由此可以看出，多进制键控系统与二进制键控系统相比具有两个特点：①在相同的信道码元传输速率下，多进制系统的信息传输速率要比二进制系统高 $\log_2 L$ 倍。比如，四进制系统的传信速率是二进制系统的 2 倍。②在相同的系统传信率下，多进制信道的符号速率可以低于二进制的符号速率，所以所需信道带宽减小。基于上述特点，多进制键控得到了广泛应用，特别是多进制相位键控系统应用更广。

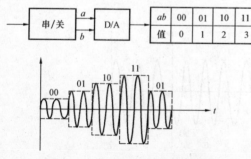

图 7-28　4ASK 的框图与波形示例

1. 多进制幅度键控（MASK）

MASK 表示多电平（M 个电平）的 ASK，比如将串行数据流经并行变换后形成 k 路的并行比特数据流，再进行 D/A 转换和 ASK，则成为电平的 ASK。$k = 2$ 时为 4ASK，如图 7-28 所示。

容易看出，MASK 的优点在于，高频调制效率是基本的 2ASK 的 k 倍，即 4ASK 是 2ASK 调制效率的 2 倍，8ASK 是 2ASK 的 3

倍；而缺点在于，因为在一定的载波幅度下 MASK 的载波电平级差小于 2ASK 的级差，其干扰能力减低。所以，采用 MASK 数字调制时，一是需要考虑传输信道的质量是否良好，是否干扰较轻而接收端不致在解调后和值判决时发生错误；二是在信道编码中必须有充分的检错、纠错能力，以保证解调和值判决上有错误时仍能通过对基带信号的纠错而得到正确的数据。

2. 多进制相位调制（MPSK）

MPSK 调制，特别是四相制相位键控（QPSK）是目前微波通信或卫星数字通信中最常用的一种载波传输方式，具有较高的抗干扰性和较高的频谱利用率，同时在电路上很容易实现，成为某些通信系统的主要调制方式。这里主要讨论 QPSK 的原理。

（1）QPSK 的调制。如图 7-29 所示，QPSK 的调制可以看成是两个 2PSK 并行组合而成的。输入的串行二进制信息序列经串/并转换后分成两路速率减半的序列 a 和 b，D/A 转换器使每对比特码元形成 4 种数据组合方式。令 a 路比特序列的 0 和 1 以 +1 和 −1 表示，并用函数 $I(t)$ 标记；令 b 路比特序列的 0 和 1 也以 +1 和 −1 表示，并用函数 $Q(t)$ 标记。而后，由 $I(t)$ 对载波 $\sin\omega_c t$ 进行平衡调制，得到 $I(t)\sin\omega_c t = \pm\sin\omega_c t$。类似地，由 $Q(t)$ 对载波 $\cos\omega_c t$ 进行平衡调制，得到 $Q(t)\cos\omega_c t = \pm\cos\omega_c t$。接着，将 $\pm\sin\omega_c t$ 与 $\pm\cos\omega_c t$ 信号相加，从而形成 QPSK 信号。因此，OPSK 调制器实际上由正交平衡调制器组成。

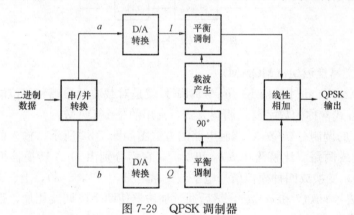

图 7-29　QPSK 调制器

据此，a、b 在码元的调制波组合可形成表 7-1 中四种绝对的 QPSK 信号，并能用图7-30所示的已调相波星座图表示，参见图中的 4 个 "."。

表 7-1　　　真　值　表

输 入		PSK 输出相位
Q	I	
0	0	−135°
0	1	−45°
1	0	+135°
1	1	+45°

I 平衡调制后可能输出两个相位（$+\sin\omega_c t$ 和 $-\sin\omega_c t$），Q 平衡调制后可能输出两个相位（$+\cos\omega_c t$

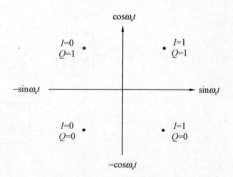

图 7-30　QPSK 的星座图

和－cosω$_c$t）。两个正交信号线性组合后，QPSK 就有四种可能的相位结果，且每个信号的幅度相同。

由上图可以看出，QPSK 中任何相邻两个相移角度是 90°，因此，QPSK 信号在传输过程中几乎可以承受＋45°或－45°相移，在一定的噪声环境下解调时，仍可以保证正确的编码信息。

（2）QPSK 信号解调。关于 QPSK 信号的解调，因为 QPSK 信号可看成是两个正交 2PSK 信号合成，所以可采用 2PSK 信号的解调方法进行解调，即由两个 2PSK 相干解调器构成解调电路，其组成方框图如图 7-31 所示。图中，并/串转换器完成与调制器中相反的作用，使上、下支路得到的并行数据恢复成串行的数据序列。

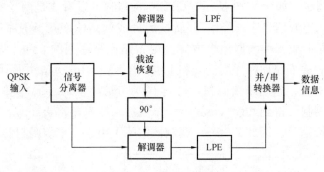

图 7-31   QPSK 调制器

3. 多进制正交幅度调制（MQAM）

幅相键控（Amplitude Phase Keying，APK）就是对载波的振幅和相位同时进行调制的一种方式，这种方式常称为数字复合调制方式，常用的是 16QAM。

（1）16QAM 的调制。16QAM 调制电路的方框图如图 7-32 所示，输入的串行数据流经过串/并转换器分成两路双比特流中 b_1b_2 和 b_3b_4，它们分别由 D/A 转换器把四种数据组合（00，01，11，10）变换成四种模拟信号电平（＋3，＋1，－1，－3），上、下支路的模拟输出分别调制载波信号 sinω$_c$t 和 cosω$_c$t，然后通过加法器使两个已调波相加，得到合成的调相波信号 16QAM 输出。

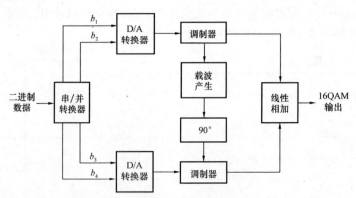

图 7-32   16QAM 调制器电路

根据上面的取值规定，可得出 $b_1b_2b_3b_4$ 共有 16 种组合，归一化后可表示 16 种组合的矢量（幅值与幅角），画出其星座图如图 7-33 所示。

MQAM 调制方式中除了常用的 16QAM 外。还有 4QAM、32QAM、64QAM、128QAM 和 256QAM 等。其中，4QAM 实际与 4PSK 是等效的，星座图上都是 4 个星座点。

（2）MQAM 的解调。MQAM 的解调是 MQAM 的编码的逆过程，如图 7-34 所示。由恢复的参考载波对已调波进行同步解调，解调的信号经低通滤波器（LPF）后受到（$\sqrt{M}-1$）种电平的阈值判决，得到两路码率为编码时输入码率的一半的二进制序列，再通过并/串转换形成码率与编码相同的二进制序列。

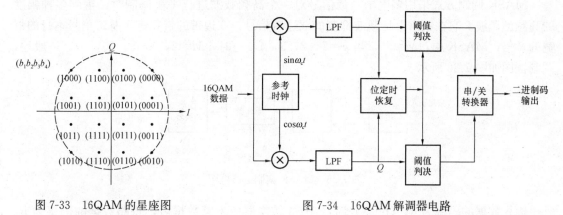

图 7-33 16QAM 的星座图
与码元关系

图 7-34 16QAM 解调器电路

（3）MQAM 与 MPSK 的比较。从图 7-33、图 7-35 所示的星座图看出，16QAM 与 16PSK 的载波调制矢量都有 16 个端点，因而也有相同的高频载波带宽效率(bit/(s·Hz))，但在抗干扰能力上是有差别的。

假设已有信号两者有同等的最大幅度 A，可以算出，在相同的 M 值下，MPSK 中星座图上相邻星座点间的最小距离 d_{MPSK} 为

$$d_{MPSK} = 2A\sin\frac{\pi}{M} \qquad (7\text{-}8)$$

而对于 MQAM，若 $M=2^k$ 中 k 为偶数，则其相应的最小距离 d_{MQAM} 为

$$d_{MQAM} = \frac{\sqrt{2}A}{\sqrt{M}-1} \qquad (7\text{-}9)$$

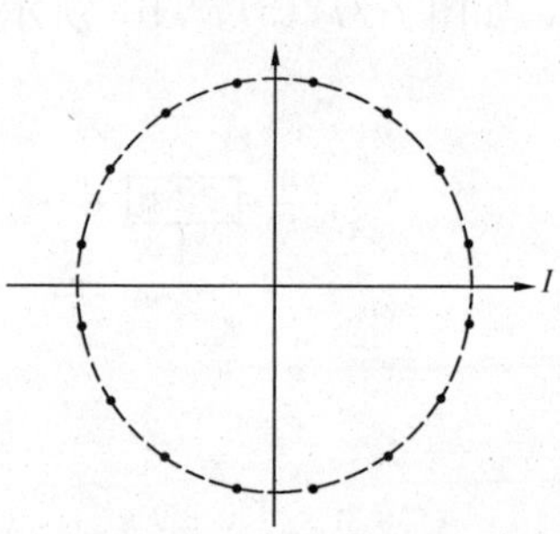

图 7-35 16SPK 的星座图
与码元关系

由式（7-8）和式（7-9）可知，当 $M=4$ 时得到 $d_{4PSK} = d_{4QAM}$。实际上，4PSK 与 4QAM 的星座图是相同的。然而，当 $M>4$ 时，例如 $M=16$ 时，可计算得到 $d_{16PSK}=0.39$，$d_{16QAM}=0.47$，即 $d_{16QAM}>d_{16PSK}$。这说明 16QAM 的抗干扰能力强于 16PSK 的抗干扰能力。

同样从星座图上也可以看出，MQAM 信号的已调载波矢量可充分利用整个调制平面，MPSK 信号的已调载波矢量只分布在等幅的圆周上，在相同的平均载波功率下，对于相同的 M 值可使 MQAM 的抗干扰能力强于 MASK 和 MPSK。

对于高频调制效率而言，理想的低通滤波情况下，MQAM 和 MPSK 信号的已调波带宽效率都是 $\eta=\log_2 M[\mathrm{bit}/(\mathrm{s \cdot Hz})]$。例如 16QAM 或 16PSK 的高频调制效率为 $\eta=4\ \mathrm{bit}/(\mathrm{s \cdot Hz})$。但在实际中，基带低通滤波器的截止是按照升余弦滚降性下降的，滚降系数为 $a=0$ 到 I（$a=0$ 即为锐截止的理想低通特性），此时的高频调制效率应修正为

$$\eta=\frac{\log_2 M}{1+a}\quad \mathrm{bit}/(\mathrm{s \cdot Hz})$$

一般地，在 DVB-S 中，$a=0.35$；在 DVB-C 中，$a=0.15$。

4. MVSB（多进制残留边带）调制

MASK 调制方式采用多电平基带信号对一个高频载波进行平衡调制时，得到多种幅度的高频已调波。它在频谱上是载波抑制的双边带信号，双边带的带宽等于基带信号本身的带宽的 2 倍。MASK 中，$M=2^k$，当 $k=1$，2，3，4，…时，$M=2$，4，8，16，…。一般地，调制框图如图 7-36 所示。

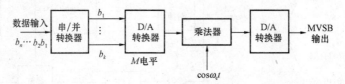

图 7-36　MASK 调制电路框图

输入数据的码率为 R_{b}（bit/s）时经串/并转换器成 k 路数据后，每路数据的码率为 R_{b}（bit/s），再由 D/A 转换器变换成 $2^k=M$ 电平的数据，与载波 $\cos\omega_{\mathrm{c}}t$ 相乘而形成 MASK 已调波。

实际上，其基带信号携带的信息在任一个边带中已全部包含，所以，传输时可以抑制一个边带（比如下边带）而只发送另一个边带（比如上边带）。其产生的方法为滤波法和移相法，如图 7-37（a）、（b）所示。

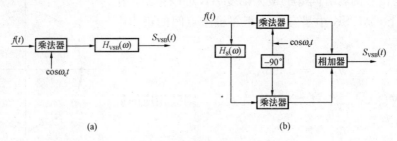

(a)　　　　　　　　　　　　　　(b)

图 7-37　VSB 信号的产生
(a) 滤波器；(b) 移相器

这样，已调波的传输带宽就等于基带信号的带宽 B。由于基带码率为 R_{b}/k 时在理想低通情况下基带信号的带宽为

$$B=\frac{1}{2}\frac{R_{\mathrm{b}}}{k}\quad (\mathrm{Hz})$$

考虑到低通滤波器具有滚降系数 a（0～1）时，因而单边带的高频调制的实际效率为

$$\eta=2\frac{\log_2 M}{1+a}\quad [\mathrm{bit}/(\mathrm{s \cdot Hz})]$$

MVSB 信号的解调方法有相干解调和非相干解调两种。在模拟电视中一般采用非相干解调；而在数字电视中，为了尽量减少解调失真，一般采用相干解调。但 VSB 调制只传送抑制载波的一个单边带，接收端不能从中获得参考载波而将无法解调。因此，在传送信号中尚需再传送一个低电平的、被抑制的基准载波信号，它称为导频信号。这时，具体可将传送的上边带向下侧展宽一些，使包含进载波分量，就像目前的模拟电视信号广播中应用的残留边带（VSB）调制方式一样。因此，此种 MASK 调制传输方式在数字电视应用中称为 MVSB 调制。

VSB 信号的相干解调过程如图 7-38 所示。

在一种实际的数字电视地面广播中，采用的高频调制方式为 8VSB，而在数字电视的有线信道传输中，原理上可以采用 16VSB 调制。显然，M 越大时，高频调制效率 η 越高。但

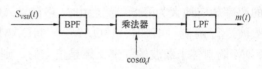

图 7-38　VSB 信号相干解调

是，当高频信号的平均功率相同时，M 增大后星座图（沿调制轴的一维星座图）上星座点之间的距离 d_{MVSB} 相应地减小，抗干扰能力随之降低。有线信道是质量较好的传输媒体，外来干扰小，容许使用 M 值大的 MVSB 调制方式。

MVSB 与 MQAM 的比较如下：

（1）在接收端，MVSB 的解调相对于 MQAM 电路较为简单，硬件容易实现。

（2）因为 VSB 中依靠导频信号使接收端恢复出参考载波，虽然保证了载波的恢复，但一定程度上消耗了一部分数据信号功率，导频信号能量太小时则容易受噪声的干扰。在 QAM 调制信号传送中，没有导频信号，可最大限度地利用高频功率。

在数字电视的有线信道传输中，普遍采用 MQAM 调制方式，具体为 16QAM、64QAM 甚至 256QAM。它们的高频调制效率 η 分别是 $4\mathrm{bit}/(\mathrm{s}\cdot\mathrm{Hz})$，$6\mathrm{bit}(\mathrm{s}\cdot\mathrm{Hz})$，$8\mathrm{bit}(\mathrm{s}\cdot\mathrm{Hz})$，考虑到低通滤波器的滚降系数 a 值，实际的高频调制效率 η 大约分别为 $3.33\ \mathrm{bit}/(\mathrm{s}\cdot\mathrm{Hz})$，$5\mathrm{bit}/(\mathrm{s}\cdot\mathrm{Hz})$ 和 $6.66\ \mathrm{bit}/(\mathrm{s}\cdot\mathrm{Hz})$。

5. COFDM 调制

上面叙述的各种数字调制方式包括 ASK、PSK 和 VSB 等，都可以归纳为单个高频载波式的数字调制，通常它的码率 R_{b} 还是很高的，比如几 Mbit/s 到几十 Mbit/s，因而比特周期（或符号周期）很短，约为 $10^{-1}\mu\mathrm{s}$ 至 $10^{-2}\mu\mathrm{s}$ 量级。用于高频已调波数据信号的地面开路发送时，无线电波在空气中的传播速度约为 $300\mathrm{m}/\mu\mathrm{s}$，因此高楼林立的城市内距离接收点 300m 远处的大厦表面传来的一次反射波会比直达波滞后 $1\mu\mathrm{s}$，更远处会延迟多个符号周期，多路反射会引起较大的码间干扰，造成接收中的误码率较高。对于移动接收，情况会更严重。

容易想到的解决办法是扩大符号周期，使其大大超过多径反射的延时时间，即一定距离内传来的 1 次、2 次或多次反射波其滞后于直达波的时间将只占据符号周期的很小一部分，码间干扰问题变得十分微小而不致造成误码。为此，必须将高的码率 R_{b} 充分降下来，降至原来的几千分之一，符号周期从而扩大几千倍，达到比如是几百 $\mu\mathrm{s}$。而滞后几 $\mu\mathrm{s}$ 甚至几十 $\mu\mathrm{s}$ 的反射波其延时量只占符号周期的几百分之一或几十分之一，不易导致码间干扰。

要将高码率 R_{b} 降低几千倍，自然要使串行数据流经串/并转换器变换成几千路并行比特流，每路比特流的码率 R_{b}' 便是原码率 R_{b} 的几千分之一。接下来使这几千路符号对高频

频带内相应地划分出的几千个子载波分别进行 PSK 或 QAM 调制，再将处于不同子频段上的几千路已调波混合起来，就形成了预定的高频频带内的一路综合已调波。可见，此种调制方式不再是单载波调制而是多载波调制了。因为许多路子载波已调信号是以频分形式合成在一起的，所以此种调制属于 FDM（频分复用）调制。

（1）COFDM 调制的基本原理。如图 7-39 所示，为了解决高速率数据在通过开路通道传输时因多径效应引入的码间干扰问题，采取的一种方法是在规定的高频带宽 B 内均匀安排 $N=2^k$ 个子载波，同时将高码率的串行数据流经串/并转换器分成 N 个并行支路，使支路的码率相应地大为降低，然后由 N 路符号（每路符号由 2，4 或 6 比特组成）分别对 N 个子载波进行调制（4PSK、16QAM 或 64QAM），再将各路已调波混合，形成 FDM 信号。FDM 调制各子载波的频谱如果是正交的，则称为正交频分复用（OFDM）。

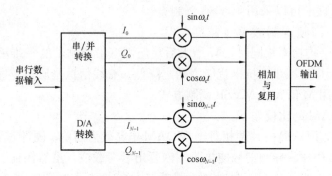

图 7-39　OFDM 调制器原理框图

对于 8MHz 的电视频道 $N=2^k$ 中 k 值可取 11，12，13，即 $N=2048$（4096，8192），对应的每一个子带的带宽为 3096Hz（1953Hz，976.5Hz）。

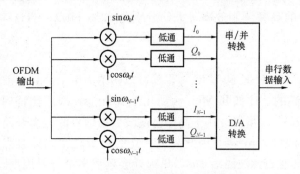

图 7-40　OFDM 解调器原理框图

（2）OFDM 的解调。OFDM 的解调是其编码的逆过程，如图 7-40 所示。图中，由接收端产生的各个 $\sin\omega_0 t$ 和 $\cos\omega_0 t$ 与接收端的 OFDM 信号相乘，只有同频同相的 OFDM，才能产生相对应的 I_j 和 Q_j 信号（即同步解调），再经阈值判决、A/D 转换和并/串转换，就可以恢复原来的数据流。

（3）FDM 的改进——COFDM。"C" 是指在 OFDM 之前再加上 "Coded"，表明基带数据信号已施加了纠错编码。"O" 是 Orthogonal（正交）的缩写，表示各子载波的频谱是正交的。这是因为 FDM 方式很好地克服了高码率数据流在多径传播环境下引起的码间干扰问题。但是，对于传输信道中因多径效应引起的不同载频信号的频率选择性衰落（平坦性衰落）和多普勒频移造成的载波间正交性破坏，依靠 OFDM 无法予以克服，此类衰落造成的误码问题还需要借助于信道中良好的纠错编码措施来预防，这就是对基带数据信号中预先进行 FEC（前向误码校正）编码。因此，就调制器本身而言，应该说就是 OFDM。COFDM 是基于将信息在时域和频域内扩展的概念，并通过编码使传输中各单元码信号受到的衰落为统计独立的。

据此，经过预先的信道编码后，接收端接收到并解调出 COFDM 信号的基带数据信号。因传输信道的选择性衰落和多普勒频移而有误码时，可通过信道解码处理来加以纠正。所以，"C"是指在信道解码中起作用，而"OFDM"是在调制解调中起作用的。

项 目 小 结

1. 数字基带传输系统是指未经调制的数字信号，其频谱是低通型的，因此基带传输系统是一个低通限带系统。数字基带传输系统由信道信号形成器、传输信道、接收滤波器和取样判决器几部分组成。

2. 数字信号调制技术：图像压缩编码与信道编码传输是数字电视系统实现的关键技术，而调制解调技术作为信道编码传送技术的重要组成部分，在数字电视领域中非常重要。

（1）数字信号调制是数字符号转换成与信道特性相匹配的波形的过程。基带调制是基带波形的成型过程。

（2）频带调制则是把数字基带信号调制到载波上，送往有线或无线带通信道传输，通常这种系统都是窄带系统。

3. 数字电视信号的调制有：二进制数字信号调制（2ASK、2FSK、2PSK、2DPSK）和多进制数字信号调制（MASK、MPSK、MQAM、MVSB、COFDM）。

项目思考题与习题

1. 简述基带传输系统的基本结构，并说明各部分的作用。

2. 数字基带信号码型的选择原则是什么？

3. 说明差分码的转换规则。

4. 码间干扰产生的原因是什么？怎样做到无码间干扰？

5. 数字电视广播有哪几种方式？

6. 升余弦滚降特性的频带利用率如何？对消除码间干扰有什么意义？

7. 数字基带信号为什么要进行调制？

8. 什么是相干和不相干的数字调制？它们分别在什么情况下使用？

9. M 进制调制 2ASK、2FSK、2PSK 的调制波形如何？说明其编码过程。

10. 数字电视信号的调制为什么要采用多进制调制技术？

11. 画出 QPSK 的调制信号产生原理方框图，并简述其工作过程。

12. 画出 16QAM 的调制的框图和星座图。

13. 为什么 MQAM 比 MPSK 具有更强的抗干扰能力？

14. MVSB 调制是怎样得到的？它的带宽是多少？

15. 简述 COFDM 调制的基本原理。

项目 8　数字视频广播系统

【内容提要】

（1）数字电视的标准各国不一样，还存在较大的差异，所以形成了不同的系统。如美国的 ATSC 制式、欧洲的 DVBT 制式和日本的 ISDB-T 制式。

（2）各国的系统中，针对不同的信道环境，采用了不同的信道编码。如 DVB-C 的 QAM 调制，DVB-T 的 COFDMS 调制，DVB-S 的 QPSK 调制。

（3）条件接收系统的加密一般采用扰码技术，由发射的随机序列与电视信号的 TS 通过模 2＋实现。

（4）交互式电视与视频点播系统都是通过中间件（机顶盒）及双向来实现的。

【本章重点】

ATSC、DVB 和 ISDB-T 三种电视系统组成及原理。

【本章难点】

ATSC、DVB 和 ISDB-T 三种电视系统原理。

数字电视的广播方式根据信号传输媒体的不同而有卫星广播、有线广播和地面广播之分。卫星广播在世界上已普遍应用，我国也是这样。中央电视台和绝大部分省级电视台的上星节目都是数字化的，包括数字上行、数字差转和数字下行，有线电视的全数字化是我国实现全数字广播电视系统的切入点。在我国的数字演播室参数、有线数字电视传输、业务信息规范和条件接收系统等标准已颁布实施的基础上，有线数字电视从试验走向实用化正在稳步前进。在技术上卫星和有线两种传输媒体所关联的数字电视信号的信道编码和高频调制方式，国际已有公认的、优化的信号处理措施，它们的参数标准各国基本类同，所以普遍先行地推出这两种数字电视广播系统。

地面开路广播通道的传输媒体的传输特性与卫星和有线相比有较大的不同，而且，由于对地面广播数字电视的性能要求各国有不同的侧重考虑，这又影响到信道编码和高频调制的信号处理方式。现在，国际上对此有三种制式，即美国的 ATSC 制式、欧洲的 DVBT 制式和日本的 ISDB-T 制式。前两种制式于 20 世纪末已分别在美国和英国实际应用，取得了相当效果。日本的制式也于 21 世纪初开播。我国于 2003 年开始播出数字有线电视。

本章将主要讨论 DVB 数字电视系统，并简述美国的 ATSC 制式和日本的 ISDB 制式数字电视系统。

任务 8.1　数字广播电视发送系统组成方框图

数字广播电视发送系统组成方框图如图 8-1 所示，电视台的设备包括了三大部分：图像信号的产生部分（包含伴音和数据的产生）、图像信号的加工处理和组合部分、射频电视信号的形成和发射部分。

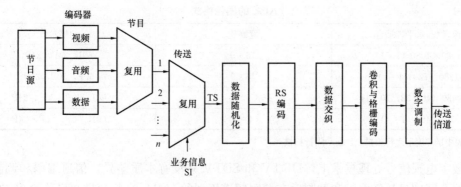

图 8-1　数字广播电视系统功能框图

1. 图像信号的产生

图像信号一般是在"演播室"产生的，另外，还有卫星、微波线路或电缆传送来的其他电视台摄制的节目，或者是由某球场、剧场等现场直播传送来的节目。电视台为了测试线路中的设备性能，还利用专用设备产生各种测试信号，以及各业务的信号、中外文字幕信号、台标信号等。

2. 图像信号的加工处理

我们知道，要把图像信号转变成数字基带调制信号，才能在信道中传送，为了保证传送图像的质量，还要经过各种压缩编码和复用，并加其他业务。

3. 射频电视信号的形成和发射

在发射机房将传送来的视频数据流经数字调制成高频载波信号，形成射频数字调制信号，然后经放大传送至有线电缆、卫星或发射天线进行发射，完成广播电视发运任务。

任务 8.2　ATSC 数字电视系统

1900 年美国 FCC（联邦通信委员会）提出发展全数字 HDTV 系统的三条基本原则是：

（1）放弃信源兼容，坚持信道兼容，在 HDTV 与常规电视并存的过渡时期内采用同播制。

（2）频谱利用上与常规电视兼容，即 HDTV 信号能在美国现有的 6MHz 广播信道中进行广播。

（3）HDTV 的地面广播从禁用频道开始，禁用频道往往是该地区常规电视使用的频道的邻近频道或邻近地区正在使用的频道，因此 HDTV 广播接收要具有抗常规电视干扰的能力，同时也要尽量避免对常规电视的干扰。

1995 年 4 月通过了 ATSC（高级电视系统委员会）标准——数字电视标准。

ATSC 标准由一个提供背景信息的总体文件、HDTV 系统概况以及附录组成。整个文件及其附录提供了系统各部分的参数规定，包括视频编码输入格式和预处理、视频编码器和参数；音频编码输入格式和预处理、音频编码器和参数；业务复用和传输子系统特性及规范；VSB 射频传输子系统。ATSC 的图像格式见表 8-1。

表 8-1   AISC 的图像格式

像素数/水平×垂直	宽高比	扫描参数
1920×1080 (1∶1)	16∶9	60I, 30P, 24P
1280×720 (1∶1)	16∶9	60P, 30P, 24P
704×480 (40∶33, 10∶11)	16∶9, 4∶3	60I, 60P, 30P, 24P
640×480 (1∶1)	4∶3	60I, 60P, 30P, 24P

注 表中的 I 表示逐行扫描，P 表示隔行扫描。

在数字电视信号处理技术上，HDTV 和 SDTV 并没有本质差异，信道编码和调制方式是统一的，区别只是经编码和调制后在美国频道规划的 6MHz 高频频带内可传输 19.39bit/s 码率，用于 HDTV 时只传输一套 HDTV 节目，而用于 SDTV 时可传输 3～5 套标准清晰度电视节目。

8.2.1 系统概况

ATSC 的《数字电视标准》中，规定了一个在 6 MHz 带宽的信道中传输高质量的视频、音频和辅助数据的系统。这个系统能在 6MHz 的地面广播信道中可靠地传输大约 19Mbit/s 数字信息，并能在 6MHz 的电缆电视信道中可靠地传输 38 Mbit/s 的数字信息。这就意味着把一个信息量为常规电视 5 倍的视频源所需的比特率减少到原来的 1/5 或更低。尽管这一标准中的射频/传输子系统是应用于地面广播和有线电视的，但视频、音频和业务复用/传输子系统也可用于其他系统。

系统的方框图如图 8-2 所示，根据这一模型，数字电视系统可由三个子系统组成。

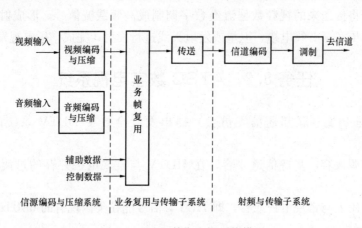

图 8-2 AISC 数字电视系统模型

1. 信源编码与压缩系统

信源编码与压缩也称为码率压缩或数据压缩，分别用于视频、音频和辅助数据。辅助数据包括控制数据、条件接收控制数据和与视频和音频节目相关的数据，辅助数据也可独立于节目，HDTV 系统的视频编码采用 MPEG-2 的视频语法规定，音频编码采用 AC-3 数字音频压缩标准。

2. 业务复用和传输子系统

业务复用和传输子系统是将视频、音频和辅助数据流打成统一格式的数据包，并合并组成一个复合数据流。在传送数据包结构时，考虑了各种媒体，如地面广播、电缆电视节目分配、卫星节目分配、记录媒体以及计算机接口之间的互操作性。因此，HDTV 的传送子系统采用了 MPEG-2 传送流语法。这是因为 MPEG-2 传送数据语法是专门开发用于信道容量和记录容量有限的媒体进行高效传送，并与 ATM 传送方法有互操作性。

　　3. 射频传输子系统

　　射频传输子系统也称为信道编码与调制。信道编码的目的是附加冗余信息到比特流中，以便在接收时能从受损的信号中恢复出原信号。调制是将要传送的数字数据流变换成适合于信道特性的信号进行传输。调制子系统在地面传输中应用 SVSB，在电缆电视中采用 16VSB。

8.2.2　ATSC 系统复用

　　ATSC 信道编码输入的是 TS（传输流）数据，TS 的形成过程包含了视频子系统、音频子系统、业务复用和传送子系统，如图 8-3 所示。

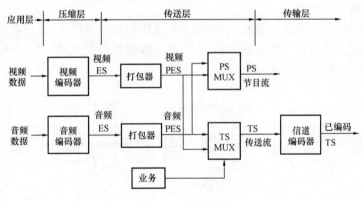

图 8-3　TS 流的形成

　　1. 视频子系统特性

　　此附件规定了 ATSC 数字电视视频子系统特性，使用了 MPEG-2 系统和图像两个规定，参考了 SMPTE17.392（1995）1280×720 扫描和接口标准、SMPTE274M（1994）1920×1080 扫描和接口标准。视频输入格式采用了上述两个标准中的格式：1280×720/60.00，59.94 或 1920×1080/60.00，59.94 逐行扫描系统；1920×1080 隔行扫描系统；宽高比均为 16∶9，方形像素。视频压缩使用 MPEG－2 的 MP@HL 并对语法中的一些参数进行了限制。这些限制有：序列头限制、视频输入格式限制、序列扩展限制、序列显示扩展限制和图像头限制。本部分还描述了图像语法中的扩展和用户数据部分，这些数据是插在图像序列层、图像组层和图像层中。

　　2. 音频子系统特性

　　在音频子系统特性附件中使用的规范是 ATSC 标准 A/52（1994）。音频编码系统是基于 ATSC 文献 A/52 中的 ATSC 数字音频压缩标准（AC-3），同时对其中的一些参数也进行了限制。如数字音频的取样频率为 48kHz，其锁定于 27MHz 系统时钟。

　　如果采用模拟音频信号输入，则 A/D 转换器的取样频率为 48kHz。如果为数字音频信号输入，若取样频率不等于 48kHz，则需加入转换器将取样频率转换成 48kHz。

3. 业务复用与传输子系统

ATSC 数字电视标准传送格式和协议是 MPEG-2 系统规定的兼容子集。对节目特殊信息 PSI，打包的基本数据流语法 PES，视频和音频的 PES，业务和特性有一些特殊的规定。在包头中的加扰控制是对 MPEG-2 系统语法的扩充，允许所有的 4 种状态存在于数字电视中，当 Transport-Scrambling-Control 值为"00"时，包内数据未加扰；为"01"时，包内数据加扰，可被业务提供者定义为特定标志；为"10"时，用偶数密钥加密；为"11"时，用奇数密钥加密。但该标准不支持 MPEG-2 13818-1 的全部模式，如不支持该标准中的静止图像模式。

传送编码器输入的是 MPEG-2 基本流和 PES 包。当采用 8VSB 传输子系统时，传输子系统输出的是恒定速率为 T_r 的 MPEG-2 传送流，而当采用 16VSB 时为 $2T_r$。这里 T_r 为

$$T_r = 2 \times (188/2080)(312/313)(684/286) \times 4.5 = 13.39 \text{Mbit/s}$$

其中，$(684/286) \times 4.5$ 为传输子系统的符号速率 S_r。T_r 和 S_r 在频率上互锁。

8.2.3　射频/传输子系统特性

ATSC 信道编码与调制系统即射频/传输子系统的附件规定了 VSB 子系统的特性。VSB 子系统有两种模式，即地面广播模式（8VSB）和电缆电视模式（16VSB），它们的基本原理框图类似，如图 8-4 所示。

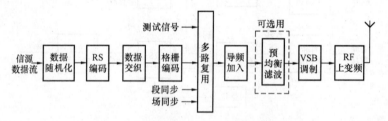

图 8-4　ATSC 信道编码与调制框图

这里仅介绍地面广播模式即 8VSB 模式，它能在 6MHz 带宽的地面广播信道中传输 19.28Mbit/s 的数据码率。从传输子系统输入到传输子系统的是与 MPEG-2 兼容的 188 个字节的数据包组成的串行数据流，这 188 个字节中包括 1 个字节的同步和 187 个字节的数据。输入的数据首先进行随机化，然后进行前向纠错 RS 码，每个数据包附加 20 个冗余字节，变成 208 个字节，再经 1/6 场深度的交织和 2/3 速率的格栅编码。随机化和前向纠错不影响原包中的同步字节。数据包在复用时格式化成数据帧并加入数据段同步和数据场同步信号。数据帧的结构如图 8-5 所示，每个数据帧分成两个数据场，每场有 313 个数据段，每场的第 1

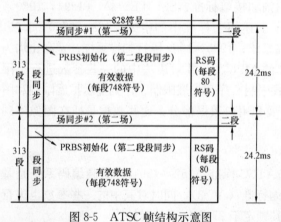

图 8-5　ATSC 帧结构示意图

个数据段是数据场同步，其中包括用于接收机均衡的训练序列，其余的 312 个数据段每个数据段携带了相应于传送包 188 个字节的数据和 20 个字节的冗余信息。

任务 8.3　DVB 数字视频广播电视系统

1991 年由欧洲人发起的制定数字电视发展规划的组织很快就吸引了美国及日本的许多成员，变成了一个世界性组织。1993 年 9 月工作组起草了一个备忘录，将工作组更名为 DVB 组织，即国际数字视频广播组织。

工业界要求 DVB 以市场的商业需求作为制定标准的依据，以 MPEG-2 压缩算法中的数字技术为基础进行综合开发。

8.3.1　DVB 的技术特点

DVB（数字视频广播）的主要目标是要找到一种对所有传输媒体都适用的数字电视技术和系统，它具有以下特点：

（1）灵活传送 MPEG-2 视频、音频和其他数据信号。

（2）使用统一的 MPEG-2 传送比特流复用。

（3）使用统一的服务信息系统提供广播节目的细节等信息。

（4）使用统一的一级 Reed-Solomon 前向纠错系统。

（5）使用统一的加扰系统，但可有不同的加密。

（6）选择适用于不同传输媒体的调制方法和信道编码方法以及任何必需的附加纠错方法。

（7）鼓励欧洲以外地区使用 DVB 标准，推动建立世界范围的数字视频广播标准，这一目标得到了 ITU 卫星广播的支持。

（8）支持数字系统中的图文电视系统。

8.3.2　DVB 系统的主要标准

DVB-S：DVB-S 成为 ETS300421 标准，用于 11/12GHz 频段的卫星系统，可以进行配转，以便适用于各种转发器带宽和功率的要求。

DVB-C：DVB-C 成为 ETS300429 标准，用于有线传送系统，与 DVB-S 兼容，通常用于 8MHz 有线频道。

DVB-T：用于地面 7 ～ 8MHz 频道数字式地面广播电视系统，DVB-T 的标准是 ETS300。

DVB-SI：成为 PRET300468 标准，它是业务信息系统，帮助用户把业务信息形成 DVB 码流。

DVB-TXT：成为 PRET300472 标准，用于 DVB 固定格式文本传送规范。

DVB-CI：用于条件接收和其他应用的 DVB 公共接口。

这些标准都是首先由 JTC（Joint Technical Committee，EBU 联合技术委员会）批准，然后进入 UAP（Unified Approval Procedure，联合批准程序），由各国国家标准组织批准。以上标准已得到 ETSI（European Telecommunication Standardization Institute，欧洲电信标准化学会）的批准。DVB-S、DVB-C 和 DVB-T 正在推荐给 ITU（国际电信联盟）。

在制定标准过程中，对于每一种传送系统的标准都是开放式的，并且可以互相操作。在指导委员会批准之后，DVB 规范提供给有关的欧洲标准化机构（ETSL 或者 CENELEC），通过 ETSI/EBUJTC（联合技术委员会）进行标准化，再提供给 ITU。

此外，在字幕、MMDS（微波多点分配系统）、交互式电视诸领域中，DVB 也正在积极地工作。DVB 包含了信源和信道两部分标准，MPEG-2 信源编码方式利用了人体视觉和听觉的生理特性，把图像和声音进行数字压缩。压缩的方法有 5 类，图像分 4 级，可以从低质量到 HDTV 质量，相应的输出码率可以从 4 Mbit/s 到 100 Mbit/s，所选码率越高，图像质量越好，占用的频带也越宽。码率选用与图像内容也有很大的关系。运动速度快的图像，如体育节目，需要较高的码率；电影和动画片这样的节目所需的码率相对小一些，目前许多设备都采用了统计复用方法把多个节目复用合成一个比特流送到卫星或其他信道，在不同码率需求的节目之间灵活地分配总码率。

信道编码的目的是要保证正确接收。目前已经通过的 DVB 标准包括有线电视标准和卫星电视标准（DVB-C 和 DVB-S），信道编码分外码和内码两层。外码采用 RS 码，内码采用卷积码，中间再加上交织，这样效率较高，这是以前用在宇航通信中的一种级联纠错方案。

调制时，因为卫星转发器上的功率是否充分利用关系到地面接收天线的尺寸，所以，为了获得最大的功率利用率，DVB 系统中的卫星广播采用 QPSK 调制，这种系统最好用于一个转发器单载波的系统，也能用在多载波系统上。转发器带宽不同，相应的传输码率也不同。有线电视系统则采用 QAM，目的是使频谱的利用率最大。

DVB 标准中除了信源编码采用 MPEG-2 标准，信道编码在有线电视、卫星传输中大部分处理都相同之外，还制定了统一的服务格式以及有条件接收的技术规范，但可以有不同的加密方式。DVB 设计的是一个通用的数字电视系统。在这个系统内各种传输方式之间的转换用最简单的方式。这样，就可以把技术的通用性和节目的保密性很好地结合在一起。

由于相对较低的基础设施费用投入和各国相对简单的标准协调问题，数字卫星电视（DVB-S）网比数字有线电视（DVB-C）网和数字开路电视（DVB-T）网先一步。1995 年 DVB 组织确立了数字卫星电视的标准 DVB-S。1996 年数字有线电视标准 DVB-C 数字共用无线电视、数字微波电视等标准随之确立，数字开路电视 DVB-T 的采用紧随其后。1997 年以 DVB 标准为基础的数字电视已经在全世界普及，拥有了几百万用户。1998 年末，微型计算机用户可以通过在他们使用的微机内插入数字卫星接收卡，享受因特网服务。目前，数字地面电视（DVB-T）标准正在逐渐被世界各国所采用，为今后的高清晰度电视开辟了广阔的前景。

8.3.3 DVB 系统的核心技术

DVB 各种系统的核心技术是通用的 MPEG-2 视频和音频编码，充分利用了视觉和听觉的生理特性达到更好的压缩。

1. DVB 标准的核心

（1）系统采用 MPEG 压缩的音频、视频及数据格式作为数据源。

（2）系统采用公共 MPEG-2 传输流（TS）复用方式。

（3）系统采用公共的用于描述广播节目的系统服务信息（SI）。

（4）系统的第一级信道编码采用 RS 前向纠错编码保护。

（5）调制与其他附属的信道编码方式，由不同的传输媒介来确定。

（6）使用通用的加扰方式以及条件接收界面。

2. DVB 音频特点

DVB 系统的音频编码使用 MPEG 的 Layer Ⅱ（第 2 层）音频编码，也称为 MUSICAM。

音频的 MPEG 的 Layer Ⅱ 编码压缩系统利用了声音的低声音频谱掩蔽效应，这一人体生理学效应允许人们对于人耳不太敏感的频率进行低码率编码。这一技术的采用可以大大降低音频编码速率。MPEG-2 的 Layer Ⅱ 音频编码可用于单音、立体声、环绕声和多路多语言声音的编码。

3. DVB 视频特点

对于视频，国际上采用标准的 MPEG-2 压缩编码。

4. MPEG-2 码流复用及服务信息

数字电视的音频、视频及数字信号首先经过 MPEG-2 编码器进行数据压缩，通过节目复用器形成基本码流（ES），基本码流经过打包后形成有包头的基本码流（PES）。代表不同音频和视频信号的 PES 流被送入传输复用器进行系统复用，复用后的码流叫做传输流（TS）。传输流中包括多个节目源的不同信号，为了区分这些信号，在系统复用器上需要加入服务信息（SI），使接收端可以识别不同的节目。

5. SDTV 视、音频实时编码器

标准清晰度电视（SDTV）视、音频实时编码器是用于将模拟视、音频信源送来的 PAL 或 NTSC 信号经 A/D 转换后，把视频转换为符合 CCIR601 标准的 4：2：2 信号，再按 MPEG-2 信源编码的要求进行实时编码，技术关键在于"实时"。

（1）实时视、音频播出器。一般由中档工作站作视音频压缩数据的服务器及多个播放器组成。

（2）传输流复用器。传输流复用器将送入复用器的 410 路节目流（PES）复用为 MPEG-2 传输流（TS），在复用器中，数据量极大，PES 至 TS 的码转换工作十分繁重，最关键的技术是负担码流的均衡和统计复用工作，最大限度地提高信道利用率。

（3）DVB 信道编码器。TS 流作为一个传输整体进入 DVB 信道编码器。信道编码器的主要任务是以现代的前向纠错编码（FEC）等手段，保证在传输过程中能有效地消除可能产生的误码。信道编码器主要采用 RS 码、深度交织、网络编码等最新编码方式，针对卫星、电缆及地面三类不同的信道采用 QPSK、64QAM 及 COFDM 这三种调制方法。

（4）机顶盒（用户机上的变换器）。机顶盒是用户端的主要设备，它接收来自电缆或卫星的信号，进行解调和信道解码，以恢复 MPEG-2 的传输流，然后通过解复用选出所需的节目流，并对节目流进行必要的解密处理后，再送至 MPEG-2 视、音频解码器进行信源解码，恢复成视、音频信号送至模拟电视接收机及音频设备。当码流出现错误时机顶盒还将进行掩盖处理。另外一项重要的内容是 IC 收费卡的管理。

6. DVB 标准传输系统

DVB 标准传输系统分成信源编码和信道编码两部分。信源编码采用 MPEG-2 码流，首先对音频和视频进行节目复用，然后将多个数字电视节目流进行传输复用。信道编码包括前向纠错编码调制、解调和上下变频三部分。前向纠错码调制根据不同的传输媒介采用不同的组合，卫星传输采用 QPSK 调制，有线传输采用 QAM 调制，开路传输采用 COFDM 调制或 16VSB 调制。

8.3.4   DVB-S（卫星）

1. DVB-S 电视系统功能框图

DVB-S 系统定义了从 MPEG-2 复用到卫星传输通道特性。系统方框图如图 8-6 所示。

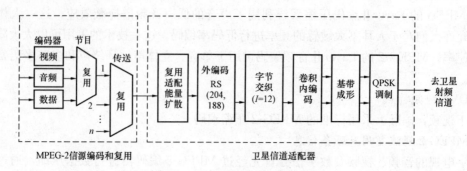

图 8-6　DVB-S 电视系统功能框图

它主要包括信道编码与复用及卫星信道适配器（即信道编码和高频调制）。

DVB-S 系统可以适应多种卫星广播系统。卫星的转发器带宽为 26～72 MHz（−3dB），转发器功率为 49～61dBmV，可以使用的卫星有 Astra、Eutelsat 系列和 HisPasat、Telecom 系列的一部分，如 Tele-X、Thor、TDF-1、TDF-2、DFS 等。

DVB-S 是一个单载波系统，其处理结构像一个洋葱，中间是数据，外面还有许多层，用来减少信号对误码的抵抗能力并使其适应通道的传输特性。

2. 复用适配与能量扩散（加扰码）

系统复用后输出的 TS，每 8 个 TS 包组成一个大包，作为加扰序列的循环周期。而每个 TS 是由 188 字节组成的包，其中第 1 个字节为同步字节。对于大包而言，第 1 个同步字为 41H（01000111）的反码（10111000），其他字节的同步字为 41H，如图 8-7 所示。

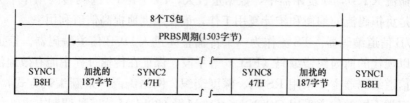

图 8-7　大包与加扰周期

形成的 TS 大包对数据进行随机化，即加抗码，使数据的能量扩散，采用 15 位移位寄存器构成的 PRBS（伪随机二进制序列），如图 8-8 所示。

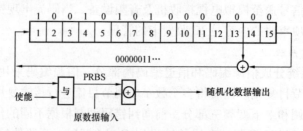

图 8-8　PRBS 发生器与加扰示意图

每个大包同步期间，扰码器进行初始化。图 8-8 中初始化数据为 100101010000000，随后连续工作，但在每个 TS 流的小包同步期间，使能端将扰码信号切断，同步字不加扰。

实际上，加入的扰码与原来的 TS 作模 2 加（异或）运算。如原 TS 为 100001100010，扰码为 010010101001，两码流作"模 2 加"后，得到 110011001011。

扰码的作用如下：

（1）可以将能量高的扩散到其他能量低的地方。

（2）可通过扰码加密。

（3）可防止没有比特流输入时，发射机发射的是未经调制的单载波信号形成的干扰。

解码电路其实很简单，只需将加扰后的码与扰码作模 2 加就可以得到原来的比特流。如图 8-9 所示。

图 8-9 解扰电路示意图

3. 外码编码

外码编码采用 RS 码（204，188，$T=8$），加到经扰码后的每一个数据包，包括翻转的和未翻转的同步字。码生成多项式和域生成多项式分别为

$$g(x) = (x+\lambda^0)(x+\lambda^1)\cdots(x+\lambda^{15}) \quad (\lambda = 02\text{H})$$

$$P(X) = X^8 + X^4 + X^3 + X^2 + 1$$

截短 RS 码也可用原 RS（255，239，$T=8$）来生成，这时在（255，239）编码器输入端，在有用信息前加 51 字节的 0，经过 RS 编码后再把 0 去除掉即可。

实际上，在外编码中，加入了 16 字节的 RS 码，可以纠错 8 个误码字节。

4. 外交织

为了提高抗突发误码的能力，在 RS 编码后采用了以字节为单位的交织，称为外交织，交织深度 $I=12$，加到每个有误码保护的数据包上（204 字节），其框图如图 8-10 所示。

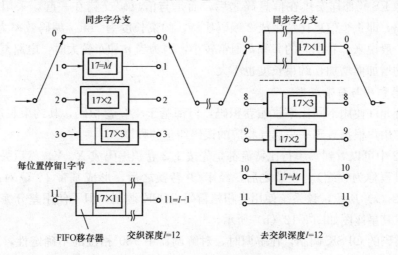

图 8-10 卷积交织器与去交织器

该方案是根据 Forney 的方法，经交织的帧由交叠的经误码保护的数据包组成，并以翻转或不翻转的同步字节为界。交织器可由 1～12 个分支组成，由输入开关轮流接到输入比特流。在每个分支上都有一个 M_j 单元的先进先出（FIFO）移位寄存器，这里 $M=17=N/I$，$N=204$ 为误码保护帧长，$I=12$ 为交织深度，j 为分支序号。FIFO 每个单元为 1 字节，而

且与输入输出开关同步。为了能更好地同步，翻转或不翻转的同步字节总是接到分支"0"。去交织器与交织器结构类似，但分支序号排列相反，即分支"0"相当于最大延迟。去交织器的同步可以由分支"0"识别同步字节来完成。以上处理的帧结构如图 8-11 所示。

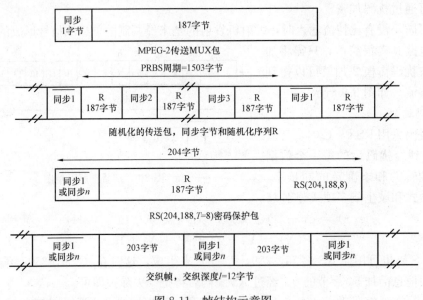

图 8-11　帧结构示意图

5. 卷积内编码

内码使用卷积编码，增加了信道的纠错能力，以利于抵抗卫星广播信道传输中的干扰。内码编码不像 RS 码那样安排在信息码之后，而是与信息码交错在一起，采用（2，1，7）形式的卷积码，即 1 个信息比特生成 2 编码比特，约束长度为 7bit，编码效率为 1/2，但纠错能力强。一般说来，卷积码的 n 和 k 通常较小，因为当 n 和 k 较大时，电路复杂，尽管纠错能力随 n 的增加而增加，约束长度也不大。

6. 收缩卷积码与基带成形

这一系统允许使用不同比率收缩卷积码，但都基于 1/2 卷积码，其约束长度 $k=7$。这种方法可以使用户根据数码率来选择相应的误码纠正的程度。

从图 8-12 中可以看到，串行比特流都是先按 1/2 卷积编码成 X、Y，然后去除不传送的比特（这一过程称为收缩）。收缩之后，经串/并转换之后，形成基带 I、Q 对两路并行输出。如图 8-12（a）所示，该系统使用卷积格雷码 QPSK 调制，但不使用差分编码而使用绝对比特映射，其星座图如图 8-12（b）所示。

对于格雷码的 QPSK 调制，在解调时，对解调器中 180° 相位的不确定性，通过界定字节交织帧中 MPEG-2 的同步字节予以识别和解决。

在调制前，I 和 Q 信号要进行升余弦平方根滤波，滚降系数应是 0.35。

对于卫星直播业务，卫星功率是否充分利用，对接收天线的尺寸有直接影响，相对来说，由于有码率压缩，对频谱利用率可以放到第二位考虑。为了达到最大的功率利用率又不使频谱利用率有很大的降低，卫星系统最好采用 QPSK 调制并使用卷积码和 RS 级联纠错的方式。该系统最好用于一个转发器单载波的系统，也能用于多载波系统，对应于不同转发器

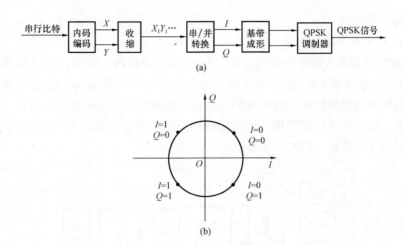

图 8-12　收缩卷积码和 QPSK 调制

带宽（BW）的各种码率见表 8-2。表中，R_s 为 QPSK 调制符号的速率；R_u 为 MPEG-2 复接器输出的节目码流率。

表 8-2　　　　　　　　　　　　各种转发器带宽与相应的码率

BW （−3dB) /MHz	BW （−1dB) /MHz	R_s （=BW/1.28） /(Mbit/s)	R_u （QPSK+1/2） /(Mbit/s)	R_u （QPSK+2/3） /(Mbit/s)	R_u （QPSK+3/4） /(Mbit/s)	R_u （QPSK+5/6） /(Mbit/s)	R_u （QPSK+7/8） /(Mbit/s)
54	48.6	42.2	38.9	51.8	58.3	64.8	68.0
46	41.1	35.9	33.1	44.2	49.7	55.0	58.0
40	36.0	31.2	28.8	38.4	43.2	48.0	50.4
36	32.4	28.1	25.9	34.6	38.9	43.2	45.4
33	29.7	25.8	23.8	31.7	35.6	39.6	41.6
30	27.0	23.4	21.6	28.8	32.4	36.0	37.6
27	24.3	21.1	19.4	25.9	29.2	32.4	34.0
26	23.4	20.3	18.7	25.0	28.1	31.2	32.8

这样一个实际系统有很好的实用性。在接收端，内码输入端即使有很大的误码率，系统仍能很好地工作，这一误码率为 $10^{-1} \sim 10^{-2}$。经内码校正输出即可达到 2×10^{-4} 或更低的误码率，这一误码率相当于外码输出近似无误码（QEF）（误码率可为 $10^{-10} \sim 10^{-11}$），相应于每小时少一个不可纠正的误码。

数字卫星电视的传输是为了满足卫星转发器的带宽及卫星信号的传输特点而设计的。卫星系统是一个单载波系统，如果我们将所要传输的有用信息称为"核"，那么它的周围包裹了许多保护层。视频、音频以及数据被放入固定长度打包的 MPEG-2 的传输流中，然后进行信道处理，使信号在传输过程中有更强的抗干扰能力。

总之，传输系统首先对突发的误码进行离散化，然后加入 RS 外纠错码保护，内纠错码可以根据发射功率、天线尺寸以及码流率进行调节变化，举例来讲，一个 36MHz 带宽的卫星转发器采用 3/4 的卷积码可以达到的码流率是 39Mbit/s，这一码流率可以传送 5～6 路高质量的电视信号，见表 8-2。

8.3.5 DVB-C（有线）

1.DVB-C 数字电视系统框图

DVB-C 数字电视系统的框图如图 8-13 所示。系统分成两个部分：CATV 前端和综合解码接收机（IRD，也称机上终端）。为了使各种传输方式尽可能兼容，除通道调制外的大部分处理均与卫星中的处理相同，即有相同的伪随机序列扰码、相同的 RS 纠错、相同的卷积交织。框图中，涉及的系统帧结构、信道编码和调制传输，都是以 MPEG-2 系统层为基础，加上适当的前向误码校正（FEC）和采用适宜的调制方式。

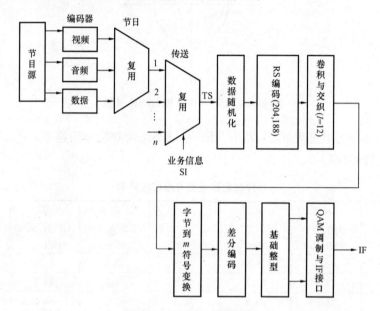

图 8-13　DVB-C 传输系统

2.DVB-C 的特点

与卫星数字电视广播系统的特性不同，有线数字电视广播系统的特点在于：一是传输信道的带宽窄，与地面电视广播同样为 8MHz，而不是卫星信道的 24MHz 以上；二是信号电平高，接收端最小输入信号为 100mV（峰-峰值）以上；三是传输信道质量好，光纤和电缆内的信号不易受到外来干扰。因此，DVB-C 系统对 FEC 处理的要求可降低，其高频调制效率可提高，图 8-13 的设计正适合。

3. 单字节到多字节组的转换

单字节到多字节组的转换和 MQAM 调制是专门用于电缆电视的处理。首先进行的是单字节到 m 位符号的转换，如 64QAM 是将 8bit 数据转换成 6bit 为一组符号，然后头两个比特进行差分编码再与剩余的 4bit 转换成相应星座图中的点，如图 8-14 所示。实现上述电路的框图如图 8-15 所示。该方案可以适应 16QAM，32QAM，64QAM 这三种调制方式。

有线网络系统的核心与卫星系统相同，但调制系统采用的是正交幅度调制（QAM），而不是以 QPSK 调制，而且不需要内码正向误码校正（FEC）。该系统以 64QAM 为中心，但是也能够使用较低水平的系统，例如 16QAM 和 32QAM。在每种情况下，在系统的数据容量和数据的可靠性之间进行折中，较高水平的系统，例如 128QAM 和 256QAM 也是可能的。但它们的使用取决于有线网络的容量是否能应付降低了的解码余量。

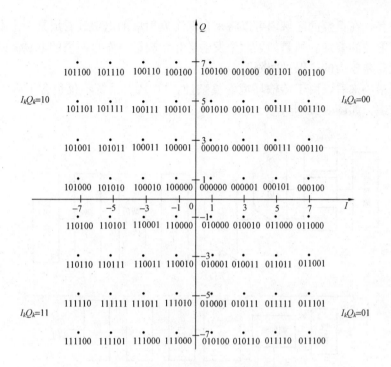

图 8-14 64QAM 调制的星座图

至于容量，如果使用 64QAM，那么 8MHz 频道能够容纳 38.5Mbit/s 的有效载荷容量，而不至于流到邻频道中去。

数字有线电视采用与卫星同样的"核"，即 MPEG-2 压缩编码的传输流。由于传输媒介采用的是同轴线，与卫星传输相比外界干扰

图 8-15 字节到 m 符号变换框图

小，信号强度相对高一些，所以前向纠错码保护中取消了内码。调制方式改成 64QAM 方式，有时也可以采用 16QAM、32QAM 或更高的 128QAM 及 256QAM。对于 QAM 而言，传输信息量越高，抗干扰能力越低。在一个 8MHz 标准电视频道内，如果使用的是 QAM，所传输的数据速率为 38.5Mbit/s。

8.3.6 DVB-T（地面）

开路传输系统的标准是 1998 年 2 月批准通过的，第一个正式的开路传输系统于 1998 年初开始运营。MPEG-2 数字音频、视频压缩编码仍然是开路传输的核心。其他特点是：采用 COFDM 调制方式，在这种调制方式内，可以分成适用于小范围的单发射机运行的 2 kHz 载波方式及适用于大范围多发射机的 8kHz 载波方式。COFDM 调制方式将信息分布到许多个载波上面，这种技术曾经成功地运用到了数字音、视频广播（DAB）上面，用来避免传输环境造成的多径反射效应，其代价是引入了传输"保护间隔"。这些"保护间隔"会占用一部分带宽，通常 COFDM 的载波数量越多，对于给定的最大反射延时时间，传输容量损失越小。但是总有一个平稳点，增加载波数量会使接收机复杂性增加，破坏相位噪声灵敏度。

由于 COFDM 调制方式的抗多径反射功能，它可以潜在地允许在单频网中的相邻网络

的电磁覆盖重叠，在重叠的区域内可以将来自两个发射塔的电磁波看成是一个发射塔的电磁波与其自身反射波的叠加。但是如果两个发射塔相距较远，发自两塔的电磁波的时间延迟比较长，系统就需要较大的"保护间隔"。

从前向纠错码来看，由于传输环境的复杂性，DVB-T 系统不仅包含了内、外码，而且加入了内外交织，如图 8-16 所示。

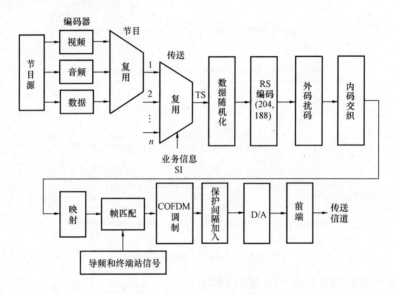

图 8-16   DVB-T 电视传输系统

任务 8.4   ISDB-T 数字电视系统

日本的高清晰度电视早在 20 多年前就已正式播出，采用的是 Hivision HDTV 制式，在压缩信号输出和调制传输中采用的是模拟的亮度和色差信号时分复用形式，只能对日本的频道带宽为 24MHz 的卫星通道进行传输，而不能在其带宽为 6MHz 的地面频道中实现 HDTV 电视广播。因此日本现在主要是全数字地面电视广播制式，即 ISDB-T（综合业务数字广播-地面传输）或称 DIBEG（数字广播专家组）制式。

日本采用的地面传输制式不限于单独传输数字电视（图像和声音），也可以独立地传播声音和数据广播，这几者可以单独存在或任意地组合，构成在带宽为 6MHz 内的 1 路节目或多路节目。

ISDB-T 的信源编码中，图像信号也按照 MPEG-2 压缩标准，其 SDTV 图像源格式为 720（704）×480 像素，取样标准为 4∶2∶0 模式。至于声音信号的信源编码，日本采用基于 MPEG-4 的 AAC（高级 AC）压缩方式。

图 8-17 所示为 ISDB-T 系统框图。ISDB-T 系统包括发送部分和接收部分，发送部分的输入是信源编码部分的输出，发送部分的输出是加给发射机输入端的中频调制信号，在发射机内上变频成射频信号并经功放后送至馈线和天线。其中，TMCC 为传输和复用配置控制信息。

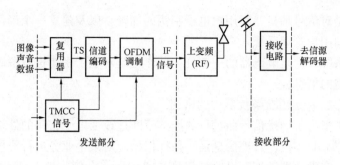

图 8-17　ISDB-T 系统框图

8.4.1　ISDB-T 的传送带宽

为了与地面电视广播的原频道（每频道 6MHz）相适配，ISDB-T 中每个频道的传送带宽为 $432\text{ kHz}\times13+4\text{kHz}=5.62\text{MHz}$ 或 $432\text{kHz}\times13+1\text{kHz}=5.617\text{MHz}$。这里，是以每 432 kHz 作为一段独立的 OFDM（正交频分复用）频带，6MHz 内可包含 13 段 OFDM。而每个 OFDM 段由数据段和导频信号组成，或者说 OFDM 段是指在数据段中加入各种导频信号后于 432 kHz 带宽内传送的信息数据流。对每个数据段可以独立指定其载波调制方式（16QAM、64QAM、QPSK 或 DQPSK）、内码编码率（1/2、2/3、3/4、5/6 或 7/8）、保护间隔和时间交织深度等。

但欧洲 DVB-T 的 8 MHz 或 7 MHz 的每路频道是作为一个总体来处理的，对载频方式、内码编码、保护间隔只能选用一种方式。因此，ISDB-T 在信号处理方面相对要灵活得多。

8.4.2　传送信号形式

ISDB-T 中，根据 MPEG-2 系统，实施传送信号的复用。每一个物理通道（6MHz）为一个基本 TS（传输流），其中 13 个 OFDM 段可构成具有统一参数值的单

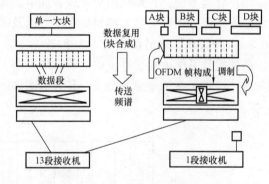

图 8-18　ISDB-T 的整体接收与部分接收

一大块，也可以分为几个块层，最多为 4 个块层。接收端接收时，可以对 13 段 OFDM 作整体接收，也可以部分接收。图 8-18 所示为不分块层整体接收和分块层部分接收的两种情况。

由图可见，一个块层内包含的 OFDM 段的数目并无限定，可多可少（≤13，而部分接收时总是接收中央的一段．即接收一个物理通道（6MHz）内基本 TS 的一部分。

ISDB-T 的每个 132kHz 内载波间隔有 4kHz 与 1kHz 两种。另外，接收端为了能抗多径干扰，在每个有效符号持续期 T_u（$=1/$载波间隔）内增加一个保护间隔持续期 Δ，按规定 Δ/T_u 的值有 4 种 1/4、1/8、1/16 或 1/32。

任务 8.5　数字电视的特殊功能

8.5.1　条件接收

1．条件接收系统的有关概念

接收控制系统/条件接收系统：该系统的任务是保证广播业务仅被授权接收的用户所接

收，其主要功能是对信号加扰，对用户电子密钥的加密，以及建立一个确保被授权的用户能接收到加扰节目的用户管理系统。

条件接收子系统：它是解码器的一部分，其作用是对电子密钥进行解码，并恢复出用来控制解扰序列所需的信息。

控制字（CW）：它是用在解扰器中的密钥。

加密：加密是指为了加扰信号而进行的连续不断地改变电子密钥的处理。电子密钥一般授权管理信息（EMM），授权管理信息是一种授权用户对某个业务进行解扰的信息。它与授权控制信息一样，在发送端被加密以后与信号一道传送，在接收端 EMM 被用来打开/关闭单个解码器或一组解扰器。

盗收：它是指对控制节目进行非授权的接收，常指使用伪造的智能卡和解扰器，从而绕过整个或部分条件接收系统的不正当接收方法。

加扰：它是指连续不断地改变广播电视信号形式的方法，以使得不用恰当的解码器和电子密钥就不能接收到正确的信号。

解扰：它与加扰相反，是加扰的逆过程。

用户授权系统：它在用户管理系统的指导下，负责对 ECM 和 EMM 数据流进行组织，使之序列化并传输到用户管理中心。

用户管理系统：它是向用户发放智能卡、寄送账单及收费的商业中心。用户管理中心的主要任务是建立用户信息、解码器序列号以及哪种业务被订购、接收信息的数据库。

2. 条件接收系统的组成和工作原理

条件接收系统由加扰器、解扰器、加密器、控制字产生器、用户授权系统、用户管理系统和条件接收子系统等部分组成，其方框图如图 8-19 所示。其工作原理如下：

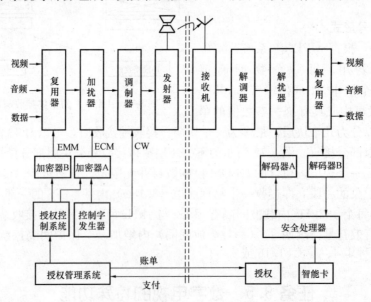

图 8-19 条件接收子系统框图

在信号的发送端，首先由控制字发生器产生控制字（CW），将它提供给加扰器和加密器 A。控制字的典型字长为 60bit，每隔 2~10s 改变一次。加扰器根据控制字发生器提供的控制字，对来自复用器的 MPEG-2 传送比特流进行加扰运算，此时，加扰器的输出结果即为经过扰乱了以后的 MPEG-2 传送比特流，控制字就是加扰器加扰所用的密钥。加密器接收到来自控制字发生器的控制字后，则根据用户授权系统提供的业务密钥对控制字进行加密运算，加密器的输出结果即为经过加密以后的控制字，被称为授权控制信息（ECM）。业务密钥在送给加密器 A 的同时也被提供给了加密器 B。加密器 B 与加密器 A 稍有不同，它自己能够产生密钥，并可以用此密钥对授权控制系统送来的业务密钥进行加密，加密器 B 的输出结果为加密后的业务密钥，被称为授权管理信息（EMM）。经过这个过程产生的 ECM 和 EMM 均被送至 MPEG-2 复用器，与被送至同一点复用的图像、声音和数据信号比特流一起打包成 MPEG-2 传送比特流而输出。

在此需要指出的是，在 MPEG-2 系统标准中，对在数据包中加入条件接收控制信息及密钥的位置有规定，所以 ECM 和 EMM 信息均可以打入 MPEG-2 数据包中。另外，在发送端还有用户管理系统和用户授权系统。用户管理系统是根据用户订购节目和收看节目的情况，一方面向授权控制系统发出指令，决定哪些用户可以被授权看哪些节目或接受哪些服务；另一方面还可以向用户发送账单。用户授权控制系统则是根据用户授权管理系统的指令，产生哪些用户该授权哪种收看、哪些信息接收权力的信息，即产生出业务密钥。

在信号的接收端，经过解调后的加扰比特流，在开始的瞬间，控制字还没有恢复出来以前，该加扰比特流在没有解扰的情况下，通过解扰器送至解复用器，由于 ECM 和 EMM 信号被放置于 MPEG-2 传送比特流包头的固定位置，因此，解复用器便很容易地解出 ECM 和 EMM 信号。从解复用器出来的 ECM 和 EMM 信号，被分别送至智能卡中的解密器 A 和解密器 B 与智能卡中的安全处理器共同工作，从而恢复出控制字（CW），并将它送至解扰器。恢复控制字的过程十分短暂，一旦在接收端恢复出正确控制字以后，解扰器便能正常解扰，将加扰比特流恢复成正常比特流。

从上面所述，我们可以看出整个 DVB 条件接收系统的安全性得到了 3 层保护。第 1 层保护是用控制字对复用器输出的图像、声音和数据信号比特流进行加扰，扰乱正常的比特流，使其在接收端不通过解扰就收看、收听不到正常的图像、声音及数据信息；第 2 层保护是通过对控制字用业务密钥加密，从而使控制字在传送给用户的过程中被盗，被盗者也无法对加密后的控制字进行解密；第 3 层保护是对业务密钥的加密，它使得整个系统的安全性更强，使非授权用户在即使得到加密业务密钥的情况下，也不能轻易解密，因为解不出业务密钥就解不出正确的控制字，没有正确的控制字就无法解出并获得正常信号的比特流。

8.5.2　交互式电视

1.交互式电视的技术标准

数字交互式电视的技术标准由数据广播和交互业务标准组成。主要有美国 ATSC 数据广播规范《有线电视数据业务接口规范》，即 DOCSIS 标准，欧洲 DVB 数据广播标准及 DVB 交互业务协议等。

DVB 组织所定义的可以进行交互活动的 DVB 工具一般分为两类；一类是与网络无关的，可以看作一个协议叠层，该协议叠层可借助于 ISO/OSI 扩展为 2～3 层（ETS 300802）。该叠层中的重要部分由 MPEG（ISO 13818-6）建立的《数字存储介质指令控制（DSMCC）》协议导出。为能够理解和使用这个复杂的叠层，DVB 组织制定了文件（TM1631）作为用户指南。另一类 DVB 技术规范与 ISO/OSI 模型的低层有关，因此定义为网络相关性交互工具。1996 年 DVB 制定了两个规范：一个规范（ETS 300801）论述使用公众电话交换网（PSTN）和综合业务数字网（ISDN）作为实际交互网络；另一个规范（ETS 300800）论述使用 CATV 网用于交互网络的综合解决。DVB 组织还将制定新的规范，即可以通过甚小孔径地面站（VSAT）将（S）MATV 系统与外部交互式网络连接的规范，这个规范也可用于地面 DVB 的交互通道。

2. 交互式电视体系结构

交互式电视体系结构可以仿照网络的开放系统互联（ISO/OSI）七层参考模型，分为以下几个层次来描述，如图 8-20 所示。

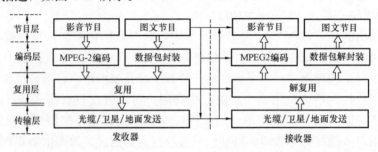

图 8-20　交互式电视体系结构框图

（1）节目层。节目层所涉及的是节目的本体。在交互式电视系统内，节目可以简要地分为影音节目和图文节目两大类。

（2）编码层。编码层将节目层的内容通过编码形成符合 DVB 标准的 MPEG/TS 流，其中，影音层内容经过 MPEG-2 编码器，压缩成一定带宽的传输流。图文内容或数据则通过多协议封装程序形成符合 MPEG/TS 流的数据包，一般采用私用数据协议或 DSM-CC。为了控制图文/数据内容的传输速率，必须采用特定的数据打包程序。

（3）复用层。复用层很简单，只是将编码层的结果（包括影音和图文）复用成为一个传输流。

（4）传输层。传输层将 MPEG/TS 流传输到用户。这些功能包括信道编码和调制等。对于光缆，这部分可以用 G.703 接口或 QAM 调制器；对于卫星传输，采用 QPSK 调制器；对于地面广播，则采用 COFDM 或 8VSB，采用何种调制取决于采用哪种传输方式，对应于接收端，传输层负责相应的解调和信道纠错等。

（5）播出系统。交互式电视的播出系统可以认为是多通道视频（含声音）与图文内容同步播出的集合体。

交互式电视的视频和图文之间可能保持一定的同步关系。例如当播出音乐会时，图文的广告可能是该音乐会的 CD 唱片或乐团、歌手、音乐家的专辑和传记；而播出球赛时，对应的广告应该是球衣或比赛用球等。这一同步关系可以保证特定的广告向特定的用户群投放，有利于提高广告的播出效果。如果说，广告投放是为了提高效果，可以同步也可以不同步，那么对于比赛的比分、出场队员、犯规次数等相关数据则必须同步播放。

在内容播放控制程度的控制下，将图文信息与相应的视频同步播放，最终在复用器中混合成为传输流。基本控制结构如图 8-21 所示。

交互式电视的多通道制作和播出系统涉及多个通道同步切换问题。例如，当节目转换

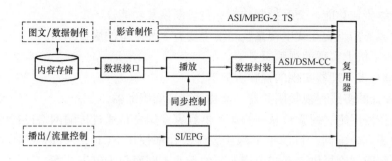

图 8-21　基本控制结构

时，需要完成多通道同时切换。由于目前的切换台通常只实施对单一输出通道的切换操作，无法对多达 4 路或 4 路以上的信号进行切换，所以在系统内采用了直接对矩阵操作的方式进行切换。

（6）广播/入户系统。根据广电总局的总体安排，传输方案优先以有线电视网络为主，未来会发展到卫星传输。有线系统传统方案中，系统产生的交互节目经过压缩复用后，通过 G.703 接口适配器接入国家广电干线网络，由该网络送至地方有线前端。在地方有线电视网络前端，经接口适配器转为基带码流送到 64QAM 调制器，调制到指定的电视频道，馈入有线电视网。所有接入有线电视网的用户，可以通过机顶盒接收后恢复成为影音和图文节目，并在电视机接收时表现出来。

（7）用户终端系统。交互式电视的用户接收终端系统是配有机顶盒的电视机。

机顶盒负责接收、解调、解码以及有条件接收等处理，同时也是用户交互操作的控制中心。在机顶盒中需要配置相应的中间件，使之具有交互处理能力。由于目前的机顶盒功能有限，许多与实际应用相关的软件部件必须预先下载到机顶盒中，其调试过程也极其复杂，实际上要扩展或开展应用是非常困难的。

（8）管理收费系统。交互式电视和数字电视是一种可以提供给不同的观众，满足各自不同需求的服务形式，所以需要有地址编码和寻址功能，并可按提供的不同内容和不同数量进行有偿服务。因此需要有一种安全可靠、有效合理的管理收费系统。

　3. 交互式电视系统的组成

交互式电视系统的组成从大的方面来说，包括电视节目源、视频服务器、宽带传输网络、家庭用户终端和管理收费系统 5 个部分。

（1）交互式电视电视节目源。媒体管理及制作单位要提供 VOD 的服务，首先要将节目内容数字化。内容丰富、画面清晰、声音优美的电视节目源，是交互式电视服务所必需的前提条件。可以利用电影和电视联合的优势，以及数字电视中加密和条件存取的功能，来扩大交互式电视节目的数量和质量。

目前交互式电视节目源的节目形态主要有以下几种：多频道、多角度、图文频道。

（2）交互式电视视频服务器。视频服务器是交互式电视系统中的关键设备，虽然它不直接与用户接触，但其性能好坏对于实现 VOD 和扩大电视的应用范围起着重要的作用。视频服务器实际上就是一个存储和检索视频节目信息的服务系统，因此必须具备大容量低成本存储、迅速准确响应和安全可靠等特性。

交互式电视的视频存储系统应具有以下几种功能：用户访问控制功能、大容量视频存储功能、实时连续传输功能、交互控制功能、自诊断恢复功能。

（3）视频服务器。交互式电视系统目前主要有 3 种基本的服务结构：

1）在通用主机上实现的视频服务器。

2）用紧耦合多处理器实现的视频服务器。

3）专门设计的多线程视频服务器，又称调谐视频服务器。

（4）宽带传输网络。视频流从视频服务器到家庭用户是通过传输网络进行的。传输网络包括主干网和用户分配网。目前主干网比较统一，都使用 SDH、ATM 或 IP 的光纤网络，但是用户的分配网则因提供交互式电视业务的行业不同而分为以下 3 类：

1）广播电视行业采用有线电视网即光纤同轴电缆混合网（HFC）。

2）电信行业采用以非对称数字用户线路（ADSL）为特点的公众电话交换网。

3）计算机公司采用局域网（LAN）利用 5 类线为用户服务。

（5）家庭用户终端。用户终端是和广大用户进行沟通的桥梁，特别重要。用户终端可以分为 3 种：多媒体计算机，电视机加机顶盒的方式，交互式电视接收机。

4. 数字交互式电视重要技术

（1）数据压缩技术。数据压缩技术是交互式电视的核心技术，采用 MPEG 标准。

MPEG-1 把视频及其伴音信号压缩到 $1.2\sim1.5$Mbit/s，帧大小为 352×288，即 VCD 的播放效果。在图像质量不变的情况下，MPEG-1 可把视频信号压缩到原来的 1/40。该标准是一个面向家庭电视质量级的视频、音频压缩标准。

MPEG-2 把视频及其伴音信号压缩到 10 Mbit/s。在图像质是不变的情况下，MPEG-2 可把视频信号压缩到原来的 1/75。MPEG-2 是面向演播级的视频、音频压缩标准。DVD 和数字卫星广播采用的就是 MPEG-2 标准。分辨率可达 720×576，即 DVD 的播放效果，几乎是目前高档电视机的清晰度上限。

（2）流式压缩技术。在采用流式压缩技术传输的系统中，用户不必等到整个文件全部下载完毕，而只需开始进入时经过几秒或十几秒的启动延时即可进行观看。当音频、视频等多媒体文件在客户机上播放时，文件的剩余部分将在后台从服务器内继续下载。流式传输不仅使启动延时几十倍、上百倍地缩短，而且不需要太大的缓存容量。

（3）数据库技术。数据库技术是交互式电视的技术支持。对交互式电视系统而言，数据库管理系统必须保证用户迅速方便地找到所需的素材，有效地完成对素材的各种管理任务。一般采用多媒体数据库的基本结构，能够高效地组织、管理和发布大量的多媒体信息，系统利用索引服务器来管理系统索引/查询数据，用对象服务器来管理数字化的内容。客户端用应用程序向索引服务器提出请求来获得对象，索引服务器将此请求传送给包括该对象的对象服务器，再由对象服务器把对象传送给请求的客户机。

（4）网络技术。网络技术是交互式电视的技术保障，不但有高速的接入网，还有高速联通的传输网。多媒体数据对网络环境提出了非常苛刻的要求，带宽和实时性的要求尤为突出。交互式电视中的视音频与时间相关性强，对网络的延迟特别敏感，应保证在 HFC 网、IP、ATM 和以太网混合网或单纯以太网上都能流畅地进行多媒体数据上都能流畅地进行多媒体数据流传输。保证在任意给定的网络交换能力下，即使是在以太网共享式集线器（Hub）环境下，也能提供给用户可靠稳定的带宽，保证高质量、平滑和全动态视频画面的实时点播回放。

（5）视频流传输技术。视频流传输技术是交互式电视技术的关键，随着网络技术的发展，交互式电视（ITV）、网络视频点播（VOD）等多媒体技术在网络系统或 Internet/Intranet 的应用中步入了一个新阶段。网络多媒体的核心概念是流（Streaming），网络视频要解决的就是视频流（Streaming Video）的传输问题。区别于传统的视频收看形式，视频流一般指通过专用网或 Internet/Intranet 将视频从网络服务器传送到远距离的用户面前的影视节目码流。

视频流的传输有实时流式传输和顺序流式传输两种方式。

实时流式传输指保证媒体信号带宽与网络连接匹配时，使媒体可被实时观看到。实时流式传输需要特定服务器，如 Quick Time Streaming Server，Real Server 与 Windows Media Server。

顺序流式传输是顺序下载，在下载文件的同时用户可以观看在线媒体，在给定时刻，用户只能观看已下载部分，而不能跳到还未下载的前头部分。顺序流式传输不像实时流式传输那样在传输期间根据用户连接的速度进行调整。由于标准 HTTP 服务器可发送这种形式的文件，也不需要其他特别协议，它经常被称作 HTTP 流式协议传输。顺序流式传输比较适合高流量的短波段（如片头、片尾和广告），不适合长波段和随机访问要求的视频（如讲座、演说和演示），也不支持现场广播。严格地说，顺序流式传输是一种点播技术。顺序流式文件放在标准 HTTP 或 FTP 服务器上，易管理，基本与防火墙无关。

8.5.3　视频点播系统

视频点播（VOD）是一种典型的交互式电视业务。视频点播即是根据用户的需要播放相应的视频节目，好像在自己家里的录像机或 DVD 机上播放节目一样处理（暂停、快进、快倒和自动搜索等），此外，用户在收看节目过程中，还可以根据需要任意选取与节目相关的一定信息，如演员个人资料等。

1. 视频点播介绍

视频点播按其实时性和交互式可分为 3 种：NVOD（准视频点播）、TVOD（真视频点播）和 IVOD（交互式视频点播）。下面分别介绍 3 种视频点播。

（1）准视频点播（NVOD）系统。NVOD 也称就近式视频点播，准视频点播是一种实时宽带分配业务，它的广播方式是播放视频节目，用户对节目的播放无交互能力，是以被动方式接收节目。假设播放一套 2h 的视频节目，并且希望用户平均等待 5min 就能得到服务，即用户点了这套节目后平均等 5min 就能看到这套节目。为了达到这样的目的，视频服务器只要每隔 10min 用另一个信道将节目码流从头播放一遍，重复播放这套节目，在 2h 内送出 12 个码流即能满足需要。用户观看节目时，交换机将用户终端与最近将要从头开播的信道连通，用户等待的时间不会超过节目重播的时间间隔（1min）。

（2）真视频点播（TVOD）系统。当用户提出要求时，视频服务器将会立即传送用户需要的视频内容。若有另一个用户提出同样的要求，视频服务器也会立即为他再启动另一个传送同样内容的视频流。

一旦视频流开始播放，就要连续不断地播放下去，直到结束。在这种系统中，每个视频流专为某个用户服务，一个用户独占一条信道，所以 TVOD 对网络和视频服务器要求都很高，因而其运行成本也高。虽然 20 世纪 90 年代就已提出 TVOD，但是真正大规模商业运行始终没能实现。

（3）交互式视频点播（IVOD）系统。IVOD 与前两种方式相比，在交互控制方面有了很大程度的改进，它不仅可以支持用户的随时点播、随时播放，而且还允许对视频流进行交互式的控制。在 IVOD 系统中用户可以像操作录像机一样，方便地实现节目的播放、暂停、快倒、快进和自动搜索等功能，IVOD 系统对前端处理系统、传输网络以及用户终端设备都有比较严格的技术要求，实现起来更复杂。

2. 视频点播系统的组成

视频点播系统由前端处理系统、传输网络和用户端系统（机顶盒加电视机或计算机）三个部分组成，分别对应于交互式电视系统组成的电视节目源、视频服务器管理收费系统、宽带传输网络及家庭用户终端。这里重点介绍一下用户端系统。

用户端系统就是视频点播用户的终端设备，用户终端设备一般由机顶盒与电视机或计算机组成，包括以下基本功能：

（1）在显示屏上显示服务项目（菜单）。

（2）为用户提供基本的控制和选择功能。

（3）把用户的选择传送到视频服务器。

（4）实时视频（MPEG-2 传送流）的解码并显示。

（5）指示设备工作、网络传输和节目资源的状态。

视频点播系统的工作过程是：在用户端，用户上行信号指令由视频点播遥控器输出至数字机顶盒，由数字机顶盒输出的信号进入上行通道至交换机启动播放请求；通过网络发出通信呼叫，经上行通路向前端的应用服务器发出请求；再经过对用户身份合法性和使用权限的验证后，应用服务器把节目数据库中可供访问的节目清单准备好，并在用户屏幕上显示点播菜单；用户选择节目后视频服务器从节目数据库取出节目数据流，通过高速传输网传送到用户机顶盒，经解码后在电视机上播放。

但是在用户端系统中，除了涉及相应的硬件设备外，还需要配备相关的软件，机顶盒的视频点播用户软件包括三个模块：节目选择模块、会晤控制模块和流程控制操作模块。

（1）节目选择模块。用户进入视频点播后，首先运行节目选择模块机顶盒与 VOD 应用服务器进行通信，获得 VOD 应用所提供的节目清单。随后，机顶盒等待用户选择，当用户选择某个节目时，VOD 应用服务器通过用户的操作了解到该用户选择了某个节目，然后将用户所选择原节目的标识发送给机顶盒。

（2）会晤控制模块。当机顶盒收到节目标识后，开始运行会晤控制模块，机顶盒将发送建立会晤的请求，该请求中包含了机顶盒的标识、所在的网络位置、所选择的节目标识和会晤标识。前端在收到请求后，与连接管理服务器进行通信，在获得响应后，前端向机顶盒发送用户会晤建立确认消息来确认本次会晤的建立。机顶盒在收到确认后，再向前端发送用户连接请求来进行会晤连接。前端将向用户端发送服务器连接指示。机顶盒收到的用户会晤建立确认消息中包含用户所选择的节目将要使用的 QAM 模式、频率、符号率以及 MPEG 传送流的节目号。

（3）流程控制操作模块。机顶盒在收到用户会晤建立确认后，将启动流程控制操作模块。机顶盒首先做好流程控制操作的准备，然后根据会晤建立所获得的频率、符号率、QAM 模式以及节目号来调整调谐器、QAM 解调器及 MPEG 解码器的参数，以正确接收并解码所选择的节目。

当计算机作为视频点播的用户终端设备时，通常采用苹果公司或微软公司等的流媒体播放软件。

项 目 小 结

1. 数字广播电视发送系统组成包括图像信号的产生部分（包含伴音和数据的产生）、图像信号的加工处理和组合部分、射频电视信号的形成和发射部分。

2. HDTV 系统的三条基本原则是：

（1）放弃信源兼容，坚持信道兼容，在 HDTV 与常规电视并存的过渡时期内，采用同播制。

（2）频谱利用上与常规电视兼容，即 HDTV 信号能在美国现有的 6MHz 广播信道中进行广播。

（3）HDTV 的地面广播从禁用频道开始，禁用频道往往是该地区常规电视使用的频道的邻近频道或邻近地区正在使用的频道。

3. ATSC 的《数字电视标准》中，规定了一个在 6MHz 带宽的信道中传输高质量的视频、音频和辅助数据的系统。

（1）HDTV 系统的视频编码采用 MPEG-2 的视频语法规定，音频编码采用 AC-3 数字音频压缩标准。

（2）业务复用和传输子系统是将视频、音频和辅助数据流打成统一格式的数据包，并合并组成一个复合数据流。

（3）射频传输子系统也称为信道编码与调制。信道编码的目的是附加冗余信息到比特流中，以便在接收时能从受损的信号中恢复出原信号。调制是将要传送的数字数据流变换成适合于信道特性的信号进行传输。

4. ATSC 信道编码输入的是传输流（TS）数据，TS 的形成过程包含了视频子系统、音频子系统、业务复用和传送子系统。

5. ATSC 信道编码与调制系统即射频/传输子系统的附件规定了 VSB 子系统的特性。VSB 子系统有两种模式，即地面广播模式（8VSB）和电缆电视模式（16VSB）。

6. DVB 的技术特点：

（1）灵活传送 MPEG-2 视频、音频和其他数据信号。

（2）使用统一的 MPEG-2 传送比特流复用。

（3）使用统一的服务信息系统提供广播节目的细节等信息。

（4）使用统一的一级 Reed-Solomon 前向纠错系统。

（5）使用统一的加扰系统，但可有不同的加密。

（6）选择适用于不同传输媒体的调制方法和信道编码方法以及任何必需的附加纠错方法。

（7）鼓励欧洲以外地区使用 DVB 标准，推动建立世界范围的数字视频广播标准，这一目标得到了 ITU 卫星广播的支持。

（8）支持数字系统中的图文电视系统。

7. DVB 各种系统的核心技术是通用的 MPEG2 视频和音频编码，充分利用了视觉和听觉的生理特性达到更好的压缩。

8.DVB 音频的特点：DVB 系统的音频编码使用 MPEG 的 Layer Ⅱ（第 2 层）音频编码，也称为 MUSICAM。音频的 MPEG 的 Layer Ⅱ 编码压缩系统利用了声音的低声音频谱掩蔽效应。

9.DVB 视频的特点：对于视频，国际上采用标准的 MPEG-2 压缩编码。

10.DVB-S 系统定义了从 MPEG-2 复用到卫星传输通道特性。系统主要包括信道编码与复用及卫星信道适配器（即信道编码和高频调制）。

11.DVB-C 数字电视系统分成两个部分：CATV 前端和综合解码接收机（IRD，也称机上终端）。为了使各种传输方式尽可能兼容，除通道调制外的大部分处理均与卫星中的处理相同，即有相同的伪随机序列扰码、相同的 RS 纠错、相同的卷积交织。

12.DVB-T（地面）的特点是：采用 COFDM 调制方式，在这种调制方式内，可以分成适用于小范围的单发射机运行的 2kHz 载波方式及适用于大范围多发射机的 8kHz 载波方式。

13. 数字电视的特殊功能：条件接收、交互式电视、视频点播系统。

项目思考题与习题

1. 画出数字广播电视系统功能框图，并说明各部分的作用。

2. 画出 ATSC 数字电视系统模型，并说明各框的作用。

3. 画出 ATSC 信道编码与调制框图，并说明各框的作用。

4. ATSC 帧结构怎样？画图详细说明。

5. 欧洲 DVB 的技术特点是什么？

6. 简述欧洲 DVB 系统的核心技术。

7. 画出 DVB-S 电视系统功能框图。

8. 扰码器是怎样工作的？它的作用是什么？

9. 说明 DVB-S 的收缩卷积码与基带成形的过程。

10. DVB-C 的信道如何？采用何种调制方式？

11. DVB-C 系统中，在调制时是怎样从单字节到多字节组的转换的？

12. 画出 DVB-T 传输系统框图，各方框有什么作用？

13. 画出 ISDB-T 系统框图。

14. ISDB-T 系统传送信号形式有什么特点？

15. 什么是条件接收？

16. 画出条件接收子系统框图，各方框有什么特点？

17. 交互式电视体系结构如何？

18. 数字交互式电视有哪些重要技术？

19. 视频点播系统有哪几种形式？

20. 视频点播系统由哪几部分组成？

项目 9 数字电视组网技术

【内容提要】

（1）了解数字电视组网技术涉及的宽带干线传输技术、宽带交换技术和宽带接入网技术的基本知识。

（2）熟悉数字电视 HFC 接入技术、数字电视光纤接入技术、数字电视 DSL 接入技术及数字电视以太网接入技术的原理、特点及运用情况。

（3）全面掌握数字电视的组网技术。

【本章重点】

掌握数字电视宽带接入网技术特别是数字电视 HFC 宽带接入网技术。

【本章难点】

电缆调制解调器 Cable Modem 技术和 ADSL 调制技术采用的正交幅度调制（QAM）、无载波幅度/相位调制（CAP）、离散多音（DMT）等技术。

任务 9.1 数字电视组网技术的简介

信息技术就是数字化和网络化技术。网络技术在现代信息社会中占有极其重要的地位，数字电视信号携带的信息中有视频、音频、图像、动画、文本、辅助数据及控制信息等。数字电视信号实质是多媒体数据。因此数字电视传输与组网技术实质是一个多媒体信息的通信系统，它具备多媒体数据通信的一切基本特征。由于数字电视实时的特殊性，因而它还具有自己的特征。在数字电视组网技术中涉及多媒体技术的宽带干线传输技术、宽带交换技术和宽带接入技术。高速大容量的 SDH 光纤通信系统和以 ATM 交换技术为代表的干线传输及交换技术已经基本成熟，并取得了最基本的统一，但在宽带接入网方面，由于行业、技术特点等各方面因素，目前还很难完全统一。当前宽带接入主要有数字电视 HFC 接入技术、数字电视光纤接入技术、数字电视 DSL 接入技术及数字电视以太网接入技术等。这些宽带接入技术目前在不同的领域中都得到不断的发展、推广、运用并取得成果。多种宽带接入为数字电视传输提供了多种选择的可能性。各具优势又存在缺点，因此，有必要全面了解和掌握这些传输技术是非常必要的。

任务 9.2 数字电视宽带技术

9.2.1 数字电视宽带干线传输技术

随着光纤通信技术的迅速发展及广泛应用，宽带网络的主要物理传输介质已由电缆和微波逐渐转变为光纤。利用光纤组建宽带传输网的优势在于，可以运用光频分复用、光时分复用、光波分复用以及数据压缩技术，满足宽带多媒体通信对传输速率与传输容量的要求。光纤通信技术向更大容量、更高速度方向的发展，为多媒体宽带通信网的建设与发展提供了坚实基础。在宽带干线传输技术中，取得很大成功的技术是 SDH 同步数字系列传输体制的确立，而最有发展前景的技术则是密集波分复用（Dense Wave Division Multiplexing，DWDM）技术，它是 16 波分以上的波分复用（Wave Division Multiplexing，WDM）技术。

SDH 传输体制是一种完整、严密的传送网技术体制，它具有以下优点：

（1）SDH 有统一的标准光接口，能够在基本光缆段上实现横向兼容。

（2）SDH 有丰富的开销比特用于网络管理和维护。

（3）SDH 具有全世界统一的网络节点接口，简化了信号互通以及信号传输、复用与交叉连接的过程。

（4）用 SDH 技术进行组网可构成具有高度可靠性的自愈环结构，从而确保了实现业务的透明性，这对多媒体应用十分重要。

波分复用技术（WDM）是在一根光纤中同时传输多个波长光信号的一种技术，其基本原理是在发送端将不同波长的光信号复用，在接收端又将组合的光信号解复用并送入不同终端。采用波分复用技术后，原来只能采用一个光波长作为载波的单一光信道变为多个不同波长的光信道同时在光纤中传输，从而使光纤通信容量成倍提高。此外，利用 WDM 技术还可实现单纤全双工传输，从而可增加光纤用户网的组网灵活性。DWDM 技术对实现网络扩容升级、发展宽带多媒体业务、充分挖掘和利用光纤带宽能力以及实现超高速通信具有十分重要的意义。

9.2.2　数字电视宽带交换技术

数字电视宽带交换技术在多媒体宽带通信网中起着举足轻重的作用，它不仅可使多台通信终端共享传输媒体，而且可实现网络中任意两个或多个用户的相互连接。通信网中交换方式的确立，决定了网络的总体运行方式及网络性能，从而也就对用户终端的类型和接入方式提出了相应要求。当传输技术逐渐向宽带大容量方向迅速演进的同时，各种不同业务可以充分利用传输资源的交换设备也有了迅速发展，以 IP 和 ATM 为代表的分组转发及交换技术是当前网络建设中的热点，IP 的灵活性与 ATM 的快速交换能力必将在现代网络中发挥重要作用。

ATM 技术以分组交换技术为基础，同时也融合了电路交换技术的优点，它克服了电路交换方式不适应速率变化的缺点，简化了分组通信中的协议并由硬件来实现，各交换节点不再对信息进行差错控制，从而提高了通信处理能力。总而言之，ATM 技术不仅继承了电路交换技术的速率独立性，而且保留了快速分组交换技术的速率任意性，它是目前唯一能够全面支持 QoS 的传输交换技术，因而成为下一代通信网的基础技术之一。

IP 技术则是一种非面向连接的分组交换网络技术，它可以较容易地集成语言、数据、图像和视频等多媒体业务，它对通信资源的利用率远远高于传统的基于电路交换的通信网络技术，通信费用也降低很多。因特网的迅猛发展使 IP 网络已经遍及现代信息社会的方方面面，并有超越传统的基于电路交换的电信网，而成为未来信息高速公路基础的趋势。以太网（Ethernet）技术是 IP 技术的典型代表，交换式以太网、千兆位以太网的发展以及 IP QoS 的提出，已经把以太网技术与多媒体宽带应用紧密地联系在一起，其中交换式以太网把多个终端共享 10Mbit/s 带宽升级到独占 10Mbit/s、100Mbit/s、1Gbit/s 甚至 1Tbit/s 带宽，以太网与交换技术的结合已经彻底消除了传输带宽对多媒体应用的限制。

9.2.3　数字电视宽带接入技术

宽带接入网是多媒体通信网的基础，它是解决用户接入多媒体网络最重要、最复杂的部分。典型的宽带接入技术主要有基于电信网的数字用户线（DSL）接入技术、基于 HFC 网的电缆调制解调器（Cable Modem）接入技术、宽带光纤接入技术、基于以太网的局域网接入技术以及基于无线传输手段的无线接入技术等，这些接入技术均有优点与不足，它们互相竞争，互为补充，共同构建了用户访问多媒体网络的接入平台。

数字电视系统中传送的是经压缩编码后的视频、音频、图像、动画等多媒体信息，这些多媒体信息的实时性与服务质量要求都很高，而且视频、音频信息在解码还原后必须严格同步，因此在数字电视组网中必须选用高速的大容量光纤传输网，目前比较典型实用的组网方案是将 SDH、ATM 与 HFC 相结合，SDH 网络是数字电视信息传输网络的理想选择，目前用于干线的 SDH 网一般均采用 STM-16，其传输速率为 2.488 Gbit/s，包括 16 个 155 Mbit/s 的 STM-1 的数据流，不仅速率高，而且容量大。SDH 传输网的基本网络单元主要包括终端复用器（TM）、再生器（REG）、分插复用器（ADM）以及同步数字交叉连接设备（SDXC）等，它们虽然功能不同，但均使用统一的标准光接口，因而能够在网络中的光缆段上实现设备互通。由于数字传输通道具有对任何数字信号都进行透明传输的特点，因此经压缩编码后的数字电视信号只要其传输速率和码型与接口相匹配，即可实现远距离传输。

中国地域辽阔，区域发展不平衡，通信与信息基础设施的建设程度也千差万别，因此，全国性的数字电视网络结构应采用分层结构，可分为省际干线网、省内干线网及本地网。其中，省际干线网宜采用环状与树状相结合的拓扑结构，省内干线网可依据各个省的具体情况，采用环状网、星状网、树状网或混合型等多种拓扑结构；本地网可依据当地具体情况，采用以环状、星状、树状为主的多种拓扑结构；用户接入网应以混合光缆同轴电缆（HFC）为主要接入方式，以适应多种业务及功能的要求，传输网络总体结构如图 9-1 所示，其中，ADM 表示分插复用器，TM 表示终端复用器。

在数字电视组网设计中，一个典型的方案是数字电视宽带干线传输采用基于 SDH 技术的光纤传输网。数字电视节点交换采用 ATM 技术，在网络建设初期，干线传输速率可采用 STM-16 级别，干线网节点一般采用数字分插复用器（ADM），重要节点可增加数字交叉连接设备（DXC），同时 ATM 交换机必须能够提供中帧中继交换、ATM 交换，IP 路由交换功能并能在它们之间实现互通。在 SDH 传输网中引入 ATM 交换技术可实现实时节目的交换，如图 9-2（a）所示。其中，任意点 ATM 在 SDH 网上占有两个 STM-1 通道；在实现节目交换的同时，ATM 也作为两个 SDM 通道的管理者；MPEG-2 码流顺利传送到对端以后，通过 ATM 交换机处理后再解压、解码、送入演播室。必须注意，为了实现实时节目交换，与 ATM 连接的编码器应该专用。此外，实现两个不同地区视频服务器之间的节目交换与在同一地区的非实时交换类似，如图 9-2（b）所示，由图可见，视频信号经 MPEG-2 压缩编码送入视频服务器以文件形式存储，从视频服务器送出的信号通过 ATM 网络从一个局域网传送到另一个局域网，再以文件形式存储于本地视频服务器中，最后将此信号送入前端设备中。

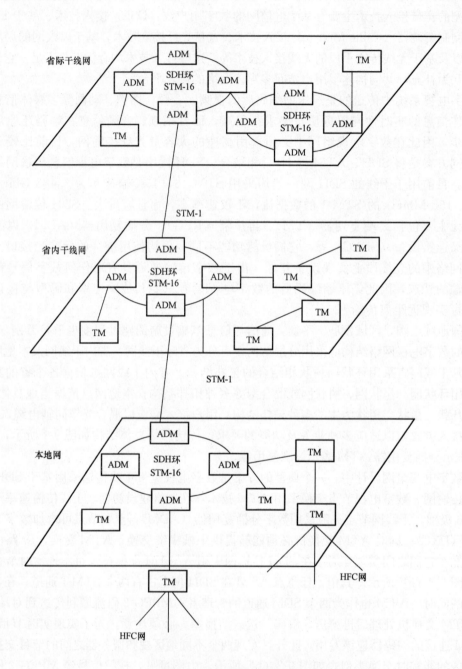

图 9-1　传输网络总体结构

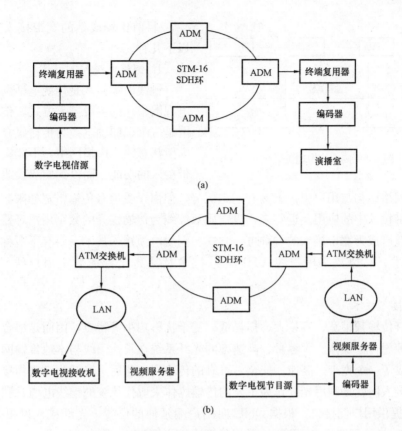

图 9-2 实时节目交换与非实时节目交换

(a) 实时节目交换；(b) 非实时节目交换

任务 9.3 数字电视宽带接入网技术

9.3.1 宽带接入网的概述

宽带接入网是多媒体通信网的基础，由业务节点接口（SNI）和用户网络接口（UNI）之间的一系列传送实体所组成，用户终端通过用户网络接口（UNI）连接到接入网，接入网通过业务点接口（SNI）连接到业务节点（SN），接入网在网络系统中的具体位置如图 9-3 所示。在实际应用中，接入网的物理位置如图 9-4 所示。由图 9-4 可见，接入网是指交换局到用户终端之间的所有机线设备，其中主干系统为传统的电缆和光缆，长度一般为数千米；配线系统可能是电缆或者光缆，长度一般为几百米；引入线长度为几米到几十米。

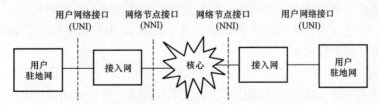

图 9-3 接入网在网络系统中的具体位置

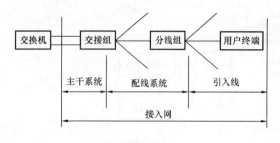

图 9-4　接入的物理位置

目前比较成熟的宽带接入技术主要有以下几种。

1. 铜线电缆接入技术

铜线电缆接入是传统电话网与传统有线电视网采用的主要接入方式，传统有线电视网是一个以同轴电缆为传输媒介的单向传输的树状总线式广播网络，不能实现多媒体宽带接入的功能。而以铜质双绞线为传输媒介的电话网在网络结构与用户规模上具有一定优势，但由于受信号传输带宽的限制，影响了它在多媒体宽带接入中的应用。近年来，以铜质双绞线为传输媒介的数字用户环路技术飞速发展，铜线电缆已成为宽带接入的一种可行方式。铜线电缆接入技术主要有不对称数字用户线（ADSL）技术、高速数字用户线（HDSL）技术及甚高比特率数字用户线（VDSL）技术等。

2. 光纤接入技术

光纤具有传输频带宽、容量大、损耗低、受干扰影响小等特点，因而是适合宽带多媒体业务发展的理想传输媒体。大容量、高速率的光纤系统在长途干线与本地传输网中已经广泛应用，并形成了一个宽带、高速、安全、可靠的传输网。此后，光纤化已成为接入网的发展方向，光纤接入网就是利用光纤作为主要的传输媒体来取代传统的铜线电缆，利用光网络单元（ONU）提供用户侧接口。根据 ONU 向用户端延伸的位置，光纤接入网可分为光纤到户（FTTH）、光纤到路边（FTTC）及光纤到大楼（FTTB）等多种方式。

3. 光纤同轴电缆混合接入技术

光纤同轴电缆混合接入（HFC）是将光缆铺设到小区，然后通过光电转换地点，利用有线电视的树状总线式同轴电缆网络连接到用户，以提供综合电信业务。HFC 接入方式使光纤接近用户，减少了同轴电缆的级联放大器，因而提高了系统的可靠性，同时，利用同轴电缆带宽可达 1GHz 的特性，可作为宽带综合业务的接入平台。HFC 技术采用频分复用方式，将业务调制到各自频段，从而实现了广播电视业务与交互型电信业务、模拟业务与数字业务共享传输媒体。由 HFC 网络传输的宽带数字视频和音频节目，经过信源压缩编码后，再采用 QAM、VSB、QPSK 等先进的调制技术，既可在一路模拟电视频道中传输多路数字电视节目，也可在模拟常规电视频道中传输数字高清晰度电视。

4. 以太网接入技术

以太网接入技术建立在 5 类线基础之上，它通过交换机、集线器等网络设备将同一幢大楼内的用户连接成一个局域网，然后再与外界光纤主干线相连。以太网接入方式承袭了因特网的连接方式，它建立在天然的数字系统基础之上，与 IP 网络紧密结合，因而具有广阔的发展空间以及美好的发展前景。

5. 无线接入技术

无线接入技术主要包括微波传输技术、卫星通信技术、蜂窝移动通信技术及无线局域网技术等。其中无线用户环路是一种提供基本电话业务的数字无线接入系统，是目前应用最广泛的一种无线接入技术。

9.3.2　数字电视 HFC 接入技术

HFC（Hybrid Fiber Coaxial）网是指光纤同轴电缆混合网，即传输介质采用光纤与同轴电缆混合组成的接入网，在实际应用中，通常采用光纤到服务区，并组成星状或环状结构，而在进入用户的"最后一公里"采用同轴电缆。

HFC 网是一种新型的宽带网络，它融数字与模拟传输为一体，集光电功能于一身。在 HFC 网络上可同时开通多个频道的模拟广播电视节目以及大量的数字交互式电视节目，并能提供高速数据传输服务、信息增值业务以及电话业务，为电信网、计算机网、广播电视网的三网合一提供可行的实现方案。光纤具有频带宽、对信号衰减小、不易受外界干扰等特点，但光纤直接入户费用较高，因此采用 HFC 网是比较经济实用的选择。

HFC 技术在数字电视有线网络中应用非常广泛，有线电视信道进行 HFC 双向改造后可提供双向数据服务。此外，数据压缩技术与高效数字调制技术在 HFC 网上的应用，大大拓展了有线电视网络的频道容量和多功能服务能力，由于在一个常规模拟电视频道中可传输 8～10 套经压缩编码的标准数字电视节目，因而有线电视网具备了开展 300～400 套数字电视节目以及视频点播（VOD）等视频业务的能力，同时采用其他的先进技术还可以实现在有线电视网络中传送数据、话音以及因特网接入服务。

1. HFC 频谱资源分配

HFC 网络是频分复用网络，不同业务分配不同频带，各种业务频带之间有一隔离保护带宽。目前，HFC 网络主要采用低频率分割的双向复用方式，由于大多数 HFC 网络以现有有线电视网为基础，因此其频段划分应与现有电视制式相兼容。典型的 HFC 频谱资源分配方案如图 9-5 所示。由图 9-5 可见：48.5～550MHz 为普通广播电

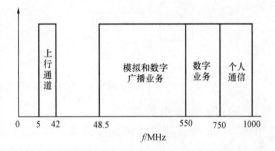

图 9-5　典型的 HFC 频谱资源分配方案

视业务；550～750MHz 为下行数字通信信道，一般用来传输数字电视、VOD 数字视频以及数字电话下行信号和数据；750～1000MHz 用于各种双向通信业务，如个人通信，用于将来可能出现的其他新业务；5～42MHz 为上行非广播业务，并在该上行通道与下行通道间保留一定间隙。

2. HFC 组网技术

HFC 组网方案通常是在主干线、支干线传输部分用光缆连接，其连接方式分为光缆到支线、光缆到小区和光缆到最后一个放大器三种，而从光节点到用户分配网络采用同轴电缆。采用 HFC 方式的有线电视网的双向传输结构如图 9-6 所示。

HFC 有线电视系统环状结构如图 9-7 所示。

用户端通过数字机顶盒（STB）将网络与前端和分前端的主机相连，提供与主机的全双工服务。用户通过 STB 发送上行数据，对下行数据则采用一固定射频频道送出，用电视接收机直接接收。前端 BHDT 及相应软件可对所有用户的 STB 进行控制管理，并与主干网络接口，它具有一定的交换和路由功能。用户端 STB 是用户端接口设备，可连接一个或多个用户，也可与局域网相连，并能支持对上行通道的竞争以及独立使用。

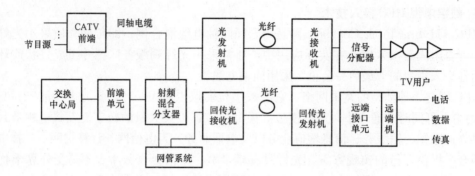

图 9-6　采用 HFC 方式的有线电视网的双向传输结构

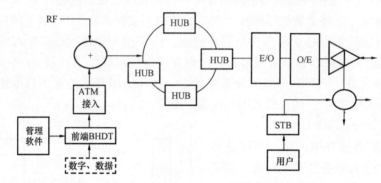

图 9-7　HFC 结构有线电视系统环状简图

3. Cable Modem 技术

Cable Modem 即电缆调制解调器，在 HFC 网络中，在同轴电缆至用户终端之间采用了 Cable Modem，它是专门为在有线电视网上开发数据通信业务而设计的用户接入设备，是有线电视网络与用户终端之间的转接设备。Cable Modem 主要由调制/解调器、调谐器、加密/解密模块、网桥/路由功能模块、网络接口卡（NIC）、简单网络管理协议（SNMP）及部分以太网集线器功能模块组成，其内部结构原理图如图 9-8 所示。

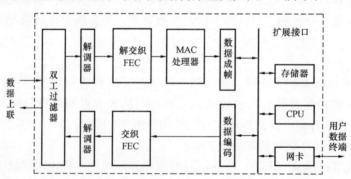

图 9-8　Cable Modem 内部结构原理图

Cable Modem 在实现数据双向通信时作用明显，其主要功能是将数字信号调制到射频以及将射频信号中的数字信息解调出来，此外它还提供标准以太网接口，并实现部分网桥、路由器、网卡和集线器的功能，其传输速率比传统电话 Modem 要高出 100～1000 倍。在数字电视的组网方案中，用户端可通过 Cable Modem 实现因特网高速接入，如图 9-9 所示。

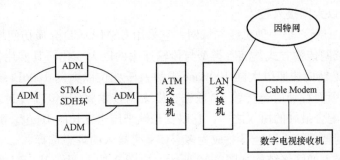

图 9-9 用户通过 Cable Modem 接入因特网

Cable Modem 提供双向信道：从计算机终端到网络方向称为上游（Upstream）信道，从网络到计算机终端方向称为下游（Downstream）信道。上游信道带宽一般在 0.2～2Mbit/s 之间，最高可达 10Mbit/s，它采用的载波频率范围在 5～40MHz 之间，这一频段易受家用电器噪声的干扰，信道环境较差，因而一般采用比较可行的 QPSK 调制方式；下游信道带宽一般在 3～10Mbit/s 之间，最高可达 36Mbit/s，它采用的载波频率范围在 42～750MHz 之间，一般将数字信号调制到一个 6MHz 的电视载波上，典型的调制方式有 QPSK 和 QAM64 等，前者可提供 10Mbit/s 带宽，后者可提供 36Mbit/s 带宽。Cable Modem 技术是未来网络技术发展的主流之一。

4. HFC 接入方式的优缺点

HFC 接入方式的优点如下：

(1) HFC 网可同时传输模拟信号和数字信号，频分复用和时分复用方式共存，对模拟信号一般采用频分复用方式，对多路数字信号一般采用时分复用方式，可实现有限频带传输更多信息。

(2) 光纤网和同轴电缆网共存，双向 HFC 网具有 FTTH、FTTC 功能，可实现高速接入。

(3) 信号分配和信号交换同时存在，传统电视广播是单向分配系统，而交互式业务则实现了双向信息交换。

(4) HFC 网为信号传输提供了足够带宽，其带宽可达 1000MHz，从而为开展多媒体业务提供了必要条件。

(5) HFC 网灵活地支持交互式和广播式业务，实现了数据、语音和视频业务的真正集成。

(6) HFC 网是一种非常经济的解决方案，不需要进行额外的网络线路铺设，同时用户端和前端设备价格相对低廉，因而是目前经济可行的宽带接入方案，是解决信息高速公路"最后一公里"宽带接入网的最佳方案，能够满足平滑过渡到全数字化、全光纤的发展需求。

当然，HFC 接入方式也存在一些不足，主要包括：

(1) 上行带宽过窄，只能使用 5～42MHz，由于外界干扰，一般只能使用 18～42MHz，因此，实际可利用的上行频带只有 24MHz。

(2) 缺少体制标准以及相关法律法规。

(3) 回传通道汇聚噪声，形成漏斗效应。

(4) 远端供电技术复杂，成本高。

（5）网络可靠性和用户服务质量缺少保证。

9.3.3 数字电视以太网接入技术

以太网（Ethernet）是一种总线局域网，它采用 CSMA/CD 介质访问控制方法，是目前应用最广泛的局域网传输方式，随着类型与传输速率的巨大变化，其实用协议已经从 IEEE 802.3 的 10Base-T 转向快速以太网 100Base-T 以及千兆位以太网 1000Base-T。以太网的帧格式与 IP 一致，因而特别适合传输 IP 数据。以太网技术将 IP 包直接封装到以太网帧中，是目前与 IP 网络配合最好的协议之一，它以变长帧来传送变长的 IP 包。随着因特网技术的迅速发展，以太网宽带接入已经日益成为多媒体宽带接入的理想选择。

以太网宽带接入的网络结构如图 9-10 所示，由图 9-10 可见，基于以太网技术的宽带接入网由局端设备和用户端设备组成，通常局端设备位于小区内，用户端设备位于居民楼内；也可以是局端设备位于商业大楼内，而用户端位于楼层内。其中局端设备提供与 IP 骨干网的接口，用户端设备则提供与用户终端计算机相连的 10/100Base-T 接口。局端设备具有汇聚用户端设备网管信息的功能，它还支持对用户的认证、授权、计费以及用户 IP 地址的动态分配。而用户端设备只有链路层功能，它工作在复用器方式下，各用户之间在物理层和链路层相互隔离，从而保证用户数据的安全性。此外，用户端设备可以在局端设备的控制下动态改变其端口速率，从而保证用户的最低接入速率，限制其最高接入速率，以支持业务的 QoS 保证。为保证设备的安全性，局端设备与用户设备之间采用逻辑上独立的内部管理通道。局端设备不同于路由器，路由器维护的是端口-网络地址映射表，而局端设备维护的是端口-主机地址映射表；而用户端设备也不同于以太网交换机，以太网交换机隔离单播数据帧，不隔离广播地址的数据帧，而用户端设备仅仅实现以太网帧复用与解复用功能。

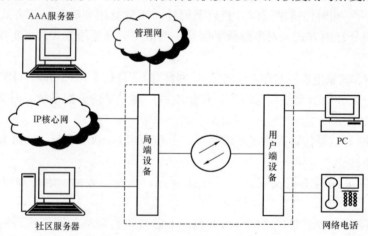

图 9-10 以太网宽带接入网络结构图

在单向 HFC 网络的基础上，通过叠加一个高速以太网，即可向用户提供多功能服务，如图 9-11 所示。由图 9-11 可见，新叠加的计算机网在有线电视台与各光节点之间，采用光纤传输方式，利用已有的 2 芯光纤，其余则另外布双绞线，因此，不必对原有有线电视网络进行大规模改造。这种方式的一项关键技术就是取消了 IP 技术。Hub 工作站是整个网络系统中仅次于主前端的信息处理分中心，其作用是减轻了主前端所承载的信息业务量，并减少了由主前端输出的光纤芯数，从而可为覆盖区域内的用户信息业务提供各种综合功能。随着未来业务的开展，IP 网络中的 Hub 工作站将逐渐形成强大的宽带综合业务信息分组交换站，并最终建设成为基于分层交换理念的信息交换分配中心，它是 IP 网络中的二级和三级交换枢纽，其最终目的是面向所有业务。

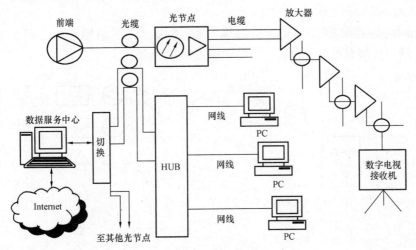

图 9-11　单向 HFC＋以太网接入方式组网图

　　网络技术的发展方向是向提供更宽带宽、更高带宽利用率以及更加灵活的扩展与升级能力方向发展。因此，出现了千兆位以太网技术，其速度可达到千兆比特，同时又能够实现与传统以太网相同的传输距离，因而它是下一代主干网的理想选择。

　　作为一种新兴的高速网络技术，千兆位以太网使用统一的接口及协议，所有业务均使用以太网接口、IP 包格式，其通信基础是基于 IP 包交换，因而能够在网络上端到端传输各种业务。此外，它不但能够提供很高的传输带宽及带宽利用率，而且能够保证与现有以太网以及高速以太网的最大兼容性。千兆位以太网继续采用传统以太网所使用的媒体访问控制（Medium Access Control，MAC）协议、管理信息数据库（MIB）、帧格式以及逻辑链路控制子层（Logical Link Control，LLC）接口，保持了以太网最初标准中 MAC 子层的 CS-MA/CD（载波监听多路访问/冲突检测）协议，并且包含全双工与半双工两种工作模式，使用与目前以太网相同的帧格式确定最小分组长度为 64 字节。

　　千兆位以太网以光纤或铜缆作为传输介质，采用 8bit/10bit 编码系统，其传输速率可达 1.25Gbit/s，目前已经应用在城域网与广域网中。在城域网环境下构建 IP 网络平台，技术要素主要是路由交换机，通过基于千兆位以大网进行城城骨干网连接，可以保证全网采用统一的 IEEE 802.3 以太网帧格式，而且不需要任何中间协议转换，可实现无缝连接，这种方法具有效率高、设备简单易于维护、性价比高、组网简单、升级方便等优点，因而保护了用户已有的网络投资，能够高质量、智能化地实现多功能业务。

　　千兆位以太网技术沿用了传统以太网的协议标准，并且与快速以太网和传统以太网相兼容，因此从现有以太网可平滑过渡到千兆位以太网。不仅如此，千兆位以太网与 RTP、RTCP 以及 RSVP 协议相结合后，可保证多媒体数据的实时传输，并进一步减少以太网数据传输中的冲突现象。但在服务质量、流量控制以及传输距离方面，千兆位以太网与 ATM 相比仍有不足之处，它无法提供 ATM 对端到端服务质量的保障。

9.3.4   数字电视光纤接入技术

光纤接入网是指传输媒质为光纤的接入网，从技术上可分为无源光网络（Passive Optical Network，PON）和有源光网络（Active Optical Network，AON）两大类。

1. 无源光网络（PON）

无源光网络是指在 OLT（光线路终端）和 ONU（光网络单元）之间是光分配网络（ODNO），没有任何有源电子设备，其结构如图 9-12 所示。

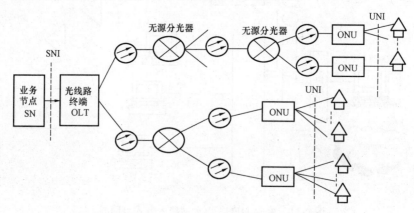

图 9-12   无源光网络结构示意图

由图 9-12 可见，无源光网络中间的分路节点采用节无源分光器，可以采用单纤单窗口、单纤双窗口或双纤单窗口等技术来实现信号传输，其中单纤单窗口技术是收发用同一根光纤，需要采用时间压缩复用；单纤双窗口技术是采用波分复用技术来实现同一根光纤上传送收发信号；而双纤单窗口技术则是用不同光纤来传送收发信号。通常，从终端 OLT 往 ONU 传送下行信号采用 TDM 技术，从 ONU 往终端 OLT 传送上行信号采用 TDMA 技术。由于不同 ONU 到局端的距离不等，上行信号达到局端设备 OLT 的时延也不相同，为避免不同的 ONU 上行信号在 PON 总线上产生重叠和互相干扰，并且保护收发通路能够同步，因此承载不同 ONU 信号的时隙之间要有一定间隔。

2. 有源光网络（AON）

有源光网络指在 OLT 和 ONU 之间是光远程终端（ODT），存在有源设备或网络系统，主要包括基于 ATM、SDH、PDH、LAN 的有源光接入网，其结构如图 9-13 所示。有源光

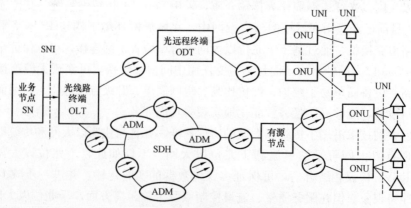

图 9-13   有源光网络结构示意图

网络比无源光网络简单、容易实现，其传输距离和容量均大于无源光网络，且易于扩展带宽。其缺点是有源设备需要机房、供电和维护。有源光网络局端到远端的连接可以是点对点的，如从 OLT 到有源光远程终端；也可以通过网络系统（如 SDH 环网）连接到有源节点，分别形成光纤到远端单元（Fiber To The Remote Unit，FTTR）和有源双星结构（ADS-FTTC）。OLT 置于中心局主机数字终端中，局端的光线路终端（OLT）有若干个光用户单元（OSU），每个 OSU 带的 ONU 数量要根据 ONU 的总带宽来确定。

宽带有源光网络是在 SDH 环状网络结构上传输 ATM 信元，因而具有环状网络结构的自愈功能，同时在传输环上还可以对不同用户的业务进行合并，再连接到 ATM 交换机上，因而占有很少的 ATM 交换机端口，能够以较少的交换机端口数目支持大量用户。此外，ATM 信元在 SDH 环网中传输，其带宽由环网上的所有节点单元共享，其中部分信元可以预留给某些对实时性要求高的业务，其他信元可根据环网上各切点业务量的动态变化以及各用户的业务类别动态地分配到各节点和各用户，因此既能够很好地适应 Q_oS 要求高的业务，也能够很好地适应突发业务的传输。

此外，根据光纤深入用户群的程度，可将光纤接入网分为光纤到路边（FTTC）、光纤到小区（FTTZ）、光纤到大楼（FTTB）、光纤到办公室（FTTO）及光纤到户（FTTH）。

（1）光纤到路边。FTTC 用光纤代替主干铜缆和部分配线铜缆，将 ONU 设置在路边，然后通过双绞线或同轴电缆连接用户，比较适合于居住密度较高的住宅区，这种结构是光缆与铜缆的混合系统，但由于成本低于 FTTH，因此是一种比较现实的提供宽带业务的实施方案。

（2）光纤到大楼。FTTB 的光纤程度比 FTTC 更进一步，是将 ONU 置于大楼内，再经双绞线或同轴电缆连接用户，特别适合于为一些智能化办公大楼提供高速数据、电子商务和视频会议等业务。此外，将 FTTB 与综合布线系统相结合，可以较好地提供宽带多媒体交互式业务。

（3）光纤到办公室。在 FTTC 中，如果将 ONU 放在大型企事业单位用户终端设备处，并能提供一定范围的灵活业务，则构成 FTTO 结构，它也是一种纯光纤连接网络，主要用于大型企事业用户，由于业务量需求大，因而在结构上适于采用点到点或环行结构。FTTO 与 FTTH 具有共同特点：整个接入网是全透明光网络，对传输制式、带宽、波长和传输技术没有任何限制，适于引入新业务，是一种最理想的业务透明网络，因而是接入网技术发展的长远目标。

（4）光纤到户。在 FTTC 中，如果将设置在路边的 ONU 换成无源光分路器，并移到用户家中，即成为 FTTH，它是一种全光网络结构，用户与业务节点实现全光纤传输，因此对带宽、波长、传输制式、传输技术以及运行维护都没有限制，比较适合于各种交互式宽带业务。但由于全光网络成本很高，其发展受到一定限制。

9.3.5 数字用户线接入技术

数字用户线（Digital Subscriber Line，DSL）接入技术是基于电话双绞线宽带接入的最基本技术，基本的 DSL 技术是在普通电话用户双绞线上进行 160kbit/s 的全双工通信，其中包括 144kbit/s（2B+D）的用户信息以及 16kbit/s 的传输开销，其基本结构如图 9-14 所示。由图 9-14 可见，它由交换局侧的线路端单元 LT、用户侧的网络端单元 NT 以及传输铜线组成。

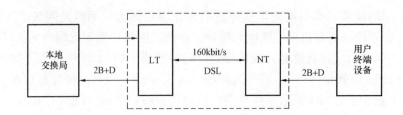

图 9-14   DSL 基本结构

随着可视电话、会议电视、视频点播等各种宽带业务的发展，基本的 DSL 技术已经不能适应宽带业务对信息传输速率和传输距离的需要，因此在基本 DSL 技术的基础上提出了许多改进技术，主要包括：高比特数字用户线技术（HDSL）、非对称数字用户线技术（ADSL）、对称数字用户线技术（SDSL）、甚高速率数字用户线技术（VDSL）及速率自适应数字用户线技术（RADSL）等，其中最为重要和实用的是 HDSL 和 ADSL 技术。

1. 高比特率数字用户线技术

高比特率数字用户线（High bit-rate Digital Subscriber Line，HDSL）技术使用两对双绞线提供 2048kbit/s 的 E1 业务，每对双绞线上为 1168kbit/s 传输率的全双工信号，其中，1024kbit/s 为 E1 有效负荷，传输距离达 3～5km，HDSL 收发器结构如图 9-15 所示。由图 9-15 可见，一个完整的 HDSL 系统由自适应回波消除器、自适应均衡器、线路端、解码器、收发低通滤波、混合线圈、A/D、D/A 及时钟等部分组成。其中，回波消除器用于消除经混合线圈泄露到接收路径的发送信号，消除拖尾影响及直流漂移，以分开两个方向上的传输信号，实现全双工通信；自适应均衡器用来校正线路因桥接或线径变化引起的阻抗不匹配和环路低通响应引起的脉冲散播互相耦合等产生的信号损伤，它通常由一个前馈均衡器和一个判决反馈均衡器组成，均衡器参数可自适应地根据输入信号特性加以调整，以保证输出信号质量。

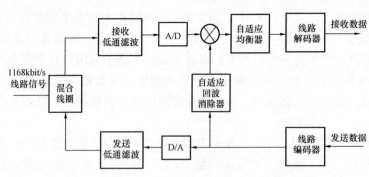

图 9-15   HDSL 收发器结构

2. 非对称数字用户线技术

非对称数字用户线（Asymmetrical Digital Subscriber Line，ADSL）技术最本质的特征是上下行速率不对称，它可以在普通电话线上将现有电话线路的频带经调制技术处理后扩大，其中高容量部分用来将大量数据传送到用户端，而用户端经网络回送信号时，则使用较低速率来处理，从而可实现高速数据与语音同时传输，为普通电话线进入多媒体通信领域提供了一条途径，并避免了常规对称系统所特有的用户侧干扰问题，提高了传输速率，又延长了传输距离。许多宽带多媒体业务，如视频点播中，信息传输存在明显的不对称性，在下行方向由于需要传送大量视频、音频信息及高速数据，因而需要较宽带宽，而在上行方向由于只需传送信令、控制信号，因而只要求较低带宽，这正好与 ADSL 特性相符，因而可将 ADSL 技术应用于宽带不对称多媒体通信领域。

（1）ADSL 系统基本结构。典型的 ADSL 系统基本结构如图 9-16 所示。在系统内，用户端和网络端各有一个普通老式电话系统（Plain Old Telephone System，POTS）分离器，其作用是将在同一对电话线上传输的普通电话信号与 ADSL 信号在频谱上分离，由于 ADSL 收发器不工作于话音频带上，因而可使普通电话信号与高速数据业务同时在一对现有的二进制电话线上运行，且互不影响。

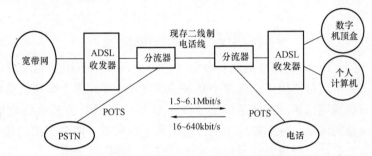

图 9-16　典型的 ADSL 系统基本结构

（2）ADSL 频谱分配。ADSL 系统的典型频谱分配如图 9-17 所示，它由 POTS 通道、中速双工通道以及高速下行通道 3 个信息通道组成，由分离器将 POTS 信道与 Modem 分割开，这样就可以保证在 ADSL 系统出现故障时不影响电话使用。其中高速单工信道的数据传输速率的范围为 $1.5 \sim 6.1$Mbit/s，中低速双工信道的数据传输速率范围为 $16 \sim 640$kbit/s。每个信道可由多个低速信道复接而成。ANSI T1.413 定义的 ADSL 传输标准见表 9-1。

表 9-1　　　　　　　　　　　　ANSI T1.413 定义的 ADSL 传输标准

下行速率/（Mbit/s）	上行速率/（kbit/s）	环路范围/in（1in＝0.3048m）
1.536	160	18 000
3.072	160	14 000
6.144	64	12 000
6.144	640	8000

（3）ADSL 关键技术。ADSL 使用数字信号处理技术和调制技术将大量信息压缩到电话双绞线上进行传送，而且在变换器、模拟滤波器、A/D 转换器中还使用了许多先进技术。线路衰减是影响 ADSL 性能的重要因素，ADSL 通过不对称传输，利用频分复用技术与回波抵消技术使上、下行信道分开，并减小串音影响，从而实现信号高速传送。因此，ADSL 不仅具有 HDSL 的优点，而且在信号调制、数字相位均衡、回波消除等方面采用了更为先进的器件和动态控制技术，其中复用技术与调制技术是 ADSL 中最为关键的技术，下面具体介绍。

为建立多个信道，ADSL 通过频分复用（FDM）与回波消除（EC）这两种方式对电话线进行频带划分。这两种方式都是将电话 $0 \sim 4$ kHz 频带用作信号传送，对剩余频带的处

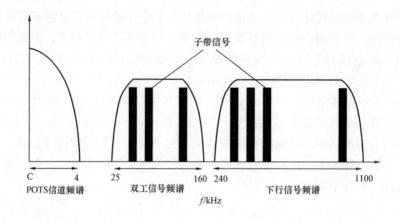

图 9-17 ADSL 系统的典型频谱分配

理，二者则各有不同：FDM 是将电话线剩余频带划分为两个互不相交的区域，分别用于上行信道与下行信道，下行信道由一个或多个高速信道加入一个或多个低速信道以时分多址复用方式组成，上行信道则由相应的低速信道以时分方式组成，EC 方式是将电话线剩余频带划分为两个相互重叠的区域，分别对应于上行信道和下行信道，两个信道的组成与 FDM 方式类似，但信号有重叠，而且重叠信号依靠本地回波消除器将其分离。

目前国际上采用的 ADSL 调制技术主要有正交幅度调制（QAM）、无载波幅度/相位调制（CAP）、离散多音（DMT）三种。

QAM（Quadrature Amplitude Modulation）是一种单载频数字调制系统，其调制器、解调器原理图分别如图 9-18 及图 9-19 所示，发送数据在比特/符号编码器内被分成速率各为原来的 1/2 的两路信号，分别与一对正交调制分量相乘，求和后输出，收端完成相反过程，这里不再详述。QAM 编码具有能充分利用带宽、抗噪声能力强等优点，但它用于 ADSL 必须适应不同电话线路之间性能较大的差异性。为获得较为理想的工作特性，QAM 接收器需要一个与发送端具有相同频谱及相位特性的输入信号用于解码，并利用自适应均衡器来补偿传输过程中产生的信号失真，因此采用 QAM 的 ADSL 系统复杂主要来源于自适应均衡器。

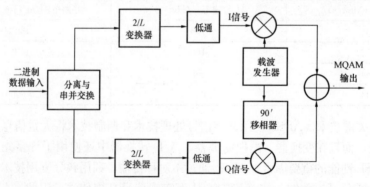

图 9-18 QAM 调制器原理图

CAP（Carrierless Amplitude/Phase Modulation）由 QAM 发展而来，它是一种采用正交幅度调制的网格编码（TCM）技术，其基本原理与 QAM 一样，区别主要在于 CAP 抑制了不携带任何有用信息的载波，而且其正交载频的调制过程采用了两个幅频特性相等、相位

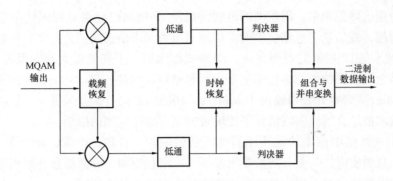

图 9-19　QAM 解调器原理图

特性相差 $\frac{\pi}{2}$ 的横截型带通数字滤波器，两路数字信号相加后经过 D/A 变换输出。CAP 码是一种冗余调制码，其功率谱属于带通型，受脉冲噪声、近端串音等干扰的影响比较小，码间干扰也较小，因此 CAP 比 QAM 更易于实现。由于 CAP 使用了更多的数字处理技术，因而易于实现大规模的数字集成，从而降低成本，其优越性高于 QAM，CAP 用于 ADSL 的主要困难是必须克服近端串音对信号的干扰，这可通过使用近端串音抵消器或均衡器来解决。

DMT（Discrete Multi Tone）调制技术本质上是一种多频调制频分复用技术，它将一段高速串行的数据流变为 N 组低速并行的数据流，并将它们分别调制到不同载频上进行并行传输。DMT 根据各子信道能力分配比特数，在频率较低和较高的几个子信道分配较少比特数，而在传输能力较好的中间部分则分配较多比特数。DMT 调制技术具有抗噪声能力强、频谱利用率高、传输速率具有自适应性等特点，而且可与 ATM 网络配合使用，它已被 ANSI、ETSI 和 ITU 采纳为 ADSL 标准。

项 目 小 结

1. 数字电视传输与组网技术实质是一个多媒体信息的通信系统，它具备多媒体数据通信的一切基本特征。在数字电视组网技术中涉及多媒体技术的宽带干线传输技术、宽带交换技术和宽带接入技术。

2. SDH 传输体制具有以下优点：

（1）SDH 有统一的标准光接口，能够在基本光缆段上实现横向兼容。

（2）SDH 有丰富的开销比特用于网络管理和维护。

（3）SDH 具有全世界统一的网络节点接口，它简化了信号互通以及信号传输、复用与交叉连接的过程。

（4）用 SDH 技术进行组网可构成具有高度可靠性的自愈环结构，从而确保了实现业务的透明性，这对多媒体应用十分重要。

3. 数字电视宽带交换技术在多媒体宽带通信网中起着举足轻重的作用，它不仅可使多台通信终端共享传输媒体，而且可实现网络中任意两个或多个用户的相互连接。

4. IP 技术则是一种非面向连接的分组交换网络技术，它可以较容易地集成语言、数据、图像和视频等多媒体业务，它对通信资源的利用率远远高于传统的基于电路交换的通信网络技术，通信费用也降低很多。因特网的迅猛发展使 IP 网络已经遍及到现代信息社会的方方面面，并有超越传统的基于电路交换的电信网而成为未来信息高速公路基础的趋势。以太网（Ethernet）技术是 IP 技术的典型代表，交换式以太网、千兆位以太网的发展以及 IP Q_0S 的提出，已经把以太网技术与多媒体宽带应用紧密地联系在一起，其中交换式以太网把多个终端共享 10Mbit/s 带宽升级到独占 10Mbit/s、100Mbit/s、1Gbit/s 甚至 1Tbit/s 带宽，以太网与交换技术的结合已经彻底消除了传输带宽对多媒体应用的限制。

5. 数字电视系统中传送的是经压缩编码后的视频、音频、图像、动画等多媒体信息，这些多媒体信息的实时性与服务质量要求都很高，而且视频、音频信息在解码还原后必须严格同步，因此在数字电视组网中必须选用高速的大容量光纤传输网。

6. 宽带接入网是多媒体通信网的基础，由业务节点接口（SNI）和用户网络接口（UNI）之间的一系列传送实体所组成，用户终端通过用户网络接口（UNI）连接到接入网，接入网通过业务点接口（SNI）连接到业务节点（SN）。

7. 数字电视 HFC 接入技术：HFC 网是指光纤同轴电缆混合网，即传输介质采用光纤与同轴电缆混合组成的接入网，在实际应用中，通常采用光纤到服务区，并组成星状或环状结构，而在进入用户的"最后一公里"采用同轴电缆。

HFC 网是一种新型的宽带网络，它融数字与模拟传输为一体、集光电功能于一身。

8. 数字电视以太网接入技术：以太网（Ethernet）是一种总线局域网，它采用 CSMA/CD 介质访问控制方法，是目前应用最广泛的局域网传输方式。

9. 数字电视光纤接入技术：光纤接入网是指传输媒质为光纤的接入网，从技术上可分为无源光网络（PON）和有源光网络（AON）两大类。其中：

（1）无源光网络（PON）：无源光网络是指在 OLT（光线路终端）和 ONU（光网络单元）之间是光分配网络（ODNO），没有任何有源电子设备。

（2）有源光网络（AON）：有源光网络指在 OLT 和 ONU 之间是光远程终端（ODT），存在有源设备或网络系统，主要包括基于 ATM、SDH、PDH、LAN 的有源光接入网。

10. 数字用户线接入技术：数字用户线（DSL）技术是基于电话双绞线宽带接入的最基本技术，基本的 DSL 技术是在普通电话用户双绞线上进行 160kbit/s 的全双工通信，其中包括 144kbit/s（2B+D）的用户信息以及 16kbit/s 的传输开销。

项目思考题与习题

1. 数字电视网络主要由几部分网络组成？画出基本结构。
2. 为什么说数字电视组网技术实质是一个多媒体信息与系统？
3. 目前宽带接入网技术可分为几大类？分别包含哪些技术？
4. 阐述以太网技术与传统的以太网技术的差别。
5. HFC 与 CATV 的关系是什么？其频谱是如何划分的？
6. 什么是光接入网？有哪几种？
7. 画出有源光网络结构图。
8. 数字电视 DSL 接入技术分几种？常用的是哪几种？
9. ADSL 关键技术是什么？

项目 10　数 字 电 视 运 营

【内容提要】
(1) 了解数字电视运营的相关环节和数字电视运营存在的瓶颈。
(2) 熟悉数字电视运营模式的建议。
(3) 掌握数字电视具体运营的分析。

【本章重点】
数字电视运营的相关环节；数字电视运营模式的建议；数字电视具体运营的分析。

【本章难点】
数字电视具体运营的分析。

任务10.1　运 营 相 关 环 节

数字电视带来的不仅是技术的变革，更重要的是运营模式的变革，而运营模式又是制约一个产业能会健康成长并规模化发展的关键因素。作为盈利模式的实现过程，运营模式的市场运作直接影响价值产业链的形成和发展，只有建构科学合理的运营模式才能形成可持续发展的产业链。

数字电视技术新体系主要由节目平台、传输平台、服务平台和监管平台组成。通过节目平台集成播出、传输平台传输、服务平台分配，把节目提供给用户，构成有线数字电视运营的产业链，通过独立于各方的监管平台监督这三个平台的运行，保持公正，保证安全。数字电视的运营是一个系统的工程，其运营的实际效果取决于以下几个方面的设计和实施进展的程度。

1. 搭建运营平台

数字技术的发展正在造就新意义上的数字媒体，也同时正在造就数字媒体观。数字媒体观要求传媒业由分立式向统筹式转变，要求从传媒业价值链的角度重新确定相关产业的发展取向与投资策略，要求以提高信息资源复用指数和投入产出率为目标重新确定传媒集团的运行模式。数字媒体观关注传媒业发展的内在基础和内在动力问题，关注信息消费的人性化运作模式。数字电视运营平台的搭建要建立在数字媒体观的基础之上。

数字电视时代的运营不再是自产自销的模式，而是在开放的数字平台上进行的，它们之间的合作是一种战略型的合作关系，因为所有运营环节都需要外力参与，形成多赢的局面。运营数字电视的核心理念就是开放的战略合作。

2. 建设技术平台

数字电视的技术平台由前端系统、传输系统和用户终端系统组成。前端系统包括视频播出系统、数据广播系统、传输处理系统、有条件接收系统、用户管理系统、节目管理系统、回传系统等，传输系统主要是指数字电视传输网络和传输设备，用户终端主机顶盒和数字电视组成。

我国数字技术平台的建设主要是对我国现有的有线电视网络进行双向的 HFC 改造，以及对前端系统的数字化改造和接收终端的数字化普及。数字技术平台的建设工程主要由网络公司和技术服务商共同承担，它们之间的合作方式可以采用延期付款、直接购买、参股分成等形式。

3. 用户研究

对于数字电视来说，用户是数字电视产业链的终端，它决定着整个产业链中其他环节的运作。用户研究是在整个数字电视运营中制订内容设置方案、推广策略和用户服务模型的基础，只有对受众（现有用户和潜在用户）进行详细的研究才能制订出有效的运营方案。数字电视用户研究主要对市场环境、人口特征、经济水平等情况进行研究，并在此基础上对受众的认知、态度、需求、购买等方面进行解析，具体可以表现在以下几个方面。

（1）群体研究。群体研究是用户研究的基础，因为研究受众对数字电视的认知、消费水平与习惯、内容需求等方面都要先进行群体划分和研究，在此基础上进行比较和分析。划分受众群体，可以依据居住区域、年龄、性别、收入、受教育程度等指标。从市场营销的角度来说，群体划分是市场细分中的一部分，不同的群体在某些方面有着相对同质性，用户细分的程度越高就越能掌握市场的趋势。

（2）受众对数字电视的认知情况。数字电视的概念对消费者来说，不仅包括它在技术和性能方面的特点，还有它在使用中带来的收视方式和内容等方面的变化。我国大多数受众对数字电视的认知程度还比较浅。研究受众对数字电视的认知情况应该从调查认知率、认知态度、认知渠道等角度入手。

（3）消费水平与消费习惯。研究受众的消费水平和消费习惯主要包括现有的媒介消费额、对电视和互联网等不同媒介的使用及付费情况、模拟电视的消费情况、对数字电视的付费意愿和付费方式等方面。

（4）消费者需求。从模拟到数字的过渡时期，数字电视服务要取得消费者的认同，就必须要了解消费者理解数字电视服务与模拟电视服务之间的差异，以及经营者如何确立数字电视服务的市场竞争优势。这就需要了解消费者的需求，并在此基础上制定切实可行的营销策略，讲求市场细分，对需求趋势的把握可以作为制定长期营销策略的依据。

4. 内容集成与内容设置

内容是数字电视运营的核心，是数字电视产业能持续发展的关键，也是数字电视运营商和用户衔接的关键环节。但是，节目资源的短缺成为制约我国有线数字电视发展的重要因素之一，有 70.7％的省、市级城市电视台和 87.6％的网络公司认为，内容问题已经成为当前开展数字电视业务的最大制约因素。导致内容匮乏的因素是多方面的。一方面是商业模式的不合理，我国的内容服务商与电视台采取的是直接合作的方式，利润被压得很低，国内节目播出收益比率中，制作方往往只能占到 5％～10％的收益，而国际上节目制作、发行、播出三个环节的分配比例大致是 4：3：3。另一方面由于我国节目内容提供商单一，影响了内容质量的提高。此外，制作、购买精彩的节目和引进先进设备，都需要大笔的资金支持，但网络运营商看不到真正用户的规模，在投资意图上小心谨慎，也间接造成了内容的匮乏。

解决内容瓶颈需要从多方面着手，可以借鉴国外数字电视运营的商业经验，将丰富的有线频道资源进行重新分配。在加强频道经营许可管理制度的前提下，实行有偿频道租赁服务，让更多的专业频道服务者参与到数字电视产业中来。还可以通过建设以国家和省级为单位的内容供应和交易中心，分别完成对中央级和省级广电内容的整合。这两个层次的内容中既容纳了庞大的中央和地方的内容资源，又能对其进行组合和再加工，使其形成若干个专业频道或专业内容子系统。当然，最有效的解决方法是在重建的商业模式下建立数字电视内容和设备制作的产业链，进行数字电视内容的生产。

拥有了充足的内容储备，才能为数字电视的运营进行内容集成和内容设置。数字电视的内容主要划分为视频节目和互动节目两种主要形式。数字视频节目与模拟视频节目的区别在于视/音频质量更高，内容更专业化。互动节目包括增强型内容和虚拟频道，对这些内容的集成要根据不同的销售需求来进行。内容设置要考虑节目运营的情况和用户市场的情况，依据对用户的内容需求和价格承受能力，设置出内容销售方案。

5. 盈利模式

从媒体经济学的角度来看，电视盈利模式的多元化在数字时代是至关重要的。数字电视时代的频道供给量比模拟电视时代大大增加，单一地依赖广告收入意味着整个产业抵抗经济周期波动与运营风险的能力很低，因此不能单纯依靠广告收入来维持正常运转，这就需要具备多种盈利模式。

对盈利模式的设计是运营模式设计中的关键环节，主要是对盈利平台、盈利来源、盈利阶段三方面的设计。

（1）盈利平台。数字电视要想盈利，必须利用数字电视技术从节目内容和交互式应用两个方面入手。因此，盈利平台的设计重点应放在扩充节目内容、增加信息服务、增加付费电视节目和开展互动电视业务方面。节目内容的扩充需要制作大量的新内容，同时也需要对老内容重新组合与开发，在此基础上设置专业化频道。付费电视是在提供基本的公共电视节目基础之上，为满足顾客的多元化需求而设置的，既可以让有支付能力和收视需求的观众在付费的同时享受到更好的服务，又通过观众的直接付费为制作高质量的节目提供资金来源，形成良性循环，增大社会总体效益。互动电视结合了电视技术和互联网的功能，使观众拥有了更多的电视节目控制权，可以在某种程度上有选择地接收自己喜欢的内容，并向内容播出前端反馈自己的信息，还可以获得更广泛的和个性化的信息。

（2）盈利来源。数字电视的盈利来源主要包括月租费（网络维护费）、信息服务费、广告费和付费电视收费。产品生命周期分为产品开发期、导入期、增长期、成熟期和衰退期。因此，盈利阶段的规划要从市场营销的角度出发，在大量翔实的调查数据基础上制订战略方案。

任务 10.2　数字电视运营的瓶颈

虽然数字电视具有极大的市场价值和发展前景，但是数字电视产业仍然存在制约其发展的瓶颈问题，这些问题主要表现在以下几个方面：

1. 基础设施的制约

数字电视需要巨资投入，工程浩大，双向网络的拓扑需要大量的费用。另外，数字电视要战胜传统电视的关键在于提供大量经得起考验的服务内容，这些服务需要花费巨资制作。

2. 技术标准要求

要确保数字电视节目能够通过不同的有线电缆与卫星通信系统，利用不同品牌的机顶盒收发信息，就必须确立一个统一的标准。

DVB 协会正在推出 MHP（中间件）的概念，想为数字电视提供一个公开的平台。我们国家也在制定相应的数字电视中间件的标准。可以预见，中间件的标准一旦确立，数字内容的表达方式就能得到统一的规范，随之就会有越来越多的内容制作、播出服务和应用服务厂商介入进来，实现资源的互动，从而降低数字电视开发、运营的成本。

3. 与传统电视争取用户

大多数观众对传统电视有一种怀旧的情感，使得数字电视观众增长缓慢，因此电视节目制作商不愿意投入大量的成本进行数字电视节目的制作；节目资源不足，制约数字电视的发展，这就形成了数字电视缓慢发展的恶性循环。

传统用户对数字电视的理解有误区，把数字电视与视频点播等同起来，但是数字电视远远不只局限于视频点播。这也是制约数字电视发展的一个因素。

观众欣赏水平提高的幅度远远大于电视节目制作水准的提高幅度，很多电视台的节目还带有很强的主观性，没有真正从观众的角度把握节目的主体内容及风格，常常依循的不是大多数观众的正当需求，而是个别管理者的好恶，而且不了解市场的变化动向。

4. 政府对节目内容的管制

在我国，所有的节目内容都在政府的监管之下，电视运营商一直在宣传和娱乐之间摸索平衡点，所以节目内容受到政治上的限制，不可能和国外的收费电视一样取得非常丰富的内容选择范围。

5. 机顶盒对互动电视的支持程度

互动电视是数字电视的重要组成部分，也是数字电视运营的支撑点．目前，大多数城市所提供的机顶盒对互动式增值业务的支持程度非常有限，高端业务（如电视游戏）需要更换增强型的机顶盒才能实现，而当前全国大多数城市提供的机顶盒都不支持互动式增值业务。

任务 10.3　运营模式建议

1. 面向大众

根据数字电视的特点，以及国家广电总局对数字电视发展的新精神，建议应将数字电视定位于大众化产品，数字电视节目是普通老百姓都能享受到的节目，以尽量降低用户进入门槛，迅速扩大用户规模。

2. 细分用户

进行数字电视市场推广时，在初期必须有针对性地设定市场切入点。因为数字电视是个性化产品，因此必须进行市场细分，首先致力于最有购买潜力、回报率最高的用户群体，根据他们的需求，提供个性化的服务，以确保一定的现金流。

3. 品牌经营

现代市场竞争已经进入品牌经营的时代，因此必须为数字电视建立专门的品牌，积极打造品牌知名度和美誉度。例如设立"形象代言人"，这样，一方面便于推广数字电视产品；另一方面提升了本企业的无形资产，同时为该行业建立了较高的进入壁垒，从而建立竞争优势。

4. 机顶盒推广

目前，我国市场上推广的机顶盒设备主要是"机顶盒＋智能卡"的模式。根据国内外的数字电视发展情况，数字电视机顶盒/智能卡的销售方式大致可分为卖、租、送三种方式。

在政府支持的情况下可采取补贴销售方式，运营商独立推广时可采取租用方式，资金充裕的情况下可采取赠送方式。具体操作方式可以灵活制定，如预交收视费赠送机顶盒或与节目捆绑销售机顶盒等。

5. 立体营销

数字电视作为一项特殊的商品，需要全方位的宣传和推广。可采取组织"数字电视活动周"、"形象代言人"、"新闻专题"，设立"演示厅"广泛的"代理"，以及深入小区"演示"等营销方式。在举行宣传推广活动的同时，还要广泛听取各方意见和建议，不断完善营销策略。

6. 优质服务

目前，用户对数字电视的期望主要在于节目质量，所以积极引进丰富的高质量节目十分必要。另外，完善的客户服务工作也是树立数字电视美好形象的重要保证。

任务 10.4　具体运营分析

10.4.1　条件接收系统（CAS）

随着信息技术的发展，互联网接入、视频点播、电子商务、远程教育、远程医疗、网上音/视频广播等新概念、新业务层出不穷，以数字电视技术为突出代表的新技术也迅速进入实战阶段。上述数据业务的开展需要以条件接收系统为支撑，所以条件接收系统的运营模式对数字电视产业的发展起着尤为重要的作用。

条件接收系统是实现收费的基础，其基本功能是使授权用户正常地接收加扰节目，通过授权信息和客户服务数据库的相关信息实现计费管理。数字电视及增值服务以条件接收系统为核心，结合相应设备和应用平台向用户提供服务。

CAS 系统的运营可以围绕以下方面开展。

1. 双向升级

双向数字电视平台的改造是数字电视发展的必然趋势，也是运营互动增值业务的基础。利用双向回传通道，用户可以返回个性化信息，实现在线节目购买、服务订购和业务消费。双向回传通道同样需要 CAS 系统提供数据加扰、加密控制，所以双向数字电视平台的升级需要具备双向加扰、加密控制和授权控制的 CAS 系统。

双向 CAS 是在原有的 DVB CAS 的基础上增加双向回传通道，在保留单向 DVB CAS 基本功能的同时，为增值业务提供安全、可信的传输通道。目前，北京数码视讯科技有限公司已经在国内率先推出了双向 CAS 产品。

2. 集成增值业务

CAS 系统不仅需要对数字电视节目进行加扰、加密和授权控制，同样也需要为数字电视增值业务的运营提供安全、可信的传输通道，对增值业务数据信息的传输进行加密控制。

CAS 系统通过在 IC 卡中预置密钥为增值业务提供身份认证，并交换会话密钥，通过使用会话密钥为增值业务提供数据保密。CAS 系统应该定义与增值业务通信的标准化接口，以便实现与增值业务的集成。

3. 兼容多种传输平台

CAS 系统提供了一套数据加扰、加密和授权控制的方法，它的应用并不局限于有线数字电视系统，还可以应用于无线、互联网、宽带等多种网络环境。CAS 系统需要兼容多种传输平台，根据不同的应用环境选择不同的加密方案和授权方案。

4. 支持多种业务类型

CAS 系统在具备授权管理、机卡绑定、区域锁定、应急广播、OSD 显示、电视邮件等基本功能的基础上，还应该支持 VOD 互动数字电视的运营，可以实现节目的实时购买和即时观看，为运营商提供有效的用户信息（收视率统计、消费信息统计、问卷调查等），并为增值业务提供安全、可靠的数据传输通道。

5. 机卡分离

CAS 系统的基本要求是安全性、开放性和经济性。安全性是条件接收系统最重要的要求，开放性和经济性是条件接收系统市场化的关键。

制造厂商都希望把机顶盒（含有条件接收的接收端模块）变成类似彩电的通用消费类产品，以便他们充分发挥自己的生产优势和销售渠道优势。机顶盒对于网络运营商来说只是运营的工具，而不是商品，他们希望第三方替他们把机顶盒销售到用户手中，他们只关注服务。在这种情况下，市场就呼唤开放性的条件接收系统。

开放性的条件接收系统最早在欧洲进行了尝试，提出了通用 CA 接口（Common Interface，CI）的概念，即把机顶盒里有关 CA 的硬件和软件统一集成为一个独立的模块，用专用的集成电路和 CA 智能卡独立实现 CA 的全部功能，机顶盒内部不再进行 CA 处理。因此，机顶盒就成了一个通用机，CA 在 CI 模块中运行，然后发出指令让机顶盒执行相关操作。

10.4.2 SMS

SMS 系统是运营商为用户提供服务的桥梁，与数字电视运营有着密切关系，对数字电视的运营起着至关重要的作用。SMS 系统需要具备以下功能：

（1）从付费的灵活性来看，应该具有丰富的付费模式，以适应数字电视不同运营时期的需要。

（2）从促销的多样性来看，应该具有随意组合的优惠策略模块，支持优惠策略模块的扩展，以便系统在将来适时添加优惠模块，从而使广电运营商可以定制适合自己的销售模式，实现利润的最大化。

（3）从催费的方便性来看，应该具有全自动的催费系统，可以自动查对账户，自动生成催费记录，自动发送催费信息，自动处理用户授权。

（4）从业务扩展的灵活性来看，系统应具有良好的可扩展性，不仅可以方便扩展增值服务，而且可以提供新业务的动态加载及旧业务的卸载等动态业务功能，为运营商的持续运营提供可靠的技术保障。

（5）从系统的性价比来看，SMS 系统需要能够可持续建设，以降低 SMS 系统的初期建设成本；另外，SMS 系统必须能够根据不同运营阶段的需求，进行平滑的扩容和升级，以提供一个可持续发展、可增值的数字电视业务平台。

SMS 系统的运营可以借鉴以下几种方式：

1. 电子钱包

IPPV/T 产品是预先将钱充到 IC 卡内的电子钱包里，用户可以直接通过机顶盒对节目进行购买，无须在前端做任何操作，这是一种良好的适用于单向网络环境的互动业务模式。运营商只需预先定义好相应的产品即可。使用 IPPT 产品还可以开展电视游戏业务，按用户玩游戏的时间长短进行收费。

对于客户来说，该模式增加了互动的因素，并且可以通过预售电子钱包充值卡的方式提前收回资金，减轻运营商的投资压力。

2. 电视短信/彩信

用户可以向电信特服号码发送短信/彩信，短信/彩信里包含文字/图片内容和接收 IC 卡号，然后运营层的 CAS 系统会自动将该内容以 OSD 或邮件的方式发送给该 IC 卡号的持有者。这是一种十分新颖的运营方式，具有很大的互动性。该模式并不局限于用手机发送短信/彩信，用户也可以通过上网来发送以上信息。实际运营中，可以充分利用 CAS 的高级寻址功能，即当短信/彩信中的 IC 卡号为特殊号码时，发送给满足某一条件的用户，如所有正在观看NBA 比赛的用户。这样相当于向所有看球赛的球迷提供了一个电视交流的平台，可以充分发挥数字电视的互动性的优势。

由于带宽和 CAS 系统承载能力的限制，利用 SMS 系统运营电视短信/彩信应该以群发寻址模式为主，充分利用 CAS 系统的高级寻址功能，增强观众与电视节目的互动性，而不适合开展个性化的电视短信/彩信业务。

3. 数字电视账户

数字电视用户在开户时，SMS 系统会自动为用户生成一个数字电视账户，并支持用户在账户中存储一定的费用，用于数字电视的消费。与银行系统、电信收费平台类似，数字电视平台也可以开发自己的收费系统，不仅支持月租费扣除，付费节目购买业务，还可以支持支付增值业务的消费。电视将真正成为家庭娱乐终端，用户不但可以观看广播、点播的电视节目，还可以享受形形色色的增值业务，为用户带来更多的方便。

4. 预授权充值

像手机充值卡一样，运营商可以推出普通业务充值卡和 IPPV/T 充值卡。上述两种充值卡实质上是一样的，对运营商来说都是提前收回投资的一种手段。区别在于，普通业务充值后，钱是存在营业厅的用户账户中的，而 IPPV/T 业务充值后，钱会通过运营商的 CAS发送到用户持有的 IC 卡的电子钱包中。用户购买充值卡之后可以通过短信、打电话或上网进行充值。该模式最大的好处就是提前收回投资，让充值卡经销商预先替用户买单，从而减轻运营商的资金压力。

5. BOSS

SMS 的下一个发展力向是 BOSS，所谓 BOSS，是指商业运营支撑系统（Business Operation Support System）。对运营商来说，BOSS 提供了统一的运营平台；对用户来说，BOSS 提供了统一的客户服务平台；对集成系统商来说，BOSS 则提供了统一的集成平台。新一代 BOSS 是有线电视多业务运营的必然需求和发展方向。BOSS 系统的设计原则和思路可以概括为"统一模型、集中管理、综合营运、多个通道"。BOSS 系统的搭建一般采用大型分布式关系数据库、应用服务器、组件和插件、并行处理、IPC 技术、SAN 存储等关键技术。

10.4.3　增值业务

数字电视整体转换的根本目的在于搭建一个具有无穷空间的增值业务平台，为有线电视行业提供广阔的运营空间。增值业务是数字电视发展的重要方向，它能够带来巨大的经济利益，为广大用户提供丰富的信息内容，使电视真正成为家庭的信息终端。同时，运营商可以利用增值业务快速回收成本，以最短时间回收数字平台搭建的投资，进而推动整个数字电视产业持续健康发展。

增值业务可以为广大用户提供更多的服务与选择，只有"合适"的服务内容才能真正地吸引用户去消费购买数字电视业务。用户关心的是数字电视所提供的精彩内容，而不是数字电视技术。所以，如何利用先进的技术为用户提供更多真正需求的服务，是每个数字电视开发商与运营商值得深刻思考的问题。

数字电视的发展经历了三个阶段的变化，从早期的网络为王、内容为王，自到今天被人们所共识的服务为王，从长远看，数字电视要有大发展，产业要真正腾飞，增值业务的开展是非常关键的。发展增值业务将是未来广电运营商用以增强自身实力，提升差异化服务并最终找到基于市场运作的盈利模式的必然选择。

增值业务的运营应该围绕以下几个方面开展：

1. 观众互动

互动是增值业务运营成败的关键所在，只有与观众实现深入互动，取得共鸣，增值业务本身才能够达到引导、吸引用户进行消费的目的。广电增值业务需要掌握用户需求。细化用户群体、发挥电视优势，给予用户展现自我和表达情感的空间，才能够实现真正的互动。

2. 推陈出新

在广播电视领域，事务发展的节奏是非常快的，如电视节目、电视综艺、电视晚会需要不断更新，才能吸引用户的眼球。大部分增值业务是需要同电视节目紧密结合的，电视节目的更新频率也就决定了增值业务的更新频率，增值业务必须不断更新和升级，才能满足广大用户的需求。

所以，广电运营商需要深入了解用户的需求，逐步扩展增值业务的功能来迎合用户的要求；增值业务开发商需要对增值业务进行长期维护，根据运营商的要求适时地对系统进行升级。

3. 电信、广电平台的融合

数字电视增值业务的发展还处于初级阶段，从系统搭建、建立群众基础到走向成熟，还需要长期的探索过程。利用成熟的电信增值业务带动和发展广电增值业务，是加速广电增值业务发展的捷径。

电信的多种增值业务都可以引入数字电视平台，如短信、彩信、游戏等，可以充分发挥电信的业务、资源优势和广电的传输、终端优势。广电传输平台融合电信传输平台，可以将手机、网站和终端电视紧密结合起来，使得三者之间信息互联互通，实现广电运营商与电信运营商利益的最大化。

4. 合作运营

借鉴中国移动、中国联通的成功经验，广电增值业务的发展需要"众人划桨开大船"，集合众人之力，采用集中服务、分散服务相结合的原则，最大限度地扩大增值业务的市场。

所以，广电运营商在搭建增值业务平台的同时，也需要开发标准接口，发展广电 SP，为广电 SP 提供传输服务。广电 SP 将为广电运营商细化增值业务市场，把增值业务网电视节目、电视综艺、电视娱乐紧密结合起来，进一步刺激用户消费增值业务，为广电增值业务打造饱满、沸腾的市场。

数字电视增值业务中，有很多增值业务都可以作为基础增值业务，为广电 SP 提供信息服务，具体的业务形式包括电视彩信/短信、电视投票、电视股票、电视网站等。

5. 电视收费结算系统

对于日趋成熟的数字电视产业，由于增值业务种类繁多，所以数字电视平台需要形成具有数字电视特色的数字电视支付结算系统，以实现对增值业务的集中收费管理。

由于广电运营商经营增值业务时，将同时面临个人用户的支付问题和其他运营商（银行、增值业务供应商、内容供应商、下级运营商等）的结算问题，所以数字电视支付结算系统需要同时具备业务支付功能和结算功能。支付功能主要面向普通用户，用于支付用户享受增值业务所产生的费用。结算功能主要面向各类运营商，用于实现广电运营商与其他运营商之间的业务费用的结算和内部费用的摊分。

项 目 小 结

1. 数字电视技术新体系主要由节目平台、传输平台、服务平台和监管平台组成。数字电视的运营是一个系统的工程，其运营的实际效果取决于以下几个方面的设计和实施进展的程度：①搭建运营平台；②建设技术平台；③用户研究；④内容集成与内容设置；⑤盈利模式。

2. 数字电视运营的瓶颈主要表现在以下几个方面：①基础设施的制约；②技术标准要求；③与传统电视争取用户；④政府对节目内容的管制；⑤机顶盒对互动电视的支持程度。

3. 运营模式建议：①面向大众；②细分用户；③品牌经营；④机顶盒推广；⑤立体营销；⑥优质服务。

4. 运营分析：

（1）条件接收系统（CAS）：条件接收系统是实现收费的基础，其基本功能是使授权用户正常地接收加扰节目，通过授权信息和客户服务数据库的相关信息实现计费管理。数字电视及增值服务以条件接收系统为核心，结合相应设备和应用平台向用户提供服务。

（2）SMS 系统是运营商为用户提供服务的桥梁，与数字电视运营有着密切关系，对数字电视的运营起着至关重要的作用。

5. 增值业务：增值业务是数字电视发展的重要方向，它能够带来巨大的经济利益，为广大用户提供丰富的信息内容，使电视真正成为家庭的信息终端。增值业务可以为广大用户提供更多的服务与选择，只有"合适"的服务内容才能真正地吸引用户去消费购买数字电视业务。

项目思考题与习题

1. 研究数字电视的运营有何意义？

2. 运营相关环节有哪些？

3. 运营模式有哪些建议？

4. 分析运营应该从哪些方面去考虑？

5. 增值业务的运营应该围绕哪几个方面来开展？

项目 11　数字电视机顶盒

【内容提要】

1. 了解数字电视机顶盒是模拟电视与数字电视共存期的产品，是模拟电视走向数字电视的桥梁。数字电视机顶盒技术对发展数字电视具有重大的现实意义和巨大经济效益。

2. 熟悉各公司生产的有线数字电视机顶盒、卫星数字电视机顶盒、地面数字电视机顶盒、数字存储式电视机顶盒及视频点播机顶盒的应用和系统结构，目的使读者对数字电视技术有一个全面的、深刻认识了解，以便更好将数字电视技术运用在实践中。

3. 掌握数字机顶盒的功能、分类、系统结构、工作原理。

(1) 尽管机顶盒的类型较多，但所采用的关键技术是差不多的。

(2) 数字机顶盒的结构都是由数字调谐器、ATM 单元、ADSL 接口、图像和声音解码器、NTSC/PAL/SECAM 编码器、内存接口及扩展接口，但软件是关键的。

(3) 数字机顶盒的电路分析采用模块化，而电源电路分析则主要是掌握工作原理。

【本章重点】

掌握有线数字机顶盒系统结构和关键技术。

【本章难点】

数字交互式电视的核心技术及中间件技术。

从广义上说，凡是与显示器连接的网络终端设备都可以称为机顶盒（Set Top Box，STB）或称为综合解码接收机（Integrated Receiver Decoder，TRD）。它是数字电视广播的接收设备。机顶盒包含了数字解调、信道解码、解复用、条件接收控制和信源解码等数字电视的核心技术，它可以把来自数字电视卫星广播、数字有线电视广播、数字电视地面广播和网络的信号接收下来，通过解调、信道解码、解复用和信源解码，转换成 R、G、B 模拟电视信号送给显示器，去显示或转换成 PAL 制或 NTSC 制等信号送给电视机，也可进行数据广播信号的接收和处理。目前世界上的机顶盒式信息家电大致分三类，即 Internet 机顶盒或网络机顶盒、数字机顶盒及软件机顶盒。

1. Internet 机顶盒或网络机顶盒（WebTV）

能将数字电视机（或现行模拟电视机）作为 Internet 的终端机，实现家庭电视机网上浏览、电子邮件收发和双向信息交流等功能的机顶盒为网络电视（WebTV）机顶盒。新一代 WebTV 机顶盒终端具有 64 位高档微处理器，具备硬盘和打印控制功能、实时视音频解码功能。

这种网络机顶盒内包含操作系统和 Internet 浏览软件，内置 33.6～56kbit/s 的调制解调器（Modem），可通过电话网或有线电视网连接 Internet，使用电视机作为显示器。这种机顶盒使用时不需要进行复杂的软硬件配置，利用配备的无线键盘或其他输入设备，可以轻松浏览网页、发 E-mail 或者玩网络游戏了。机顶盒技术使模拟电视接收质量变高，功能变多，信息源变多。

2. 数字机顶盒

除具备 WebTV 机顶盒功能外，它还有高速 Internet 浏览和视音频点播功能，数字机顶盒包括数字卫星电视机机顶盒、数字 CATV 电视机顶盒和数字地面电视机顶盒。

3. 软件机顶盒（多媒体机顶盒）

它的功能和标准可以随时通过下载新的软件而改变，即具备升级简单的特征。显然，软件机顶盒因具有灵活多样性而更有发展潜力。以高效的物理层软件包和强大的运算能力支持包括电缆调制解调器、数字电视接收机和家用电脑同时工作。典型的软件数字机顶盒包括一个用于控制的微处理器、存储器网络接口、用于 CATV 卫星传输和地面传输的调谐器、解调器、传输流解复用器以及 MPEG-2 音频和视频解码器。目前视频点播的数字机顶盒就是软件机顶盒的典型形式。软件机顶盒采用软件无线电技术，其硬件部分主要是高速数字信号处理器（DSP），其余部分则是射频处理单元和输入/输出接口，其他所有功能均由软件实现。软件机顶盒是一个具备强大运算功能的网络计算机，为各种应用提供了最佳的解决方案，提供了灵活、开放的系统平台。软件机顶盒的最大特点是具有完全的可编程性，它的软件系统为实现设备的多标准性、多业务适应性、功能升级适应性，提供了最佳解决方案，有广泛的应用前景。

以上是按应用范围来划分的，若按技术性能划分，可分为普及型数字机顶盒、增强数字机顶盒和交互式数字机顶盒。

任务 11.1 机 顶 盒 的 功 能

机顶盒，特别是单向卫星接收机的发展，在近几年日益成熟，其微处理器已从 $0.25\mu m$ 工艺发展到 $0.18\mu m$，甚至更低，其主频也从 50MHz、80MHz 发展到 100MHz。新一代数字机顶盒的应用主要体现在以下几个方面：

1. 机顶盒是模拟电视向数字电视过渡的桥梁

数字电视经过多年的开发、实验，制定了相应的标准和规范。与模拟电视相比，数字电视在性能上的优点之一是实现了信道资源的有效利用。例如，采用模拟卫星方式传送 1 路节目需要占用一个宽带为 36MHz 的转发器，同样的转发器如果用来传送数字节目，可以传送 4~6 路电视节目，极大提高了信道的利用率。数字电视节目能实现真正意义上的高清晰度，基本上可以达到演播室水平，即实现严格意义上的高保真传输和接收。由于是数字传送，通过纠错等措施，接收端不会出现误差，杜绝了模拟电视在传送过程中的各种干扰。尽管数字电视节目有上述优点，但目前绝大多数用户使用模拟电视接收机是无法直接收看数字电视节目的。因此，这时需要数字机顶盒作为中介，将接收的数字音视频信号解码为模拟信号再输送到模拟电视机，达到模拟电视收看数字电视节目的目的。

2. 机顶盒是实现交互功能的关键设备

对于利用 CATV 网接收数字电视广播的机顶盒而言，充分利用 CATV 网络频带较宽的特点实现交互功能。数字技术的发展而形成的概念不仅仅使 CATV 增加了更多的频道，更重要的是数字技术使电视机具有了与计算机的通信功能一样的交互性，这是模拟技术无法做到的。通过上行通道和数字机顶盒，用户坐在家中就能享受到视频点播（VOD）、网上浏览、远程教学和购物、家庭银行、互动教室和交互游戏等服务。这种机顶盒的交互性将改变人们收看电视的传统习惯。

3. 机顶盒是电视接入互联网的重要工具

随着 Internet 的迅速发展，家庭信息化是大势所趋，除 PC 之外，接入 Internet 是最佳候选。例如 WebTV 网络机顶盒，用户只需将该机顶盒接到电视机和电话线上并在 WebTV 网络公司登记注册，就可以在 Internet 漫游，收发电子邮件。

任务 11.2　机顶盒的基本结构及原理

11.2.1　机顶盒的结构要求

机顶盒的功能取决于其结构与关键技术。为适应日新月异的数字技术发展，机顶盒也从最初的模拟式机顶盒演变成新一代的数字式机顶盒。随着广播电视节目的数字化以及 Internet 的普及，机顶盒的功能越来越强，其作用从单一的解密收费功能发展成集成解压缩、Internet 浏览、解密收费、交互控制为一体的数字化装置。由于这一领域可能成为未来 10 年甚至更长时间计算机与消费类电子产品的主流，因此 IBM、Intel、Philips、ST、Sony、Microsoft 等公司都开始进入这一领域。一些国际和地区性组织也纷纷制定相应的标准和建议。尽管机顶盒的形式非常多，但有一点是共同的，就是机顶盒的使用受网络带宽制约较大。就目前而言，鉴于宽带局域网技术比较成熟，基于 IP 宽带的数字机顶盒可以普及。机顶盒设计的一个重要原则是：开放式结构，不排斥现有技术，做到既能与网络有效连接，又具有灵活的可扩充性。因此，它的基本组成必须有数字调谐器、ATM 单元、ADSL 接口、图像和声音解码器、NTSC/PAL/SECAM 编码器、内存接口及扩展接口。可见，机顶盒是一个模块化的结构，一个典型的机顶盒硬件结构如图 11-1 所示。

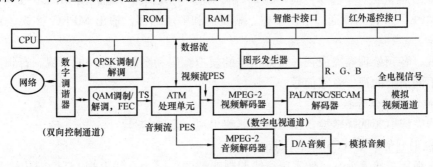

图 11-1　一般机顶盒硬件结构及工作流程

11.2.2　机顶盒的工作原理

如图 11-1，机顶盒的工作流程或原理可简单描述如下。从网络（同轴电缆）传来的射频信号经 A/D 转换、QAM 解调及前向纠错后，由 ATM 处理单元进行数据包的解复用，并将数据分为视频流、音频流和数据流。视频流由 MPEG-2 视频解码器解码后，交给 PAL/NTSC/SECAM 制编码器以得到相应格式的模拟视频信号。在此过程中，可以叠加图形发生器产生的诸如选单之类的图形信号。音频流由 MPEG-2 解码后由音频 D/A 转换为模拟音频信号。数据流传递给 CPU，由 CPU 做相应的处理。例如，CPU 根据数据流中的选单图形数据来控制图形发生器产生选单图形。CPU 还可以根据用户选择产生相应的消息数据，经 QPSK 或 QAM 调制由上行通道反馈给视频服务器。

图 11-1 所示的机顶盒拥有模拟视频通道、数字视频通道和双向控制通道，使其能够支持模拟式广播传输、数字式广播传输和交互功能。按照信号传播介质的不同，机顶盒可分为卫星数字电视机顶盒、有线电视（CATV）机顶盒和 Internet WebTV 机顶盒。接收卫星数字电视机顶盒没有上行数据，因此主要功能是由对接收数据解复用、对压缩数据（视频、音频）的解压缩以及解密收费和信道解码组成。

11.2.3　有线数字机顶盒系统结构

目前数字有线电视机顶盒应用最多也最为重要，它主要由三部分组成：模拟视音频接收、数字信号接收、有线电视用户接入 Internet 和双向控制信道，如图 11-2 所示。

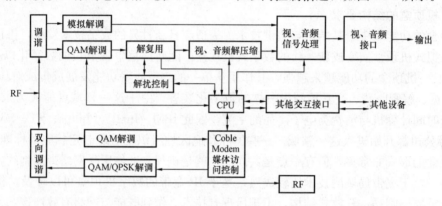

图 11-2　有线电视机顶盒系统结构图

1. 数字信号接收

（1）调谐器完成射频选择转换，QAM 解调器从射频信号中解调出 MPEG-2 传送流。

（2）MPEG-2 传送流通过解复用器、解扰器和解压缩器，输出 MPEG-2 视、音频基本流以及数据。

（3）视、音频处理器完成视、音频信号的模拟编码和图形处理功能，视、音频接口分别输出满足不同需要的视、音频信号。

2. 模拟视音频信号接收

调谐器完成射频选择转换，模拟解调器解出视、音频信号。

3. 线缆调制解调器（Cable Modem）

有线电视用户接入 Internet 采用线缆调制解调器，因为有线电视 HFC 网传输的是模拟 RF 信号，如果用它来传输数字数据，就要使用线缆调制解调器。它是一种可以通过有线电视网络进行高速数据接入的装置，其作用是将数据调制在一定的频率范围内，通过有线电视网将信号输出去，接收方再对这一信号进行解调，还原出数据。

一个典型的线缆调制解调器通常分别在两个不同方向上接收和发送数据。在下行方向，数据信号调制在 42～750MHz 中的某个 6MHz（或 8MHz）带宽电视载波频道上。调制方式有 QPSK 和 QAM 两种，这个信号可放在规划的 6MHz（或 8MHz）宽的频道上。在一个双向有线电视网中，上行通道通常设在 5～42MHz，这意味着上行通道处在漏斗状噪声干扰较多的环境。因为 QPSK 抗干扰能力较强，所以上行方向大多采用 QPSK 调制方式。

4. CPU 和交互接口

CPU 是完成各种指令和控制的硬件基础，包括 ROM 和 RAM 等信息和应用软件的存储。

交互式接口包括通用串行接口（USB）、高速串行接口 1394、以太网接口及视频音频接口等。

11.2.4 机顶盒的关键技术

数字电视机顶盒的技术含量非常高，它集中反映了多媒体技术、计算机技术、数字压缩编码技术、通信技术、网络技术以及加解扰技术和加解密技术的发展水平。目前数字电视机顶盒关键技术有下面几个方面。

1. 嵌入式系统技术

确切地说，应是实时嵌入式系统技术。因为所有嵌入式系统都是实时的，所以实时嵌入式系统一般就称嵌入式系统，它含有实时的意思。顾名思义，嵌入式系统就是镶嵌在其他设备中的系统，它是计算机、通信、半导体、微波技术、语音图像数据传输处理技术、传感器技术与具体应用对象相结合的产物，是技术密集、投资强度大、高度分散、不断创新的知识密集型系统，反映了当代最高科技先进水平。一般来说，嵌入式系统由嵌入式芯片、嵌入式软件、嵌入式操作系统和嵌入式系统开发工具四个部分组成。嵌入式芯片包含嵌入式微处理器、嵌入式微控制器、嵌入式数字心疼处理器以及嵌入式片上系统组成。随着精简指令集计算机（RISC）技术和微电子技术的发展，嵌入式芯片的功能越来越强，体积越来越小。总之，机顶盒是一个实时嵌入式系统，是嵌入式系统在信息家电方面的典型应用。

2. 信号处理技术

DVB 定义了四种数据广播方式：数据管道、数据流、多协议封装和数据/对象转流传送。这些广播规范具有很强的数据业务支持能力，机顶盒实现了对上述数据广播业务的支持。机顶盒的作用类似一个家庭用户中的数据通信网关。

目前由于数字电视机价格昂贵还不能普及，大多数家庭仍使用模拟电视机，要从网络提取所选择的数字视频信号并在模拟电视机上播放，机顶盒必然要进行数字信号处理。首先要对来自有线、地面、卫星传输通道的高频信号进行调谐，得到一个带宽 8MHz 调制于 7.5 MHz 的中频正交调幅调制信号经 A/D 转换将中频信号数字化，经 QAM（QPSK 或 COFMD）解调后供给信道解码部分，完成信道的前向纠错解码。然后，信道解码部分对送来的数据信号进行符号映射、差分解码、去交织、RS 解码和去能量扩散后，再经过解扰解密得到 MPEG-2 传输流（TS）。解复用器按照一定的规则或根据用户的要求，从包含多路节目的 TS 中选取一路节目进行 MPEG-2 解码，就可以得到原始的视频数据和音频数据。最后，经过 NTSC/PAL/SECAM 视频信号编码及 D/A 转换就可以送入模拟电视机的电路了。大多数机顶盒还会加上图文屏幕显示（OSD）功能。控制子系统负责对各部分进行初始化，配置或事件处理，控制各部分实际工作。目前已经有了完成上述功能的器件或芯片组，也有把多种功能集成到一个芯片上，例如科胜讯公司的 CX22490 芯片组，它包括了线缆调制解调器、硅调谐器、解调器、电视编码芯片和模拟调制解调器。

3. 条件接收技术

由于用户占用专用频道资源接受视频服务器服务，所以要实行条件接收。条件接收是指允许用户端接收机在满足一定接收要求的条件下，接收特定的视频节目技术，这是付费电视业务的关键。现在数字电视中采用 MPEG-2 标准，它包括了识别和传送条件以及接收信息的方法，但没有定义条件接收信息的格式和对信号进行解码的方法。实现条件接收，不但要有技术保障，还要最大限度地满足商业可行性。而商业上主要考虑的问题是条件接收要具有开放式编码和传输的国际标准，以实现有偿电视业务，进而顺利地实现 VOD 业务。

4. 机顶盒上行信道的实现

卫星数字电视机顶盒由于它采用卫星传输信道，支持交互式应用比较困难，特别是家庭用户。地面数字电视机顶盒与卫星数字电视机顶盒类似，所不同的是传输介质由卫星通道变成了地面广播信道，该机顶盒所使用频率与有线电视频率相同。但由于这种无线地面信道情况特别复杂，目前电视用户也难以支撑交互式应用。当前只有有线数字电视机顶盒能支撑交互式应用，家庭买得起用得起，而且质量很好。在 CATV 网络中，5～42MHz 是分配给上行信道的，用于上行传送用户端的信息。为了提高传输效率，上行通道采用了抗干扰能力强的 QPSK 进行数字调制，CATV 网的双向传输基本分为频分、时分和空分复用三种形式。我国现有的有线电视网基本上采用单向广播树形结构，采用同轴电缆作为传输介质，用放大器来延长传输距离，而 HFC 双向网络要求使用双向放大器、双向光节点，前端增加语音和数据通信设备，用户端增加相应接收设备。

5. 实时操作系统（RTOS）

实时操作系统负责本地资源和网络资源的管理，提供基本操作功能和设备的访问控制。在启动机顶盒时，由引导程序通过网络从中心控制系统下载。深圳迪科网视通数字机顶盒的 RTOS 设计上采用了 Flash ROM 引导，其引导程序功能包括：

（1）系统自检：对系统硬件进行检测，如 DRAM 等。

（2）系统设置：用户可以通过遥控器对系统必要的参数如基本频率、辅助频率、符号率、DTV 节目信息表等进行设置。

（3）DTV 功能：用户在无点播服务的情况下，可观看数字电视节目。

（4）系统升级：通过判别系统或坐标的名称及版本号下载 Flash ROM 中的系统或坐标数据。

6. 中间件

中间件是一种将应用程序与底层的操作系统和硬件隔离开来的软件环境，它通常由各种虚拟机构成。如 HTML 虚拟机、Java 虚拟机，MPEG-5 虚拟机等。一个完整的数字机顶盒由硬件平台和软件系统组成，可分为 4 层，从底层向上分别为硬件、底层软件、中间件、应用软件。硬件提供机顶盒硬件平台；底层软件提供操作系统和各种硬件的驱动程序；应用软件包括本机存储的应用和可下载的应用；中间件将应用软件与依赖硬件的底层软件分离开来，使应用不依赖于具体的平台。

11.2.5　软件机顶盒技术

1. 软件无线电技术

软件无线电技术是最近几年提出的一种实现无线通信的新体系结构。现在无线通信领域存在多种通信体系并存，各种标准竞争激烈，特别是新的体系层出不穷，产品生产周期越来越短，原有的以硬件为主的无线通信体系难以适应。并且数字信号处理技术不断成熟、A/

D、DSP 器件性能越来越好。正是在这样的背景下软件无线电的概念则应运而生。自 1995 年 IEEE 发表一期软件无线电专辑后，人们尝试将软件无线电技术应用于无线通信各领域，包括第三代移动通信系统。

软件无线电的基本思想是以硬件作为通用的基本平台，硬件的基础是可编程高速数字信号处理器（DSP），其余部分则是基本的射频处理单元和输入/输出接口。在高速数字信号处理芯片上进行物理层、数据链路层、网络层及应用层的软件开发，将尽可能多的应用功能用软件来实现，从而将新系统、新产品的开发转换到软件上来。通过软件实现各种功能，使系统的改进和升级都非常方便，同时不同系统之间很容易互联与兼容。软件无线电的基本结构如图 11-3 所示。

图 11-3　软件无线电框图

2. 软件数字机顶盒

与通信领域相同，近几年来由于数字电视技术的飞速发展，数字电视广播运营商面临的最大困难之一，就是决定采用什么样的系统才能使之在未来 10 年内保持继续发展，不必频繁更换系统。从图像格式到传输标准，从业务范围到接入系统，每一个决策都有导致重大损失的风险。可以说，减少风险的最佳选择是采用软件无线电技术。目前国内外的技术专家已把软件无线电技术应用于数字电视广播多媒体技术的许多领域，如软电视平台、软件数字电视机顶盒、软 CA 平台等。

一个简单的数字有线电视机顶盒如图 11-4 所示，其软件实现结构如图 11-5 所示。

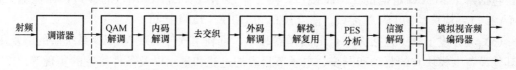

图 11-4　简单数字有线电视机顶盒

软件机顶盒的最大特点是具有完全可编程性。图 11-4 虚线内各部分功能可由软件实现，调制解调、信道编解码、数字滤波、信息处理、视音频编解码、加解密及实时控制等也可以由软件编程方式来实现，并且可以通过软件下载来更新、改变功能。

可以说软件机顶盒就是一个具有强大运算功能的网络计算机，可以为各种应用提供灵活、开放的系统平台。

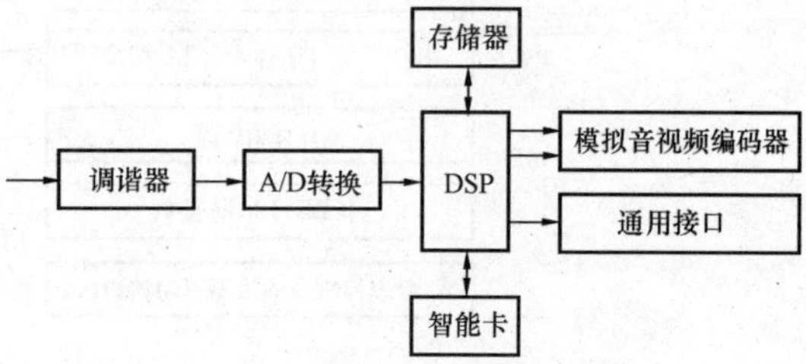

图 11-5　软件数字机顶盒结构图

为了适应当今数字技术的飞速发展，业务需求的不断变化和标准的快速融合和更新，数字通信和数字广播电视的发展方向应是采用具有开放性的软件接入系统。软件系统为实现设备多标准性、多业务适应性及功能升级适应性提供了最佳解决方案，有着广泛的前景。

任务 11.3 目前各主要公司生产的机顶盒介绍

11.3.1 ST 公司 DVB-C 机顶盒

1. 结构

ST 公司 DVB-C 机顶盒的结构如图 11-6 所示。

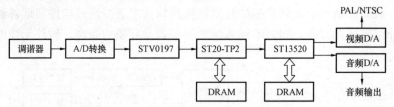

图 11-6 ST 公司 DW-C 机顶盒结构图

2. 系统和解复用芯片

系统和解复用芯片为 ST20-TP2。它的性能包括以下几个方面：

（1）集成了 32 位可变长精简指令集的 CPU，有 8KB 的在片 SRAM，支持最大 200Mbit/s 的数据宽度。

（2）具有可编程的存储器接口，支持 SRAM 和 DRAM 混用形式，数据宽度可为 8bit、16bit、32bit，支持 PCMCIA 模式。

（3）支持异步和同步两种串行通信方式。

（4）有内部集成的解扰模块，支持 DVB 的通用解扰方式的解扰。本模块具有多种接口，包括两个 MPEG 解码的 DMA 接口，两个智能卡（Smart Card）的接口，码流输入的 DMA 接口，块移动的 DMA 接口，图文接口和 IEEE－1284 接口。

（5）其开发工具中包括标准 C 的编译器和库，可利用软件实现 MPEG 系统层的解复用、对其他设备（模块）的驱动和同步、电子节目表的过滤和显示以及条件接收的实现等。

ST20-TP2 的内部结构如图 11-7 所示。

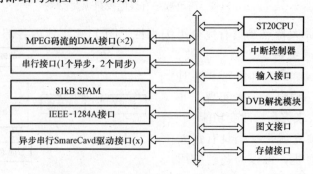

图 11-7 ST20-TP2 内部结构框图

解复用的过程是一个软件和硬件混合的方式，ST20-TP2 用 DMA 方式将接口芯片输入的码流直接存放在存储器中，用软件来判断码流的类型并解复用。若判断出码流是 DVB 标准加扰的码流，则通过存储器到存储器 DMA 传输方式传到解扰模块中去，进行解扰后，再利用软件解复用。

解复用后的码流经 DMA 方式传到外存储器的缓冲段中或作为一个消息传给另一个进程，字解码模块发出 DMA 申请时，TS20 从内存中读出数据并将数据写入解码存储模块，输入码流中提取的视频和音频压缩数据通过两个独立的 DMA 控制器来传给解码模块。ST20-TP2 有独特的结构，在典型运用中解复用操作只占用不到一半的 CPU 运行周期。

ST20 系列 CPU 有两个异步串行接口（ASC2），用于与调制解调器或其他外用设备相连，使机顶盒可以和收费电视系统相连。这两个异步串行接口可支持多种比特率或数据格式的传输，也可将码流中的图文或数据通过串行口传给计算机等设备。ST20 同时提供两个同步串行接口，一般使用 I²C 总线协议进行通信，可用于外围芯片控制，例如前端的调谐器，STV0197（QAM 解调），STV0199（QPSK 解调），后端的 PAL/NTSC 编码芯片 STV0118。

ST20 系列还提供高速数据接口，TP2 提供一个 IEEE-1284 接口，这是一个 8bit 宽度的并行接口，支持高速数据输入输出操作，数据的输入输出通过一个专用的 DMA 控制器在接口和存储器中进行。

ST20 系列还提供智能卡接口，使机顶盒适应 CA 系列的需要，智能卡接口符合 ISO 7816-3 规范，使用异步协议。

在 ST 公司新一代 ST20-TP3 中，传送流解复用改为硬件实现，通过可编程控制的复用接口进行控制，CPU 被占用的资源更少，同时解扰模块也进行了改进，可以很方便地应用到更多的 CA 系统中。

3. 解码芯片

ST 方案的解码芯片使用 STI3520，它包括视频解码部分、音频解码部分和锁相环。视频解码部分可实时解码符合 MPEG-1 和 MPEG-2 标准，视频分辨率为 720×480 样点（60Hz）或 720×576 样点（50Hz），通过水平和垂直方向上的滤波器来实现显示图像格式的转换。音频解码部分符合 MPEG 标准的音频码流，采样频率分为 32kHz、44.1kHz、48kHz。音频数据通过 8bit 的数据接口输入，ST13520 能自动检出时码进行音视频同步，有在屏显示功能，用户定义的位图可叠加在显示图像上，要显示的位图由 ST20 直接写入内存中，ST13520 的结构如图 11-8 所示。

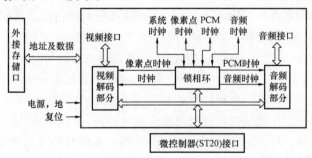

图 11-8　ST13520 内部结构图

由图 11-8 可见，ST13520 有 4 个主要接口：微控制器接口、存储器（DRAM 或 DSRAM）接口、视频和音频接口。微控制器接口用来传送数据、音视频的中断请求以及其他一些控制信息；存储器接口传送动态地址和数据信息；视频接口输出复合、分量、S-Video 等格式的信号，信号中可包含在屏显示信息；音频接口输出音频的时钟 PCM 数据。在存储器容量大于 2MB 时，PAL 解码和在屏显示可同时执行，在屏显示颜色为 16 色。

ST13520 可以接收多种格式的压缩码流数据：

（1）由 ISO/IEC 13818-1 标准定义 MPEG 的 PES 流。

（2）由 ISO/IEC 13818-2 标准定义的 MPEG 视频 ES 流。

（3）由 ISO/IEC 11172-3 标准定义的音频 ES 流。

（4）由 ISO/IEC 11172-1 标准定义的 MPEG 视频 ES 流。

（5）由 ISO/IEC ill72-2 标准定义的 MPEG 的 PES 流。

在解码前，ST13520 先从 PES 码流中抽出时间标志，同时将码流其他有用的信息抽出，将它们放入 ST1350 存储器中。STI3520 的存储器接口控制 DRAM 的读写和刷新，DRAM 提供显示缓存、数据缓存、已解码数据缓存和在屏显示缓存。在视频解码过程中，4 个进程同时进行，即输入码流到缓存，寻找输入码流的起始码，对一幅图像进行解码，显示一幅图像。对每一个进程，ST20 都要设置参数并通过中断监视其事件的通信。

ST13520 输入数据缓存的大小由软件定义，输入数据写入 DRAM 的进程独立于其他解码进程，写入 DRAM 前，数据先通过 1KB 的内部 FIFO（先入先出）寄存器，再对 MPEG-2（MP@ML）进行解码时，最大持续输入码率为 15Mbit/s。

起始码探测器搜寻缓存中码流的图像层的起始码，找到后，起始码探测器启动一个中断，微控制器此时就可开始读出起始后的数据。当一个新图像开始图像解码时，或当软件对其进行调用时，起始码探测器启动。

图像解码进行整幅图像解码，当整幅图像解码完成时，此进程停止，等待下一幅图像的解码指令。在一幅图像的解码进程开始后，码流从压缩数据缓存器中读出，进入变长解码器，图像重建开始。重建后的图像写入 DRAM 中的已解码缓存段中，当一幅图像解码进行时，下一幅图像的起始码探测也已开始。图像数据格式符合 ITU-R656 规范，为使图像解码的水平尺寸与显示图像相适应，ST13520 可对亮度和色度信号进行采样率的转换。在屏显示功能允许软件将位图叠加到任何区域的解码图像上，ST20 可在任何时候将位图数据写入或读出。

音频解码部分主要包括四大块：

（1）主机接口和控制寄存器块。用于主机和音频部分的通信以及音频控制器的设置。

（2）输入处理块。用于包第 1 层解复用响应，有一段 256 字节的内部 FIFO 寄存器，在将音频数据输入 DRAM 之前，先解出时间标志，将音频数据段与时间标志捆绑起来。

（3）信号处理块。利用 MPEG 的 Layer1 和 Layer2 的算法进行音频解码。

（4）PCM 输出。将 PCM 的音频输出组织为所需要的串行输出格式，并产生音频 D/A 转换器的所有控制信号。片内锁相环进行频率合成及分割，从单一的输入时钟中，得到所有解码过程所需的时钟，输入时钟可以是 PCM 时钟、系统时钟或视频像素时钟中的一种，锁相环可进行编程控制，产生内部的 MPEG 视频解码时钟、音频解码时钟、PCM 时钟以及外存储器时钟。

11.3.2　Cable 的数字机顶盒

DVB-C 的机顶盒结构如图 11-9 所示。由图 11-9 可以看到，整个机顶盒可以分成 4 部分：前端、主板、前面板和电源。

数字机顶盒通过前端接收来自电缆的电视信号，并对它进行 QAM 解调和纠错处理，形

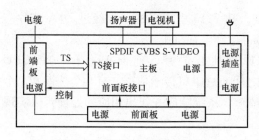

图 11-9　DVB-C 机顶盒结构图

成 TS 送主板。主板完成对信号的 MPEG-2 解码，形成 AV 流，再通过 MPEG AVGD 编码芯片最终输出模拟电视机可以接收的音、视频信号，通过 A/V 端口输入到电视机上进行收看。前面板是用户与机顶盒的界面，用户可以通过手中的遥控器或前面板上的按键来选择或设置节目。电源则给每块板供电。

数字机顶盒上配置了 S-Video 端口，这样，只要电视机有 S-Video 端口的输入，便可保证足够清晰的图像质量。机顶盒还有 Smart Card（智能卡）接口，能方便地实现条件接收和计费。

前端主要由高频头、运放及解调芯片组成，信号通过射频输入口 RF-in 进入高频头，由高频头输出的中频信号经运放放大后进入解调芯片 1820，1820 将进来的模拟信号转换成数字信号，即转换成 MPEG 的 TS 后输入主板。主板通过 I²C 总线对前端板进行控制。

主板在整个机顶盒中是一个核心部件，其结构框图如图 11-10 所示，它主要完成 MPEG-2 的 TS 的接收、解码、解扰和解复用，输出 A/V 信号。主板的主要芯片选用了 Philips 公司的 SAA7214 和 SAA7215，其封装形式为 QFP208，工作电压为 3.3V。

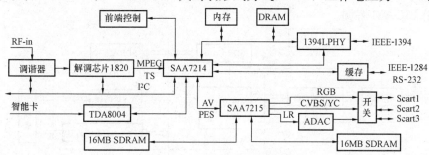

图 11-10　主板结构框图

SAA7214 是一个 MPEG-2 的 TS 的综合源解码器，它包含必备的硬件和软件，从而能够完成 MPEG-2 的 TS 的接收、解码、解扰和解复用，其内含一个 32 位的 MIPS（每秒百万指令）PR3001 RISC CPU 核（频率为 40.5MHz）和几个周边接口：UART、I²C 单元及 IEEE-1284 接口。因此，SAA7214 在所有的数字电视应用中能执行所有的控制任务。它能处理并行字节和串行位的 TS。在不同的形式下，数据流速可达 13.5MB（即未压缩的 108Mbit/s）。数据流通时解复用单元，独立出 32 个数据流，该解复用单元包括时钟恢复和时基管理。特定节目信息（PSI）、服务信息（SI）、条件访问（CA）信息和保密数据都存储在一个外部存储器里，以便于 PR3001 CPU 核的脱线处理。7214 通过一个 16 位的微控制器扩展总线支持 DRAM、Flash、（E）PROM 等。采用了一片 32MB 的 Flash，它用于存放程序和汉字库。一片 DRAM 用于存放动态数据和一些中间结果。7214 还可通过串口外接 Modem，实现反向信道功能。

同时它也提供一个同步接口与 MPEG AVG 解码器（7215）以 40.5MB 的速率通信，即从 7214 里出来的 AV 数据流进入集成的 MPEG AVG 解码器 SAA7215。7215 的功能主要是完成声音、视频和图像的解码和数字视频的编码。与 7215 相连的有两片 16 MB 的

SDRAM，用于声音、视频解码和图像数据的存储。从 7215 里出来的信号经过 D/A 芯片实现 D/A 转换形成模拟电视机可以接收的电视信号再送到电视机里。

与前端和主板相比较，前面板的结构和原理比较简单。前面板上有一个 CPU（87C524），它是从处理器，与 7214 上的主 CPU 之间通过串口传输数据，有 9 个按键和 1 个红外接收芯片，用户通过遥控器或按键发出中断请求，系统响应并作出相应的处理，以实现人机交互。

11.3.3 SC2000 芯片机顶盒

LSI Logic 公司具有 20 多年的生产音频/视频解码器芯片的经验，该公司的 SC2000 芯片是机顶盒的专用芯片，集成了多个机顶盒必需的硬件设备，包括嵌入式 MIPS CPU、MPEG-2 A/V 解码器及 NTSC/PAL 编码器。它具有强大的音、视频处理能力，而且便于上层应用软件的开发。

1．机顶盒的硬件结构

机顶盒的硬件结构如图 11-11 所示，从 HFC 网上传输来的有线电视信号和数据广播信号经调谐器进行下变频后，通过 QAM 解调器，输出 TS，在嵌入式 MIPS CPU 的控制下，码流再经过解复用、解码、缓存处理，最后实现各种数据业务。其中，QAM 解调器可以自适应地支持 6/32/64/128/256 QAM 解调，一般情况下，使用 64 QAM 解调，当线路质量不好时，采用 16QAM 解调。

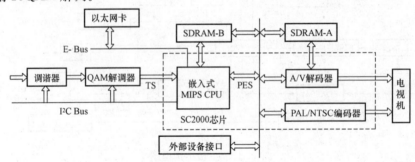

图 11-11 ISC-2000 芯片机顶盒硬件结构图

PAL/NTSC 编码器将解码出的数字电视信号转换成相应制式的模拟电视信号。

以太网卡通过 E-Bus 和嵌入式 MIPS CPU 连接，实现双向通信和上网浏览网页的功能。

此外，还有丰富的外部设备接口。其中，智能卡接口提供有条件接收的 IC 卡认证功能，红外线接口提供遥控器功能，RS-232 接口提供外部通信。

2．SC2000 芯片介绍

SC2000 主要包括如下子系统：

（1）CPU 子系统。SC2000 集成了 LSI Logic 公司高性能的 108MHz、32 位 MIPS 微处理器核心，支持 32 位和 16 位指令，MIPS 精简指令集除了保留与已经存在的 32 位二进制代码的完全兼容外，还提供高达 40％代码大小的精简比率。频繁出现的指令被编码进入 16 位指令域，以减少机顶盒中所需要的 Flash 容量的大小。SC2000 总线系统包括 I-Bus，S-Bus 和 E-Bus。I-Bus 用来访问其他子系统的寄存器；S-Bus 用来访问 SDRAM；E-Bus 用来访问外部 Flash ROM。外部 Flash ROM 存储整个软件系统的可执行代码。

（2）传输解复用子系统。集成了 MPEG-2 传输层，支持音频、视频和数据服务的所有解复用功能，通过信道解码接口接收传输层格式的打包数据流（每包 188B）。通过 PID 处理器解析所收的数据，提取所选择的节目流、音视频 PES 数据、PSI、SI 和私有数据，再通过高频解码接口输出音频视频流。PSI、SI 和私有数据被存进外围 SDRAM 中，从而能直接被内嵌 CPU 读取。

（3）音频/视频解码子系统。接收从传输子系统发过来的信道数据，通过硬件进行 MPEG-2 的音视频解码，输出解码后的视频给混合/编码子系统，输出解码后的数字音频给 D/A 模块。音视频解码子系统通过内部存储接口访问一个专有的 SDRAM，用来存储音视频数据和 PES 头信息。

（4）混合/编码子系统。混合来自 OSC 子系统的图像和来自解码子系统的视频，输出 RGB 格式和 NTSC/PAL/SECAM 制式编码模拟视频。解码子系统输出视频给混合器，OSC 子系统输出 OSD、静止图像层和鼠标层数据给混合器，经处理后形成单一的显示层，将 YC_BC_R 格式数据送给编码器，形成 RGB 格式视频和混合模拟视频。

（5）外围接口子系统。提供 CPU 访问外围设备的接口，包括并口、串口、红外接口、智能卡接口和通用输入输出接口等。并口用来读取前面板键盘的数据；串口用于调试和将用户点播信息通过调制解调器送上 PSTN 网；红外接口用于接收用户遥控器的命令；智能卡接口用于用户身份认证和资格审查；通用输入输出接口用于进行一般的输入输出处理。

3. 终端软件系统

机顶盒终端软件 SDP2000 采用 pSOS 操作系统，依据软件工程的原则，按层次进行模块设计，具有很强的可移植性。下面分别介绍 pSOS 操作系统 SDP2000 和各层模块之间的关系，其层次关系如图 11-12 所示。

PSOS 是一个模块化、高性能的实时操作系统，专门用来设计嵌入式微处理器。它提供了一个基于开放系统标准的彻底的多任务环境。pSOS 系统采用

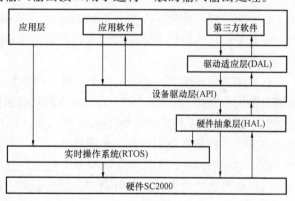

图 11-12 SDP2000 软件层次关系

的是模块化的结构，围绕着 pSOS 实时多任务内核，集成了基于标准结构的、绝对编码独立的各种功能软件模块。标准的模块结构使它们一方面可以不用进行丝毫改变就可被不同的程序所调用，另一方面也减少了用户的维护工作，增强了系统的可靠性。

SDP2000 软件模块主要包括以下几层：

（1）应用层。它是 SDP2000 的最高层代码，用来控制整个机顶盒的操作，包括用户输入、输出、音视频功能和通用任务，能直接调用驱动层函数，也可访问 RTOS 的功能。

（2）驱动层。通过硬件抽象层控制特定的硬件组件，向应用层提供应用编程接口，所有的驱动组件都可以访问 RTOS 的功能。

（3）驱动适应层。对第三方提供的应用软件，包括浏览器、股票分析系统等，通过驱动适应层调用驱动层的 API，这样，当第三方软件修改时，只需要修改相应的驱动适应层即可。

（4）硬件抽象层。硬件抽象层是驱动层的子集，它直接访问硬件，通过设定片内寄存器

实现特定的功能，这样，若将 SDP2000 移植到新的硬件平台，仅需改动硬件抽象层即可。

4. 终端软件应用层的具体实现

SDP2000 应用层根据机顶盒所提供的功能进行设计，实时接收用户的请求，然后进行分析，将相应的服务提供给用户。应用层软件是 SDP2000 的最高层，也是按照模块化的思想，让各个部分独立地实现专门的功能。各模块的关系如图 11-13 所示。

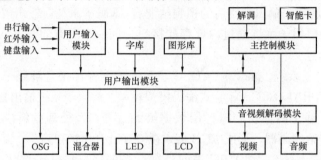

图 11-13   应用层模块关系

5. SDP2000 应用层

SDP2000 应用层主要包括如下模块：

（1）用户输入模块。负责处理用户输入，包括前面板键盘、红外控制以及串行输入设备，接收发自这三种设备驱动的请求，再将请求传递给用户输出模块，产生与输出相对应的输出信息。

（2）用户输出模块。响应来自用户输入模块和主控制模块的请求，负责控制音频、视频和图形输出。调用 LED 和 LCD 驱动在机顶盒前面板上显示系统信息，调用字库和图形库产生 OSC 及混合器所需要的各种图形元素。当从用户输入模块接收到音视频服务的请求时，将请求发给主控制模块和音视频解码模块。

（3）主控制模块。实时读取智能卡中的用户信息，对用户的资格进行审查。当接收到用户输出模块发送的请求时，对解调部分进行锁频，得到相应的码流，然后将请求发给音视频解码模块进行处理。

（4）音视频解码模块。主要对节目进行解码，包括设置音频、视频的传输通道和 PID 等。

在 DVB-C 机顶盒中，采用 SC2000 芯片的单片式机顶盒，具有更友好的界面和更方便的交互性，增强了功能，降低了成本，代表数字机顶盒的发展方向。

任务 11.4   DVB 机顶盒系统分析

11.4.1   DVB-S 数字卫星接收系统

1. DVB-S 数字卫星接收系统

DVB-S 数字卫星接收系统由前端解调器、MPEG-2 解调器、音频 D/A 转换器和视频编码器构成信号处理器，如图 11-14 所示。主控电路通过 I^2C 总线设置信道解码电路、音频 D/A 转换器、视频解码电路等，接收用户指令，进行用户多数设置并控制屏显，电源电路则向整机提供所需的各种电源。

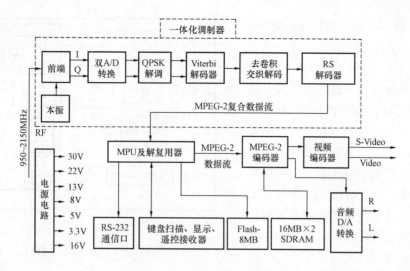

图 11-14 数字卫星接收机原理框图

DVB-S 采用 QPSK 调制,由于 QPSK 调制可以在一个周期内传输 2bit 数据信息,所以在相同的带宽下可使传输码率提高 1 倍。QPSK 调制波不含载波分量,这样卫星转发器非常有限的功率就不必再浪费在发射载波上,这对饱受功率限制之苦的卫星转发器来说是非常有用的。不过,由于它不含载波分量,所以在其接收端必须正确地恢复载波及其位时钟信号。

2. 整机工作原理

整机电路连接框图如图 11-15 所示,其中的一体化调谐器的功能框图如图 11-16 所示。

高频调谐器第二本振的可变频率范围在 1429.5～2629.5MHz,它与输入的第一中频 950～2150MHz 的 RF 信号差频形成第二中频 479.5MHz,其带宽一般设定为 36MHz,然后再进行零中频变换,即第三本振频率为 479.5MHz。经 90°移相器正交相干分离出 I 与 Q 基

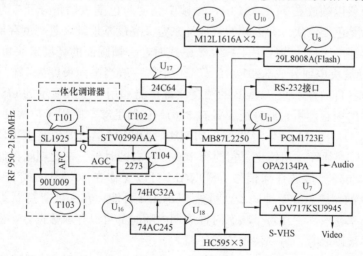

图 11-15 DVB-S 机顶盒整机电路图

带模拟信号。Q 信号超前 I 信号 90°,且当第一中频输入为 951MHz 时,I/O 输出频率为 1MHz。调谐器一般采用载波跟踪锁相环技术,以确保 479.5MHz 载波频率的精确性。解调出来的模拟基带 I/O 信号送至前端解调 T102(STV0299AAA),经由 A/D 转换、QPSK 解

调、Viterbi 解码、解交织、RS 解码、能量解扰，最后生成 8 位 TS 流，其取样频率一般为 54MHz，即主频 27MHz 的 2 倍。高频调谐器一般采用 2 级自动增益控制，以使其控制范围达到 50～70dB。它将 I/O 基带信号模量与一个可编阈值进行比对，其差值经积分后，变换一脉冲信号以调制信号驱动 AGC 输出。经简单模拟滤波器滤波后控制 A/D 转换前的放大器增益。其数字奈奎斯特滤波器所采用的滚降值为 0.35，在芯片内还设有偏移删除，用以抑制 I 信号和 Q 信号的残留直流分量。

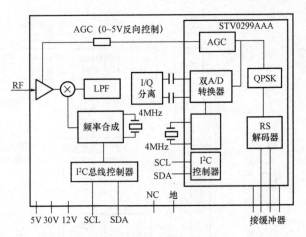

图 11-16　一体化高频调谐器

8 位 TS 流与字节时钟信号、同步字节时钟、奇偶校验信号 D/P 及误差信号一起送往 U₁₁ 主芯片（MB87L2250）进行解复用与解压缩处理以形成数字音、视频信号。16bit 串行音频数码流信号送入 D/A 转换器 U₆（PCML1723E）进行 D/A 转换成模拟立体声音频信号。再送 U₅（OPA2134）进行运放处理后输出，16bit 的数字视频信号送入 U₇（ADV7171KSU）进行视频编码处理生成模拟视频信号。

DVB-S 卫星机中央处理器与 MPEG-2 解码过程需要大量的外部存储器与之配合工作，这是因为要实现转移层解复用、电子程序引导（EPG）与系统管理、各电路控制、组件驱动与同步运行均需要存储器来进行过渡衔接。一般卫星机均外接有 8MB 的 Flash 存储器 1 块（用于主系统程序：512KB×16），2 块 16MB SDRAM（1 块用于程序，1 块用于解码）。解调出来的图像一般以帧放在 SDRAM 中，每帧中亮度与色度数据是分开来存储的，先存储亮度宏块，随后是色度宏块，并以帧的基地址来定义亮度基地址，且亮度存储区域的尺寸是色度存储区域尺寸的 2 倍。当采用 4：2：2 格式时，一帧画面的亮度宏块可分为 90×72＝6480 个，色度分量块也划分成 3240 ×2＝6480 个。一般当画面尺度为 720 ×480 时，存储器必须具备 3 个各自内存不低于 4MB 的帧缓冲寄存器和用于全屏显示的 OSD 缓冲寄存器，也要有 0.72MB 的内存容量，此外还要备有 3.61MB 的足够空间用于位缓冲，其中音/视频位缓冲也要有 2.81MB，OSD 位缓冲为 0.81MB。SDRAM 运行要依靠 JEDEC 标准来进行，SDRAM 在通电后必须经过初始化，它约有 100μs 左右的时延，在此期间存储器各接口均处于高阻状态，不向外界传送任何信号。SDRAM 可以工作在 100MHz 或 133MHz 主频上，它可与 100MHz 的系统总线时钟同步，虽然 SDRAM 可能存在一些等待状态，但它大部分数据可按额定频率存取。它在每个状态时钟周期内随时都可以存取数据。一般它们由两块对称构成，当一块被读取时，另一块则被预先写入。

富士通方案中选用 8MB 的 Flash 存储器（29LV8008A）用于存储系统程序（附加有几百字节的引导代码）、汉字字库、厂家预置节目参数以及开机屏显画面等格式化数据。现在有的厂家为降低成本已将 8MB 的 Flash 存储器改用 4MB 的 Flash 存储器，但这样一来开机画面显示就因 Flash 容量不够而只能放弃了。原始节目参数一般存放在 Flash 存储器中（即恢复默认状态），但动态节目参数信息则是存在 24C64 中。这些节目参数一般需要用户自己设定。U_{17} 为一块 8 kB×8 的 E^2PROM。由于每套电视节目参数与广播节目参数各占用存储空间 27 B（216bit），每套电视或广播节目列表则占用存储空间 2 B（1bit），即每套节目总共占用存储空间 29 B（232bit），所以一块容量为 64kB 的存储器刚好存储 275 套节目。厂家在程序包中已事先将图像电视节目参数预置上限设定到 200 套，话音广播节目可预置数设定为 75 套。

　这些节目参数在 24C64 中具体的地址分配见表 11-1，每套电视节目参数和广播节目参数各占用 27 B，其含义见表 11-2。

表 11-1　　　　　　　　　　　　　　节目多数的地址分配

地　　址	信　　息
0000～1517	电视节目参数
1518～1D00H	电视节目列表
1D01～1E90H	广播节目列表
1F27～1FEFH	暂空
1FF0～1FFFH	控制信息

表 11-2　　　　　　　　　　　　　电视/广播节目参数存储内容

字节序号	存储内容	字节序号	存储内容
1	起始码	10～11	视频 PID
2～3	下行频率	12～13	音频 PID
4～5	本振频率	14～15	PCR PID
6	参数修改标志	16～17	图文 PID
7～8	符码率		
9	极化方式 22K 开关 12V 开关	18～27	频道名称（有 10 个字符，均为 ASCII 码值）

起始码是一套节目参数信息的起始标志，其中包含了一些节目属性的信息，当起始码为 "FF" 时，表明该节目已被删除，但没有新节目填充该位置。下行频率、本振频率、符码率、视频 PID、音频 PID、PCR PID、图文 PID 均是由十进制转换过来的十六进制码，其中后一字节比前一字节的权系数高，高 4 位比低 4 位权系数高，这些数码不包含浮点运算。

在第 9 字节中，低 4 位为 "0000" 时表示水平极化，为 "0001" 时表示垂直极化，高 4 位为 "0000" 时表示 22K（关）、12V（关），为 "0001" 时表示 22K（关）、12V（开），为 "0010" 时表示 22K（开）、12V（关），为 "0011" 时表示 22K（开）、12V（开）。

1FF3 中存放语种信息，"00" 表示英文，"01" 表示中文；1FF4 中存放音量信息，数值越大表示音量越大；1FFC～IFFD 中存放允许显示的广播节目数量，IFFE～1FFF 中存放允许显示的电视节目数量，当这两个数量信息被置 "FF" 时，则 24C26 中所有信息将预置为系统所带的节目信息（即将固化在 Flash 存储器中的数据调出来进行默认复制，而将其他节目参数一一予以清除）。

节目列表信息决定了各节目在节目向导（GUID）对话框中的位置，它是按升序排列的，与节目参数信息地址一一对应。CPU 根据用户的节目选择指令查找该节目在节目列表信息中所在的位置，找到位置后再对应到节目参数信息区中的节目信息地址，然后从该地址中调用该节目参数。

MPEG-2 解码芯片在工作时，除了接收系统程序的指令外，还需要相当多的寄存器来实现对诸如特殊程序信息（PSI）、服务信息（SI）以及特殊数据存取操作。这些系统参数分为基本参数与信道转换参数。基本参数较为固定，只有在系统启动时它才使用，在开机以后的运行期间它是不改变的。它主要有 Viterbi 译码同步字节数、RS 码同步字节数、最大允许错误字节数、DVB 格式选择、QPSK/BPSK 解调格式及 DC 补偿。信道转换参数只有在频道搜索、频道存储时才使用。

T103（9OUO09）完成锁相环（PLL）的功能，通过形成 AFC 电压达到控制 T101 内部所需的精确频率。T104（S2273）通过对由 T102 送来的 AGC 信号进行积分、低通处理形成一直流电平去控制 T101 的内部 I、Q 模拟信号的增益，以使 T102 在解调过程中具有稳定 I、Q 信号输入电平。U_{16}（74HC32A）与 U_{18}（74AC245）负责对用户面板操作或遥控操作信号进行整形放大、译码等工作。CPU 将频道、信号质量、信号锁定等信息通过移位寄存器驱动器 HC595 驱动 LED 显示出来。

T102（STV0299AAA）是一块适用于 DVB-S 前端的单片处理器，适合宽频率范围运作，能用于各种标准信道解调。另外，它功耗低、尺寸小，可直接装于高频调谐器内。该芯片具有以下特点：宽域连续可变符号率 1～45Mbit/s；内设数字奈奎斯特滤波器（滚降值为 0.35 或 0.2），数字载波环包含解旋转器（复数乘法器）、跟踪锁相检测、双路数字 AGC、脉冲密度调制调谐器增益控制，收缩率为 1/2、2/3、3/4、5/6 以及在 A 模中 7/8 的卷积码解码，在 A 模 16 对奇偶字节 RS 解码，并能纠正达 8 个字节的错误，利用其内置的 10 位计数器可精确指示出 RF 信号的强度。

主芯片 MB87L2250 集成了主控 MPU 与解压缩器两部分。MPU 主要完成各 IC 的通信控制和数字处理，以及各种实时状态控制，具体的 I^2C 通信控制，各存储器数据的存取与运算，对所有 IC 进行复活位操作，对各种中断信号的处理以及对各 IC 工作状态的监视。MPU 首先对 T101、T102、U_{11}、U_6、U_7 初始化，接着进行 I^2C 联络通信与各 IC 状态设置，同时将 OSD 相关信息调入 U_{11} 进行处理并送 U_7 进行显示处理，然后从 U17 中调取存储的节目信息送入 T101 进行节目搜索。解压缩部分的电路，主要是完成对 MPEG-2 传输流进行解复用和解压缩处理，其具体操作由微程序进行控制。MPEG-2 数据流通过主机处理接口传送至压缩数据寄存器，系统解复用器通过自动识别位流中的 PID 信息将压缩数据分解为视频、音频以及系统与用户数据，并将其写入本机存储器中相应的缓冲区中，然后各自的解码器进行相关数据的解码，如反量化、反离散余弦变化等，经解码后数据再次送到外部 SDRAM 中，与相关 OSD 信息叠加后分别送入音频 D/A 转换器和视频编码器电路。

在解调的过程中还会涉及条件接收的问题，即解密与解扰码系统。它把所收到的编码密钥译成一种能被解扰码处理的形式，现在一般多采用三重密钥来对 MPEG-2 码流进行加扰处理控制。其控制字 CW（解扰中的密钥）与 KS 共同作用于 PRBSG 起始触发。此外，MPEG-2 系统还有两个特殊的数码流：ECM 和 EMM。ECM（授权控制信息）是一种特殊形式的电子密钥信号和信道寻址信息，它在发送端被加密后与信号一道被传送，在接收端 ECM 被用来控制解扰器。EMM（授权管理信息）是一种授权给用户对某个业务进行解扰的信息，它与 ECM 一样，在发送端被加密以后与信号一道传送，在接收端 EMM 被用来打开/关闭解扰器。现在常用的一种 Viaccess 加密系统，是通过下行信号向客户终端发出开卡指令。

卫星机收到信号后会按通信协议读出卡号地址信号、开卡指令、授权密钥、节目授权控制信号、授权时间、授权等级。当卫星机从 TS 流中滤出 ECM 与 EMM 并判断当前节目为加密锁码信号后，会自动驱动读卡器工作，如果你所插入的卡为 Viaccess 系统格式的智能卡，则它将会从卡的 E²PROM 中把卡号地址信息调入系统内存进行地址比对，当接收系统在下行信号中发现该地址后，则进入下一程序，调出授权密钥进行比对，成功后，再进行授权时间比对。如上述三步完成后（即三要素满足后），则转到下一程序；如不成功，则界面将显示锁码频道/节目未授权。在三要素得到满足后，微处理器将卡的 E²PROM 中的解密程序调入系统运行，并对于行信号中的伪随机同步信号进行还原。伪随机信号含有加密信息（EMM 与 ECM 等），它是逆向解密的参数与钥匙。经过还原的伪随机信号与节目授权信号一起在微处理器的协调指挥下，对 QPSK 解调出来的加密信号逆向恢复成标准的 MPEG-2信号。为了保护自己的利益，运营商一般都在卡中设有看门狗，大约每隔几分钟，系统就会定时中断调用程序去进行授权校验，以防止非法用户侵入。

11.4.2　DVB-C 数字卫星接收系统

DVB-C 系统 STB 的方框图如图 11-17 所示。

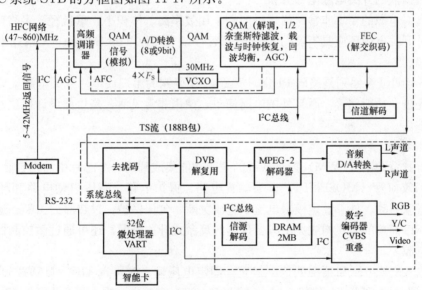

图 11-17　DVB-C 系统机顶盒框图

DVB-C 机顶盒采用的是 QAM 调制方式，由于其传输媒介是同轴线，其外界干扰相对较小，信号强度也较高，所以在其前向纠错码（FEC）保护中取消了内码。采用 QAM 调制后，其频道利用率最大，8MHz 带宽内可传送 36Mbit/s 的数据（在 64QAM 中一个码元可携带 6bit 的信息，即 6bit 组成一个符号（Symbol）。

该系统从 47～860MHz 的信号频谱中选择目标频率并差频成 36.15MHz 的第一中频（其带宽为 7MHz），再二次变频为第二中频 6.875MHz（第二本振为 43.025MHz）。

A/D 转换器：经差频变换后的 QAM 信号送到 A/D 转换器转换成数字信号，其精度为8bit（64 QAM）或 9bit（256QAM），并且使其取样频率为符号频率的 4 倍。该取样频率使用下一级 QAM 来的时钟恢复回路并锁定在其符号频率上。

QAM 解码：是信道解码的一个关键步骤，从数字 QAM 信号输入开始，进行数字解调、半奈奎斯特滤波、I 及 Q 信号的回波均衡,使其重新格式化为 FEC 电路的适用形式(并行 8 bit)它还是上述时钟及载波回路恢复电路的一部分,也能产生前端中频及射频放大器所需要的 AGC 电压。

FEC:该部分完成去交织、RS 码解码及去随机化。与 DVB-S 卫星接收机机顶盒相同,其输出数据为并行的 8bit 的 188 B 传输流数据包。

HFC 线缆调制器:由桥接器、路由器、网络控制器、以太网集线器以及加解扰器等组成,它对数据信息进行调制与解调。一般它有两个接口,一个接入宽带有线网,另一个连接计算机系统,完成网络通信中数据链路层与物理层之间的电气连接。其采用的标准是 DOC-SIS,如采用 Internet 接入方式,主要是浏览业务,其特点是上/下行速率不对称,下载信息量远大于上行返回信息。其上行技术有的采用 FDMA(频分多址)、TDMA(时分多址)、S-CDMA(宽带码分多址),有的还用频分与时分混合制。

其他功能,比如条件接收、去扰码、解复用、MPEG-2 视频及音频解码等功能,在原理上和 DVB-S 卫星机顶盒基本一致。

11.4.3 机顶盒的开关电源电路分析

机顶盒对电源的要求非常严格,一般需采用效率高、体积小、重量轻、多路输出式开关电源,这种开关电源还应具有良好的电磁兼容性。下面以 Top Switch-FX 系列来讨论机顶盒开关电源。

Top Switch-FX 系列是美国 PI 公司于 2000 年研制的第三代单片开关电源集成电路。它不仅设计先进、功能完善,而且外围电路简单,使用非常灵活,是目前设计机顶盒电源的一种理想器件。

1. 性能特点

(1) 将脉宽调制(PWM)控制系统的全部功能集成到同一个芯片中,内含脉宽调制器、功率开关场效应管(MOSFET)、自动偏置电路、保护电路、高压启动电路和环路补偿电路,并具有软启动、外部设定极限电流、过压关断、欠压保护。过热滞后关断、遥控、同步等功能。能以简单的方式构成无工频变压器的反激式开关电源,还可通过微控制器来启动或关断开关电源。

(2) 输入交流电压和频率的范围极宽。固定电压输入时可选 110V/115V/230V 交流电,允许变化 15%;在宽电压范围输入时,适配 85~265V 交流电。输入频率范围是 47~440Hz。

(3) 电源效率高。由于芯片本身功耗很低,电源效率可达 80% 左右,最高能达到 90%,因此,被誉为"绿色"(节能型)电源。

(4) 为降低传导噪声干扰,专门增加了频率抖动功能,开关频率能以 250Hz 的速率抖动,抖动偏移量 $\Delta f = 4\text{kHz}$。将开关频率限制在很窄的波段内抖动,能降低 130kHz 固定频率的高次谐波干扰。

(5) 当开关电源的负载减轻时,它采取跳过周期的方式来降低占空比,使输出电压保持稳定。即使空载时也不用接假负载。

Top Switch-FX 系列包括 TOP232P/G/Y、TOP233P/G/Y、TOP234P/G/Y 等型号,尾缀 P、G、Y 分别表示 DIP-8、SMD-8、TO-220-7B 封装。

2. 工作原理

Top Switch-FX 的内部框图如图 11-18 所示,C 为控制端,M 为多功能端,S 为源极,

D 为漏极，F 为开关频率选择端。F 端接源极时，开关频率 $f=130\text{kHz}$；F 端接控制端时，开关频率变成 $f/2=65\text{kHz}$。

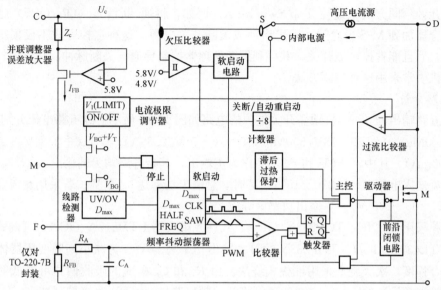

图 11-18 Top Switch-FX 的内部框图

Top Switch-FX 主要由 15 部分组成：

（1）控制电压源（由控制电压 U_c 向并联调整器和门驱动级提供偏压，而控制端电流 I_c 则能调节占空比）。

（2）带隙基准电压源（给内部提供各种基准电压）。

（3）频率抖动振荡器（产生锯齿波 SAW，时钟信号 CLK 和最大占空比信号 D_{max}）。

（4）并联调整器/误差放大器。

（5）脉宽调制器（含 PWM 比较器和触发器，通过改变控制端电流 I_c 的大小，连续调节脉冲占空比）。

（6）过流保护电路。

（7）门驱动级和输出级（内含耐压为 700 V 的功率开关管 MOS-FET）。

（8）具有滞后特性的过热保护电路（当芯片结温 $T_j>135℃$ 时，关断输出级；当 $T_j<70℃$ 时，芯片才恢复正常工作）。

（9）关断/自动重启动电路（当调节失控时，立即使芯片在低占空比下工作；倘若故障已排除，就自动重新启动电源恢复正常工作）。

（10）高压电流源（提供偏流用）。

（11）软启动电路。

（12）欠压比较器。

（13）电流极限调节器。

（14）线路检测器。

（15）多功能端的内部电路。

Top Switch-FX 的工作原理是利用反馈电流来调节占空比 D，达到稳压目的。举例说明，当输出电压 $U_0 \uparrow$ 时，经过光耦反馈电路使得 $I_c \uparrow \rightarrow D \rightarrow U_0 \downarrow$，最终使 U_0 不变。

3. 遥控及外同步

通过控制流入（或流出）多功能端的电流 I_M，就能接通或关断 Top Switch-FX。这样很容易用几种不同方式来遥控 Top Switch-FX。例如，将通/断信号（ON/OFF）经过晶体管或光耦合器加到 M-S 极之间，即可启动或关断开关电源。这种遥控方式不仅损耗小、电路成本低，而且能省掉机械开关，并可利用微处理器控制导通与关断脉冲。在喷墨打印机和激光打印机中常采用这种控制方法。

4. 电路分析

具有五路输出的 35 W 机顶盒开关电源的电路如图 11-19 所示。这五路电压分别为：U_{01}（+30V/100Ma），U_{02}（+18V/550Ma），U_{03}（+5 V/2.5 A），U_{04}（+3.3 V/3 A），U_{05}（-5V/100mA）。其中，+5V 和 +3.3V 作为主输出，其余各路均为辅输出。

当交流输入电压 U = （220±15%）V 时，总输出功率达 38.5 W；若采用交流宽范围输入电压（U=85～265 V），总输出功率就降成 25 W。

该电源采用 3 片 IC：TOP233Y（IC_1）、线性光耦合器 LTV817A（IC_2），可调式精密并联稳压器 TL431C（IC_3）。TOP233Y 的最大输出功率为 50W。为减小高频变压器体积和增加磁场耦合程度，次级绕组采用堆叠式绕法。由 R_4 和 C_{14} 构成的吸收回路可降低射频噪声对电视机等视频设备的干扰。必要时还可将开关频率选择端（F）改接控制端（C），选择半频方式以进一步降低电视机对视频噪声的敏感程度。

该电源的交流输入电压范围是（220±15%）V，电源效率可达 80%。交流电压 U 依次经过电磁干扰（EMI）滤波器 C_6 和 L_1、输入整流滤波器（BR 和 C_1）后获得直流高压 U_1，经高频变压器的初级接 TOP233Y 内部功率开关管的漏极 D。为承受可能从电网线窜入的雷击电压，在交流输入端还并联一只标称电压 U_{1mA}=275V 的压敏电阻器 VSR。U_{1mA} 表示当压敏电阻上通过 1mA 的直流电流时元件两端的电压值。R_1 用来设定欠压保护、过压保护的阈值电压，若取 R_1=2MΩ，则 U_1<100V 时进行欠电压保护，U_1>450V 进行过压保护，均可保护机顶盒电源不受损坏。由瞬态电压抑制器 VD_{Z1} 为（P6DE200）和超快恢复二极管 VD_1（UF4007）组成钳位电路，用于吸收在 TOP233Y 关断时由高频变压器漏感产生的尖峰电压，对漏极起到保护作用。

该电源采用带稳压管的光耦合器反馈电路。IC_2 采用 LTV817A 型线性光耦合器，IC_3 采用 TL431C 型可调式精密并联稳压器。现将其稳压原理分析如下：当由于某种原因致使 U_{03}↑时，由 TL431C 所产生的误差电压就令光耦合器中 LED 的 I_F↑，经过光耦合器使 TOP233Y 的控制端电流 I_C↑而占空比 D↓，导致 U_{03}↓，从而实现了稳压目的。反之，U_{03}↓→I_F↓→I_C↓→D↑→U_{03}↑，同样起到稳压作用。R_6、R_7、R_8 为比例反馈电阻，使 5V 和 35V 电源按照一定的比例进行反馈，这两路输出的负载调整率均可达 5%。R_9 和 C_{16} 构成 TL431C 的频率补偿网络。C_{17} 为软启动电容，取 C_{17}=22μF 时可增加 4ms 的软启动时间，再加上 TOP233Y 本身已有 10ms 的软启动时间，总共为 14ms。其余各路输出未加反馈，输出电压由高频变压器的匝数比来确定。因 -5V 电源的输出功率很低，现通过电阻 R_2 和稳压管 VD_{Z2} 进行电压调节。R_{10} 是 +30V 输出的假负载，它能降低该路的空载及轻载电压。鉴于 5V、3.3V 和 18V 电源的输出功率较大，三者都增加了后级 LC 滤波器（L_3 和 C_9，L_4 和 C_{11}，L_2 和 C_7），以减小纹波电压。

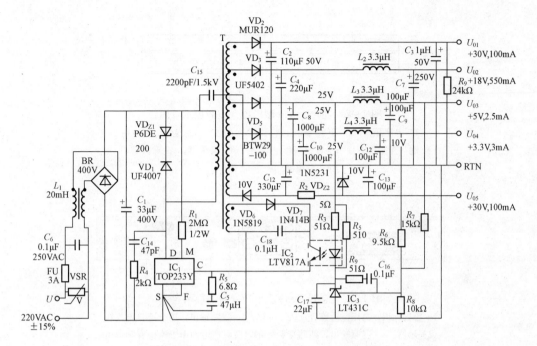

图 11-19　多路输出的 35W 机顶盒电源电路

任务 11.5　实训——有线数字电视机顶盒的安装与调试

1. 实训目的

(1) 了解有线数字机顶盒的工作原理。主要电性能指标及系统硬软件结构。

(2) 掌握机顶盒出错信息提示的含义及故障鉴定排查的方法。

(3) 熟悉机顶盒用户接收端安装调试与使用方法。

(4) 熟悉机顶盒信号接口与计算机、彩电连接的方法。

(5) 了解机顶盒串口升级的方法。

2. 实训器材

(1) 有线数字电视标清、高清机顶盒各 1 台。

(2) 带 CVBS、Y/C、S-VIDEO、HDMI 口的监视电视机 1 台。

(3) 带 AC3 光纤接口的功放机 1 台。

(4) RF 馈线 AV 线×2、S 端子线。HDMI、AC3 光纤连接线 1 套。

(5) 智能卡 1 张。

3. 实训原理

参考本教材有关章节，这里不再赘述。机顶盒前后面板示意图参见图 11-20 和图 11-21。

4. 实训步骤

(1) 首先仔细阅读创维 6000 型机顶盒的说明书，了解 6000 型机顶盒的使用方法。

(2) 根据图 11-22 标示的接线图连接设备，注意 RF 电缆、AV 线连接要牢靠。

(3) 按照说明书进入节目搜索的操作，搜索完成后观看节目接收的质量。

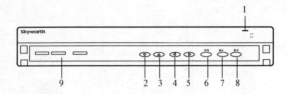

图 11-20　创维 3000 型机顶盒前面板示意图

1—电源开关；2—下键（节目递减）；3—上键（节目递增）；4—左
键（音量减小）；5—右键（音量增加）；6—菜单键；7—确认键；
8—退出键；9—智能卡入口

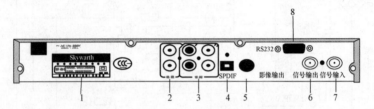

图 11-21　创维 3000 型机顶盒后面板示意图

1—警告标识，高压危险警告及认证标识；2—视频输出，用于连接电视机
或显示器；3—音频输出，两路音频输出，左右声道，用于连接音响或电
视；4—SPDIF，光纤数字音频输出；5—影像输出，高分辨率视频输出，
用于连接电视机或显示器；6—信号输出，级联输出，用于连接其他接收
机；7—信号输入，用于连接出线电视信号；8—RS232，数据接口

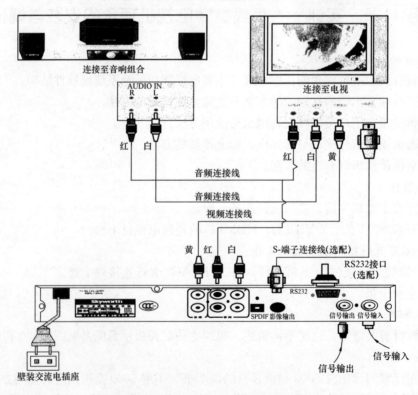

图 11-22　有线数字电视机顶盒连接示意图

（4）进行工厂设置的操作。清空节目后进行全自动搜索，观察搜索进度，比较物理搜索与表格搜索的不同之处。

（5）进行节目编辑的操作。删除一套节目后重新启动机器，进行手动搜索操作（设置当前节目的中心频点、符号率），添加被删除的节目。

（6）观看节目时进行智能卡的热插拔操作，记录智能卡读节目的时间。

（7）打开机顶盒，认识电源模块、智能卡插槽组件、主芯片、SDROM、FLASH、高频头等器件。

（8）用计算机连接机顶盒 RS232 接口，进行软件升级的演示（选项）。

（9）观看高清机顶盒与高清电视配合接收高清节目的效果（选项）。

5. 实训报告

（1）画出创维 6000 型机顶盒系统结构图，并说明各模块的作用。

（2）简述机顶盒的工作原理并画出信号流程图。

（3）总结机顶盒的安装调试方法及操作使用方法。

（4）实地考查机顶盒安装调试流程，写出实验室机顶盒安装调试与实际情况的差异，总结心得体会。

项 目 小 结

1. 有线数字电视机顶盒由硬件与软件两部分组成，硬件包含一体化调谐解调器。单片式解复用解码器芯片、数字视频编码器、音频 D/A 转换器和丰富的外部接口；软件包括底层软件、中间件和应用软件。

2. 有线机顶盒中的一体化调谐解调器与卫星机顶盒中的一体化调谐解调器不同之处是：频率较低（48～860MHz）、频带较窄（812MHz），中频频率为 36MHz，解调器采用 QAM 解调。

3. 有线机顶盒与卫星机顶盒的信源解复用与解码均采用相同的单片式解复用与解码器芯片。常用芯片有：ST 公司生产的 ST i5500、5505、5516、5518 型与 QAM i5516 芯片，富士通公司的 MB87L2250 芯片及 LSI 公司的 SC2000、SC2005 型芯片等。

4. 有线数字电视机顶盒的电源通常采用脉宽调制式开关稳压电源。

5. 在选择有线数字电视机顶盒时，应注意预留互动接口，兼顾中间件和 CA 的选择，考虑主要硬件的选择，注意输出接口的配接。

项目思考题与习题

1. 数字机顶盒主要有哪几类？各有什么特点？

2. 机顶盒有哪些关键技术？

3. 画出一般机顶盒硬件结构，并说明工作流程。

4. 画出基本型有线数字电视机顶盒原理框图。

5. 有线与卫星数字电视机顶盒有哪些异同之处？

6. 数字电视机顶盒单片式解复用与解码器芯片主要包括哪几部分？

7. 数字电视机顶盒的开关电源主要由哪几部分组成？

8. 选择有线数字电视机顶盒应注意哪几点？

9. 使用有线数字电视机顶盒时应注意哪些问题？

10. 画出 ST 公司 DVB-C 机顶盒结构图。

参 考 文 献

［1］ 姜秀华. 数字电视原理与应用［M］. 北京：人民邮电出版社，2003.

［2］ 李作民. 电视原理与接收机［M］. 西安：西安电子科技大学出版社，1997.

［3］ 鲁业频. 数字电视基础［M］. 北京：电子工业出版社，2002.

［4］ 张丽华. 电视原理与接收机［M］. 北京：机械工业出版社，2002.

［5］ 钟玉琢，冼伟错，沈洪. 多媒体技术及应用［M］. 北京：清华大学出版社，2000.

［6］ 黄孝建，门爱东，杨波. 数字图像通信［M］. 北京：人民邮电出版社，1999.

［7］ 冯锡钰. 现代通信技术［M］. 北京：机械工业出版社，1999.

［8］ 蔡艾，姜小仪，康慧斌. 数字处理技术与多媒体液晶电视［M］. 北京：人民邮电出版社，2003.

［9］ 刘剑波，等. 有线电视网络［M］. 北京：中国广播电视出版社，2003.

［10］ 刘大会. 数字电视实用技术［M］. 北京：邮电大学出版社，2007.

［11］ 郑志航. 数字电视原理与应用［M］. 北京：中国广播电视出版社，2001.

［12］ 刘修文. 数字电视技术实训教程［M］. 北京：机械工业出版社，2008.

［13］ 李栋. 数字音频广播(DAB)技术［M］. 北京：北京广播学院出版社，1998.

［14］ 刘洪飞. 有线广播数字电视技术［M］. 北京：人民邮电出版社，2003.

［15］ 何文霖. 超级 VCD、DVD 视盘机原理与维修［M］. 北京：人民邮电出版社，1999.

［16］ 电子天府丛书编写组. VCD 视盘机精解［M］. 成都：电子科技大学出版社，1997.